불안한 엄마 무관심한 아빠

불안한 엄마 무관심한 아빠

개정판 **2판 1쇄 발행** 2021. 3. 10.
개정판 **2판 17쇄 발행** 2023. 12. 28.

지은이 오은영

발행인 고세규
편집 길은수 **디자인** 박주희 **마케팅** 김새로미 **홍보** 박은경
글구성 김미연
발행처 김영사
등록 1979년 5월 17일(제406-2003-036호)
주소 경기도 파주시 문발로 197(문발동) 우편번호 10881
전화 마케팅부 031) 955-3100, 편집부 031) 955-3200 | **팩스** 031) 955-3111

• 이 책은 2011년 6월에 출간된 《불안한 엄마 무관심한 아빠》(웅진리빙하우스)를 전면 개정하여 펴냈습니다.

값은 뒤표지에 있습니다.
ISBN 978 - 89 - 349 - 8669 - 0 13590

좋은 독자가 좋은 책을 만듭니다.
김영사는 독자 여러분의 의견에 항상 귀 기울이고 있습니다.

홈페이지 www.gimmyoung.com   블로그 blog.naver.com/gybook
인스타그램 instagram.com/gimmyoung   이메일 bestbook@gimmyoung.com

오은영 박사의
불안감 없는
육아 둥지 솔루션

오은영 지음

"화내고 소리 지르고 후회하기를
반복하는 육아, **원인은 불안**"

불안한 엄마
무관심한 아빠

특별부록
칭찬해
플래너

김영사

●

모성과 부성을 나누는 것이
과연 의미가 있을까?

임상 경험이 점점 많아지고 나이가 들면서 몇 년 주기로 환자를 보는 눈이 달라진다. 요즘 들어서는 '의사가 보는 관점과 보호자가 보는 관점이 어찌 같을 수 있으랴' 하는 생각이 든다. 의사는 최선의 치료를 위해 약을 권하지만, 부모는 만에 하나라도 있을 부작용 때문에 주저하는 것이 너무나 당연하다. 20년 전에는 아마 달랐을 것이다. 보호자가 "부작용 없는 것 확실해요?"라고 따지면, 복잡한 의학적 치료기전을 자세히 설명했을지도 모른다. 지금은 그 마음이 너무 이해가 가기 때문에 "제가 왜 나쁜 것을 권하겠습니까? 믿고 치료를 하셔야죠. 조금 기다려서 괜찮아지면 좋은 것이고, 정말 필요하면 약을 써야지요. 그래도 치료제가 있다는 것이 다행이지 않습니까?"라고 대답한다. 예전에는 무엇보다 환자를 치료하는 것에 최우선을 두었다면, 지금도 물론 치료가 최우선이지만 그 가족이 행복할 수 있는 길이 무엇일까를 더 고민한다.

부모나 육아를 보는 눈도 마찬가지다. 《불안한 엄마 무관심한 아빠》 초판이 출간된 것이 2011년 6월이었다. 주로 작업했던 시기는 2009년에서 2010년이다. 그때만 해도 우리 사회에서의 '모성'과 '부성'은 이전 부모 세대의 그것처럼, 여자들은 집에서 아이를 양육하고 남자들은 밖에 나가서 일을 하는 것으로 분리되어 있었다. 특히 아이를 잘 키우기 위해서는 엄마의 '강하고 희생적인 모성'이 강조되었는데, 그러다 보니 엄마들의 죄책감이 뒤따라왔다. 죄책감은 불안과 아주 밀접한 관계가 있다. 나는 그 부분에 대해 집중하면서 올바른 모성과 부성은 무엇인지, 육아의 순간순간마다 어떻게 아이를 키우는 것이 옳은지를 고민했었다. 그런데 지금은 '모성과 부성을 나누는 것이 과연 의미가 있을까?' 하는 생각이 부쩍 든다.

강연을 끝내고 단상에서 내려오면, 강연을 들은 엄마들이 찾아온다. 손을 꼬옥 잡아주면 엄마들의 눈에 그렁그렁 눈물이 고인다. 뭔가 가슴속이 뜨겁게 느껴져 "아이고, 이렇게 눈물이 나는군요"라고 말을 건네며 어깨를 다독거리거나 안아주면, 엄마들은 내 앞에서 그동안 참았던 눈물을 왈칵 쏟아낸다. 이 눈물은 슬퍼서 나는 것이 아니다. 슬픈 것과는 좀 다르다. 아이를 생각하면 마음이 짠하고 아픈 것이다. 내가 세상에서 가장 사랑하는 나의 분신인 아이를 키우면서, 엄마들은 참 아프다. 요즘은 아빠들도 나를 참 많이 찾는다. 예전에는 거의 부부 갈등, 육아에 대한 가치관의 차이로 찾았다면(사실 이전에는 찾는 일이 매우 드물었다), 지금은 엄마들과 비슷한 고민으로 찾는다. 어떤 아빠는 회사에서 다른 아빠들과 '단호함과 무서움은 어떻게 다른 것인가'에 대한 토론을 했다는 이야기도 한다. 아빠들을 위한 육아 강연 요청도 끊이지 않고 들어온다.

모성과 부성, 과연 이것이 차이가 있는 것일까? 인간의 성(性)이 다른 것에서 본질적인 차이가 있는 걸까, 아니면 남자와 여자의 역할이 오랫동안 나뉘어 있다 보니 역할의 효율성을 높이기 위해 그렇게 진화된 것일까. 그런데 예전에는 여자와 남자의 역할이 분명히 나뉘어 있었지만 지금은 아니다. 역할의 경계가 점점 불분명해지고 있다. 여자들도 나가서 일을 하고, 아직은 소수지만 집에서 아이를 키우는 남자들도 있다.

지금의 엄마와 아빠는 혼란의 세대인 것 같다. 지금의 60~80대 어머니들에게는 설화에서나 나올 것 같은 강한 모성과 그것을 온전하게 발휘하지 못했을 때의 죄책감이 있었다. 알코올 중독자인 남편한테 두들겨 맞으면서도 아이들을 지키기 위해 참고 살았다. 당연히 그래야 한다고 생각했다. 그리고 그것에 별 거부감을 느끼지 않도록 어떤 사회적인 압력이 있었다. 지금의 40~50대 어머니들은 역시 희생과 인고로 아이들을 돌보았다. 그녀들의 시어머니나 친정어머니 세대들이 손주를 돌봐주는 것을 힘들어하지 않고 당연하다고 여겨, 육아에 어느 정도 도움을 받을 수 있었다. 그런데 그 아랫세대인 20~40대는 친정이건 시가이건 어머니들이 아이를 잘 안 봐주신다. 사회적인 체제 또한 아이를 키우는 데 녹록지 않다. 이런 힘든 상황에서 여전히 세상의 일부는 전통적인 방식의 엄마이기를 강요한다. 설상가상으로, 엄마의 반 이상이 일을 하는데 회사에서는 '엄마'라고 봐주지(?) 않는다. 갈등이 많이 생길 수밖에 없는 상황이다. 그러다 보니 매년 출산율이 최저를 기록하는 것이 아닌가 싶다.

시대가 변화하면서 우리 사회의 모습은 수렵 사회에서 농경 사회로 바뀌고 모계 사회에서 부계 사회로 변화했다. 그에 따라 모성과 부성의 개념도 달라졌고, 양육 방식 또한 변화했다. 각각의 시대에 맞게 아이를 키우는 목표나 목적이 달라진 것이다. 게다가 지금은 불안을 유발할 만큼 엄청난 정보가 광속도로 쏟아지는 정보화 사회이고, 혼족이 많아졌다. 그렇다면 엄마와 아빠의 역할을 모성과 부성에 맞춰 나누는 것은 시대착오적인 발상 아닐까, 변화에 유연하게 적응하고 대처하지 못하는 것은 아닐까 자문해본다.

이 책에서 나는, 양육의 불안을 대체로 엄마는 '걱정'이라는 감정으로 표현하고 아빠는 '무관심'이라는 행동으로 표현한다고 설명했다. 엄마 아빠는 불안이라는 같은 감정에 각기 다른 반응을 하지만, 진심은 한마음으로 서로 이해하고 도와 아이를 잘 키워보려는 것이다. 엄마의 걱정과 아빠의 무관심을, 여자의 혹은 남자의 그것으로 이해하기보다 부모의 그것으로 받아들였으면 좋겠다. 여자와 남자라는 경계를 두고 이해하기보다, 부모의 불안은 사람과 상황에 따라 전혀 다른 감정인 듯 모습을 바꾸어 표출될 수 있음을 이해했으면 한다.

더불어 이 책이, 육아 상황에서 발생하는 문제나 갈등이 나의 어떤 불안 때문인지 인지하고 답을 찾아갈 수 있는 기회가 되기를 바란다. 앞으로 나아가야 할 우리의 양육 방향은 여자의 '모성 반'과 남자의 '부성 반'이 합쳐져 '부모성(父母性) 하나'가 되는 것이 아니라, 여자의 '부모성 하나'와 남자의 '부모성 하나'가

만나 불안에 흔들릴지언정 결코 휘둘리지 않는 단단한 '하나의 부모성'이 되는
것이기 때문이다.

오은영

●

왜 우리는
양육이 불안하고 두려울까?

"오은영 선생님은 아이를 어떻게 키우세요?" 진료를 받던 아이의 엄마가 갑작스럽게 질문을 했다. 극도의 양육 스트레스로 괴로워하던 엄마는 아이를 대하는 매 순간이 불안하고 두렵다고 했다. "저도 어머님이랑 같아요. 저도 아이를 키우는 게 두렵고 불안합니다." 내가 답하자 엄마의 눈이 휘둥그레졌다. 천하(?)의 오은영 선생님도 양육이 불안하고 두렵다니….

나는 방송과 임상진료 현장에서 양육을 힘들어하고 두려워하는 많은 부모들을 보았고, 그 부모들로 인해 상처받은 아이들을 보았다. 그리고 '양육의 마법사'라는 별칭이 붙을 정도로 부모들의 고민과 아이의 문제 행동을 잘 해결해왔다. 하지만 그런 나도 엄마가 되어가는 과정은 상당히 불안했고 걱정도 많았다. 중학교 1학년 남자아이를 키우는 엄마로서 지금도 여전히 불안과 두려움이 있다. 왜 전문가인 나조차 양육은 불안하고 두려운 것일까.

사실 나는 아주 오래전부터 양육을 불안해하고 두려워했다. 이 책을 빌려 처음 털어놓는데, 솔직히 나는 심각한 독신주의자였다. 고등학교를 졸업할 때까지 나는 그 또래 몇몇 여자아이들이 그렇듯 '독신'이라는 단어를 입에 달고 살았다. 학창 시절 공부도 제법 잘하고 반장과 학생회 임원을 도맡아 했던 나는 좋아하는 분야에서 훌륭한 학자가 되고 싶었고, 그로 인해 사회적인 명성도 얻고 싶은 욕심 많은 아이였다. 그리고 그렇게 될 거라는 자신감이 넘치는, 매사에 자신만만한 아이였다. 그런데 이런 아이가 독신을 그토록 주장하고 다녔다는 것은, 내 마음 한켠에 한 아이의 엄마가 된다는 것에 대한 '막연한 두려움'이 있지 않았나 하는 생각이 든다. 사회적으로 성공을 하는 것과 한 아이의 엄마가 되는 일을 동시에 수행하는 것이 자신도 모르게 겁이 났던 것이다. 그래서 두 가지를 제대로 못 할 바에야 한 가지만이라도 잘하자는 생각에 무의식적으로 독신주의를 고집했던 것 같다.

하지만 한치 앞도 모르는 게 인생이다. 누구나의 인생이 그렇듯, 살아보면 현실은 생각과 많이 다르다. 독신을 주장하던 나는 대학에 입학하고 얼마 지나지 않아 같은 대학의 같은 과 동급생과 캠퍼스 커플이 되어버렸다. 그 사람이 지금의 남편이다. 남편과 꽤 오랫동안 연애를 하고 결혼을 생각하면서, 나는 어린 시절 가졌던 독신에 대한 생각의 뿌리(아이, 부모, 양육에 대한 막연한 두려움이라고 할 수 있다)가 아예 사라진 줄 알았다. 그런데 결혼 후 5년 동안 나에게는 아이가 생기지 않았다. 피임을 한 것도 아닌데 무의식에 숨어 있던 양육에 대한 두려움과 불안이 내 신체를 지배한 것이었다. 오래전부터 내 안에 숨어 있던 이 두려움과 불안은 내가 아이를 늦게 갖도록 유도한 것뿐 아니라 내가 평생 하고자 하는 일을 '아이, 부모, 양육' 쪽으로 이끌었다. 나 스스로 무의식에 있는 두려움과 불안의 정체를 해결하고자 하는 욕구가 강해졌기 때문이다.

그런데 참 묘한 것이 이런 두려움과 불안을 나도 모르게 평생 연구하고 풀어가야 할 과제로 삼은 내가, 결혼 5년 만에 임신을 하자 뛸 듯이 기뻐했다. 난 아직도 내가 임신을 확인하던 순간을 마치 영화의 한 장면처럼 기억한다. 그날의 날씨, 사람들의 표정, 내가 느꼈던 감정들이 어제 일처럼 생생하다. 물론 예상치 못했던 것이라 찰나의 당황스러움은 있었지만, 임신이 의학적으로 확인되자 나는 당황하기보다는 누구보다도 빨리 '엄마'라는 자아상을 받아들였다. 나는 그때 '내가 좋은 엄마가 될 수 있을까?' 혹은 '내가 아이를 키우면서 내 일을 잘할 수 있을까?'라는 두려움 대신, 뱃속 아이만 생각하면 뭐든 잘할 수 있을 것 같은 자신감이 느껴졌다. 도대체 나에게 느껴지는 이 감정의 정체는 뭘까? 그토록 두렵고 불안했던 일인데, 막상 닥치고 보니 가슴 벅차도록 행복하다고 느낀 내 감정의 정체는 뭘까? 이 책은 전문가인 나조차 엄마가 되어가는 과정에서 느낄 수밖에 없었던 불안과 두려움의 근원을 파헤치기 위해 시작되었다.

나는 그 불안과 두려움의 근원을 의학, 생리학, 심리학, 인문학, 사회학 등을 망라해서 심층적으로 알아보기 시작했다. 왜 부모라면 누구나 불안하고 두려워할까, 누구나 불안하고 두려워하긴 마찬가지인데 어째서 보이는 모습은 각기 다를까, 이 불안과 두려움의 정체는 무엇일까, 불안과 두려움은 실제 양육 상황에서 어떤 문제들을 야기할까, 불안과 두려움을 어떻게 해결해야 할까 하는 것들에 대해서 연구하기 시작했다. 이를 위해 많은 자료를 찾아보는 것과 동시에, 내가 부모가 되기 전과 부모가 된 이후 가졌던 양육에 대한 두려움도 차근차근 되돌아보았다. 나는 아이, 부모, 양육에 대해 연구하는 것을 업으로 삼은 사람이라 본능적으로 양육에서 비롯되는 불안과 두려움을 헤쳐나가긴 했지만, 그 헤쳐나가는 과정이 어떠했는지에 대해서도 다양한 각도에서 되짚어 보았다. 그리고 그 과정에서 모든 인간이 양육에 대해 갖는 기본적인 두려움, 죄책감, 자존감에 대해서 좀 더 깊이 있게, 하지만 기존의 어떤 책보다도 살갗에 와닿도록 다룰 수 있었다.

아이를 키우는 일은 절대 쉬운 일이 아니다. 지금 막 태어난 돌 이전의 아기든, 유치원을 다니는 아이든, 본격적으로 공부를 시작하는 초등학교 아이든, 무조건 반항만 일삼는 중·고등학교 아이든 모두가 어렵다. 아이를 키우는 일은 내 안에 숨어 있는 두려움과 불안을 끊임없이 자극하기 때문이다. 아마도 아기를 낳고 그 아이가 자라 학교에 들어가고 청소년이 되고 성인이 되어 다시 다른 아이의 부모가 될 때까지, 우리는 새롭게 맞닥뜨리는 순간순간 두려움과 불안을 계속 느낄 것이다. 하지만 겁내지 마라. 두려움과 불안은 부모를 절대 파괴하지 않는다. 오히려 두려움과 불안은 부모를 더욱 단단하게 만들고, 그로 인해 아이들을 더 건강하게 만든다. 대부분의 두려움과 불안 안에는 아이를 더 잘 키울 수 있게 하는 열쇠들이 숨어 있기 때문이다. 두려움과 불안의 실체를 알고 차근차근 풀어나가다 보면 오히려 양육에 대한 깊은 이해를 하게 되고, 내 안에 숨어 있는 놀라운 능력인 모성과 부성을 발견하게 된다. 나는 불안과 두려움은 조물주가 아이를 잘 키우게 하는 열쇠를 숨기기 위해 우리 안에 여기저기 뿌려놓은 씨앗이라고 생각한다.

예전에는 아이를 예닐곱 명이나 낳고도 잘 키웠다. 하지만 요즘은 한두 명 낳아 키우면서도 참 많이들 힘들어한다. 어떤 부모들에게는 양육이 단순히 부담을 넘어서 쇼크 수준이다. 왜 그럴까? 나는 그 원인을 부모로서 자신이 당연히 가지게 되는 불안과 두려움을 제대로 마주하지 않았기 때문이라고 생각한다. 제대로 마주하지 않고 도망치려고만 하기 때문인 것이다. 부모라면 누구나 불안하고 두렵다. 그것은 내 안에 모성과 부성이 존재한다는 증거이다. 내 불안과 당당히 마주해야만 내 안의 모성과 부성이 올바른 양육의 길로 나를 안내한다. 이 책을 읽는 동안 당신은 부모로서 내 안에 숨어 있는 많은 불안과 두려움을 만나게 될 것이다. 위로가 되는 순간도 있고, 이해가 되는 순간도 있고, 창피한 순간도 있고, 눈물이 날 정도로 죄책감을 느끼게 될 순간도 있을지 모르겠다. 하지만 그렇게 읽다 보면 내가 어떤 모습의 부모인가에 대해 생각하게 되고, 부모로서 어떤 가치관을 가지고 살아야 할지에 대해 고민하게 될 것이다. 그 생각과 고민이 책을 읽고 난 후 부모로서 참된 자기를 발견하고 좀 더 성숙한 부모가 되게 하는 데 보탬이 된다면 이 책을 쓴 나에게는 큰 기쁨과 보람이겠다.

끝으로 이 책을 쓰는 동안 말로 다 표현할 수 없을 만큼 모성과 부성을 뼈저리게 느끼게 해준 많은 부모님께 머리 숙여 감사드린다. 또한 엄마로서 의미 있는 삶을 살게 해준 아들과 나의 남편에게 감사의 말을 전하고 싶다.

차례

첫번째

엄마는 왜? 아빠는 왜?

걱정 많은 엄마와 무관심한 아빠 • 24

내 아이 문제라면 엄마는 왜 걱정부터 할까? • 37

내 아이 문제인데도 아빠는 왜 무관심할까? • 58

두번째

불안한 부모, 충돌 상황별 해법을 찾아라

세번째

행복한 부모가 행복한 아이를 만든다

행복한 부모가 되려면 • 326

모성, 아이를 지키는 신비한 본능 • 326
부성, 진화를 준비하라 • 331
내 아이는 내 생각대로, 내 말대로 해야 한다? • 336
아이를 변화시키려면 낮은 자세로 임한다 • 342
불안한 부모의 희생양, 슈퍼키드 • 344

세상의
모든 부모들을
응원하며

첫 번째

엄마는 왜?
아빠는 왜?

엄마들은 아이를 낳고 키우면서
순간순간 남편의 무심함에 화가 나고,
상처받고, 눈물을 흘린다.
도대체 왜 남편은 자기 아이 일에
저렇게 무관심할까? 어떻게 그럴 수 있을까?

아빠들 역시 아이를 키우면서
순간순간 아내에게 놀라고 섭섭해진다.
아이 일이라면 뭐든 걱정부터 하고
극성스럽게 행동하기 때문이다.
도대체 왜 아내는
저렇게 쓸데없는 걱정만 할까?
어쩌다 저렇게 변해버린 것일까?

걱정 많은 엄마와
무관심한 아빠

잘못되면 어쩌지? vs 애들이 다 그렇지

해가 뉘엿뉘엿 저물어 어둑해지고 있는 저녁 무렵, 할머니가 열 살 난 영민에게 근처 슈퍼에서 두부 한 모를 사오라는 심부름을 보내려 한다. 옆에 있던 영민 엄마가 깜짝 놀라며 "어머니, 안 돼요. 이렇게 늦은 시간에 어떻게 아이를 혼자 내보내요?"라고 말한다. 어제 저녁 9시 뉴스에서 보았던 어린이 유괴, 납치 기사가 떠올랐기 때문이다. 시어머니는 미간을 잔뜩 찌푸리며 한심하다는 듯이 쯧쯧 혀를 찬다. "아범아, 어미 좀 봐라. 맨날 이렇게 싸고만 키우니 애가 뭐 하나 제대로 하겠니?" 그러자 옆에 있던 영민 아빠까지 짜증스러운 목소리로 시어머니 편을 든다. "아휴, 내가 정말 못 말려. 당신 때문에 애 버리겠다." 아빠의 말에 영민 엄마는 작게 눈을 흘기며 '요즘이 어떤 세상인데…'라는 말을 꺼내려다 삼키고 만다.

어젯밤부터 열이 오르기 시작한 두 살 난 동규는 해열제를 먹었는데도 열이 39℃를 넘어섰다. 열이 오르자 아이도 불편한지 숨소리마저 거칠어졌다. 새벽 내내 열과 씨름하던 아이가 아침이 되자 그래도 열이 좀 내리는 것 같아 동규 엄마는 밥을 조금 먹였다. 그런데 밥을 먹고 거실에서 놀던 아이가 "엄마!" 하더니 아침밥 먹은 것을 게우고 그 자리에서 고꾸라졌다. 동규 엄마는 너무나 당황해서 회사에 있는 남편에게 전화를 했다. "여보, 동규가 이상해. 아무래도 응급실 가봐야 할 것 같아. 어쩌지?" "그래? 그럼 빨리 응급실 가봐!"

동규 엄마가 안고 있는 아이의 파리한 얼굴을 보며 말했다. "당신이 와서 같이 가면 안 될까? 나 무서워." "오전 10시에 어떻게 집에 가? 당신 혼자 그것도 못 해? 애들이 열도 나고 토하기도 하면서 크는 거지. 그럴 때마다 집으로 달려가면 회사를 다니라는 거야, 말라는 거야! 집 앞 소아과부터 가봐." 동규 엄마는 갑자기 눈에서 눈물이 핑 돌면서 '당신 애 아빠 맞아?' 하는 생각이 들었다.

일본과 한국의 축구경기가 있는 날이라 모처럼 일찍 들어온 세종 아빠. 들어오자마자 배달시킨 치킨과 맥주를 기다리며 TV 리모컨을 들었다. 리모컨 버튼을 누르자, 화면에 오늘 경기를 뛰게 될 축구 선수들의 얼굴이 차례로 나타났다. 그때 세종 엄마가 빨래를 개며 말했다. "여보, 세종이 전래동화 전집 하나 사면 안 될까? 우리 아파트에 그거 안 하는 애 없던데." "그 교구 엄청 비싸다면서? 다섯 살짜리한테 그게 뭐 필요해?" "비싸긴 해도, 우리가 세종이한테 그거 하나 못 사줄 형편은 아니잖아." "아니, 형편이고 뭐고를 떠나서 필요 없는 것을 왜 사?"

대화 내내 TV에서 눈 한번 떼지 않으면서 남 얘기하듯 대답하는 남편을 지켜보던 세종 엄마는 갑자기 화가 치밀었다. "필요 없긴 왜 없어? 요즘 초등학교 가기 전에 그런 전집 하나 없는 아이가 어디 있어? 당신은 잘 알지도 못하면서 내가 무슨 말만 하면 왜 안 된다고만 해?" 세종 엄마의 목소리가 거칠어지자, 세종 아빠의 목소리가 조금 작아졌다. "그게 아니라, 내 말은 돈 좀 아껴 쓰자는 거지. 그렇게 남들 하는 거 다 하면서 쓸데없이 돈을 쓰면 집은 언제 사?" TV에서는 축구 경기의 전반전이 시작되었다.

"내가 언제 쓸데없이 돈을 썼다고 그래? 당신이 치킨 먹고 맥주 마시는 돈만 모았어도 그 전집 사고도 남았겠다. 당신은 축구가 세종이보다 중요하지? 당신은 돈이 세종이보다 중요하지?" 세종 엄마는 화가 나서 개던 빨래를 내팽개치며 제법 큰 소리로 악다구니를 쳤다. TV에서 일본 선수가 한국 선수의 공을 빼앗아 슛을 날리는 순간, 세종 아빠는 "아 진짜! 시끄러워! 그만 좀 해!" 하면서 버럭 소리를 질렀다.

많은 엄마들이 아이를 낳고 키우면서 순간순간 남편의 무심함에 화가 나고, 상처받고, 뼛속 깊은 배신감을 느끼고, 눈물을 흘리기도 한다. '사람이 어쩜 저렇게 자기 자식한테 야박할까, 자기 자식 일인데 어쩌면 이렇게 무관심할까, 아이는 나 혼자 낳았나, 저렇게 냉정한 사람이 아빠라니…' 하는 생각도 종종 든다. 모든 엄마가 그런 것은 아니지만, 진료실이나 방송에서 만난 엄마들 중 대다수가 한집에서 사는 남자에 대해 '치를 떠는(!)' 경우가 많았다. 그녀들은 아이에 대한 걱정을 이야기하다가도 마지막에는 남편의 이해할 수 없는 말과 행동을 성토하는 것으로 상담을 마치곤 했다.

"남편은 아이에게 뭐든 시키는 것은 반대예요. 그냥 내버려두어도 때가 되면 잘하게 될 텐데 제가 유난을 떤다고 하죠."

"남들만큼은 아니더라도 최소한의 책이나 교구는 사주고 싶은데, 남편은 구석기 시대 사람처럼 아이는 무조건 뛰어노는 것이 최고래요."

"아이랑 놀아주지도 않고 공부도 안 가르쳐주면서 아이가 무슨 잘못만 하면 어디선가 나타나서 어찌나 무섭게 혼내는지. 그럴 때는 정말 자기 자식이라고 생각하는 게 맞나 싶어요. 아이 교육에 대해 상의라도 하려고 하면 나 몰라라 하면서 꼭 야단칠 때만 앞장선다니까요."

"아직 어리니까 버릇없게 굴 수도 있고, 놀다가 실수도 할 수 있는 거 아니에요? 그런데 남편은 그럴 때마다 아이를 바보 취급하고 저를 탓해요. 제가 아이를 잘못 키워서 아이가 야무지지 못한 거래요. '애를 어떻게 키웠기에'라는 말을 입에 달고 살아요. 딱 일주일만이라도 자기 혼자 아이를 키워보라고 하고 싶은 마음이 굴뚝 같아요."

재미있는 사실은, 이렇게 아내들에게 높은 원성을 사고 있는 남편들을 만나보면 의외로 대부분 너무나 '평범하고 정상적(?)'이었다는 점이다. 더없이 성실하고, 책임감 강하고, 유능하고, 인간관계도 좋고, 무엇보다 아내와 아이를 무척이나 사랑했다. 그들은 하나같이 다른 사람한테 무심하다는 원성을 들을 만한 사람들이 아니었다. 그렇다면 그런 불만은 모두 아내들이 지어낸 것일까? 물론 그것도 아니다. 그녀들이 말하는 것에는 한 치의 거짓도 없었다. 아빠들은 사랑하는 아이와 가정을 지키기 위해, 한 푼이라도 더 벌기 위해 온갖 치사한 것들을 참아가며 밤새워 일하고, 술상무도 마다하지 않았지만, 정작 아내와 아이 문제를 이야기할 때는 마치 다른 집 아이 얘기하듯 무심하게 굴었다. 도대체 남편들은 왜 그러는 것일까?

아내들에게 원성을 사는 남편들의 모습은 크게 세 가지로 나눌 수 있었다. 첫 번째는 돈을 버느라 육아나 교육 자체에 전혀 관심이 없어 모든 것을 아내에게 일임하는 유형이었다. 이들은 육아에 대해 아는 것이 없어 어쩌다 한마디 해도 무시당하기 일쑤였다. 육아에 대한 의사발언권 자체가 없었다. 그러다 보니 자신이 필요한 순간마저 뒷짐 지고 멀리서 바라만 보는 일이 흔했다. 두 번째는 평소에 육아나 교육에 전혀 관여하지 않다가 훈육할 때만 전면에 나서는 유형이었다. 이들은 평소 아이와 보내는 시간이 거의 없어 육아나 교육에 대해서 전혀 알지 못하지만, 아빠로서 훈육은 반드시 책임져야 한다는 묘한 사명감이 있었다. 따라서 아이의 잘못된 행동을 바로잡아야 한다는 생각에 종종 너무 강압적으로 아이를 훈계했다. 이 때문에 궁지에 몰리고 가족으로부터 왕따 아닌 왕따가 되는 경우도 많았다. 세 번째는 '아이들은 자기가 먹을 것은 모두 갖고 태어난다, 내버려둬도 잘 큰다, 때가 되면 다 잘한다'는 식의 사고를 가진 이상주의적인 유형이었다. 아내와 의견이 부딪히면 이들은 자신의 생각을 정당화하기 위해 아주 극단적인 예를 일반화시켜 버렸다. 예를 들어 아내가 다섯 살 아이에게 영어를 좀 가르치자고 하면, 조기교육으로 뇌가 망가져 병원 치료를 받고 있는 아이에 대한 신문기사를 언급하는 식이었다.

진료를 하다 보면, 이 아빠들은 오히려 날 붙잡고 하소연하곤 한다. 아내가 아이를 낳은 후 뭐든 걱정부터 하고 극성스럽고 유별나게 변했다는 것이다. 그들이 말하는 아내들은 대개 이러했다. 아무리 생각해도 쓸데없는 걱정인데 그 걱정에 너무 몰입한다. 또 아이에 대한 남편의 의견은 철저히 무시하고 무슨 말만

하면 "직접 키워보지도 않았으면서 어떻게 그런 말을 해. 당신이 뭘 알아?"라며 쏘아붙이고는 결국은 매번 자기 마음대로 해버린다. 어떤 기준도 없이 이리저리 흔들리길래 한마디 하면 "아이를 위한 일인데?"라며 막무가내로 군다. 아이는 엄마 아빠가 함께 키워야 하는 것인데, 자기 품 안에서만 싸고돌면서 아이를 위해 정말 열심히 일하고 있는 남편을 '나쁜 아빠' 또는 '인정머리 없는 아빠'로 몰아세운다.

엄마들은 하나같이 남편을 "무관심하다"고 말하고, 아빠들은 입을 모아 아내를 "쓸데없는 걱정만 한다"고 말하는 이 상황, 당신의 생각은 어떠한가?

엄마와 아빠 중 누가 옳을까?

이야기에 앞서 미리 밝혀두고 싶은 것은, 내가 사례로 드는 엄마와 아빠 사이에서 벌어지는 상황들은 문제가 많거나 절대 심각한 정도는 아니라는 것이다. 정말 심각하다면 이런 책을 읽기보다 전문가를 찾아 마땅한 치료를 받는 것이 우선이다. 나는 일반적인 엄마와 아빠, 통계적인 아내와 남편의 생각과 행동에 대해 이야기할 것이고, 그들이 서로를 이해할 수 있도록 도울 것이다. 당연히 내가 말하는 그들의 모습이 이 세상 모든 엄마와 아빠, 아내와 남편의 모습은 아니다. 여러 면에서 이보다 나아, 내 조언이 굳이 필요 없는 사람도 있을 것이다. 여기에 등장하는 사례나 조언들을 가지고 누가 옳으니 그르니 하며 싸우지 않았으면 한다. 그보다 보편적인 엄마와 아빠, 아내와 남편들이 서로에 대한 이해의 폭을 넓힐 수 있는 기회가 된다면 바랄 것이 없겠다.

그동안 이루어진 많은 조사와 임상 경험을 토대로 종합하면, 엄마들은 아이의 성장 발달이나 교육에 있어 이왕이면 해줄 수 있는 만큼 다 해주고 싶어 한다. 아이에게 필요한 시기별 자극도 질 높은 것으로 찾아주고, 교육도 이왕이면 빨리빨리 시켜야 한다고 생각한다. 만약 그렇게 하지 못하는 엄마라면 그럴 수 없는 현실을 너무나 안타까워하고, 아이가 뒤처지면 어쩌나 하는 마음에 불안해한다. 그런데 아빠들의 생각은 이것과는 좀 다르다. 아이의 성장 발달이나 교육에 있어서는 내버려둬도 알아서 잘하게 되어 있고(자신도 그렇게 자랐으므로), 아내가 지금 안달복달하는 문제는 시간이 지나면 저절로 해결된다고 생각한다. 그러니 아내의 행동이 '욕심' 내지는 '극성'으로 보인다. 집안의 경제 수준을 생각하지 않고, 미리 걱정하고 불안해하면서 설쳐댄다고 생각한다. 갈대처럼 흔들리는 아내의 마음을 잡기 위해 그들은 조금 고집스럽게 보일 만큼 '그럴 것까지 없다'를 반복하고, 그 결과 '무관심한 남편'이라는 꼬리표를 달게 된다.

엄마들은 나에게 "어떻게 아빠가 돼서 아이를 걱정하지 않을 수 있죠?" 하고 묻는다. 엄마들은 아이가 조금만 아파도 '큰 병으로 진행되면 어쩌지?' 하고 걱정하고, 조금만 성적이 떨어져도 '아이에게 무슨 일이 있는 건 아닐까? 많이 뒤처져서 따라잡지 못하면 어쩌나' 하고 불안해한다. 또 조금만 안 먹어도 '다른 아이들보다 덜 자라면 어쩌지?'라는 근심으로 이어진다. 하지만 아빠들은 "그게 걱정한다고 달라집니까?" 하고 반문한다. 아빠들은 아이란 원래 그렇게 아프면서 크는 것이고, 이제 겨우 초등학교 다니는 아이의 성적이 좀 떨어졌다고 이것이 대학 입학을 좌우하는 것도 아니고, 오늘 한 끼 안 먹는다고 아이가 어떻게 되지는 않는다고 믿는다. 엄마들이나 아빠들 모두 자신의 생각이 옳다는 것에 추호의 의심도 없다. 과연 누구의 생각이 옳은 것일까?

결론부터 말하면, '무승부'다. 엄마들과 아빠들은 서로가 절대 타협할 수 없는 전혀 다른 생각을 하고 있다고 하지만, 사실 이들이 가진 생각이나 행동은 '같은' 종류의 것이다. 엄마가 내 아이에게 갖는 '도를 넘는 걱정', 아빠가 내 아이에게 보이는 '지나친 무관심'은 모두 '불안'이라는 감정의 다른 모습이기 때문이다. 엄마들에게 "걱정이 많다. 그것은 불안 때문이다"라고 말하면 고개를 끄덕거리지만, 아빠들에게 "무관심하다. 그것은 불안 때문이다"라고 말하면 고개를 갸우뚱거리는 사람이 제법 있을 것이다. 불안이라는 감정은 늘 꼬리에 꼬리를 물고 일어나지 않은 일에 대한 예측을 한다. 불안한 사람들의 특징은 어떤 것의 부정적인 한 가지 면을 보고, 전체를 부정적인 방향으로 몰고 간다. 그중 어떤 사람은 부정적으로 몰고 가면서 끊임없이 걱정을 한다. 또 어떤 사람은 부정적인 면을 감당할 수 없어 지나치게 낙관적이고 긍정적인 입장을 취하면서 문제를 덮어버리기도 한다. 엄마의 '불안'이 전자의 모습이라면, 아빠의 '불안'은 후자의 모습이다.

아빠들 역시 불안하다. 하지만 아빠들은 불안과 직면하려고 하지 않는다. 불안에 직면하면 '그래, 이걸 어떻게 할까?'가 아니라 '어떻게든 되겠지' 하고 생각한다. 하지만 이런 생각을 밖으로 말하는 것을 무책임하다고 믿어 "괜찮아, 아이들은 원래 그렇게 크는 거야"라고 말해버린다. 그런데 그 말은 편안함이나 자기 확신에서 나오는 말이 아니라, 불안을 상쇄해버리기 위한 무조건적인 낙관적 표현인 경우가 많다. 본인이 이 주제를 걱정하고 아내와 이야기를 나누면 머릿속으로 그 불안한 주제를 계속 떠올려야 하고, 그렇게 되면 더 불안해지기 때문에 대범한 척, 낙관적인 척하면서 덮어버리는 것이다. 결국 아빠의 '괜찮아, 잘 클 거야'라는 지나치게 낙관적인 해석의 본질에는 불안이 숨어 있다. 하지만 오해하지는 말기 바란다. 이런 아빠들의 말이나 행동은 의식적인 것이 아니다. 본인도 인식하지 못하는 본능적이고 무의식적인 반응이기 때문이다.

이처럼 아빠와 엄마가 가진 다른 모습의 불안은 아이의 문제를 해결할 때도 큰 차이를 드러낸다. 아빠들은 문제가 절실하게 피부에 닿기 직전까지 그것을 '문제'라고 인식하지 않는다. 문제가 작을 때 빨리 적절한 도움을 받아 큰 문제가 되는 것을 막아야 하는데, 아빠들은 "다 괜찮아" 하며 지나치게 긍정적으로 바라봄으로써 문제를 부인한다. 그러다 문제가 너무 심각해져 주변에서도 그것을 인식하게 되면 그제야 위기임을 인식하고 도움을 청한다. 결국 아빠들은 위기에 대한 대처가 너무 느리다는 평가를 받는다. 그런데 엄마들은 이와 정반대다. 엄마들은 아직은 문제라고 볼 수 없는 것에도 지나치게 빠르게 대처한다. 그러다 보니 조급하고 별것 아닌 일에 극성을 떠는 사람으로 취급받는다. 자신의 불안에 지나치게 빨리, 강력하게 대처했기 때문이다. 아빠들이 보기에 엄마들은 항상 별것도 아닌 일에 난리를 치고, 노심초사하고, 걱정을 사서 하는 것처럼 비춰진다. 또 그런 엄마들의 눈에는 뻔히 문제가 생길 것이 보이는데도 아빠들이 무책임하고 무관심하게 대처하는 것처럼 생각된다. 그런 과정에서 엄마들은 자신이 남편보다 아이를 훨씬 더 사랑하고 염려한다는 잘못된 생각을 하고, 남편의 무관심한 모습은 아이를 자신만큼 사랑하지 않기 때문이라고 규정짓는다.

아이를 키우면서 똑같이 불안해하고 걱정하는데도, 엄마들은 "어떡해? 어떻게 좀 해봐!" 하는 식으로 말한다. 그러니 아이를 굉장히 걱정하고 사랑하는 사람으로 보인다. 이에 비해 아빠들은 "잘 클 거야. 아무 일 없을 거야" 하는 식으로 말한다. 왜냐하면 별다른 대책이 없기 때문이다. 이럴 땐 마치 옆집 아이 이야기를 하듯 무책임하게 보인다. 만약 아이의 성적이 많이 떨어졌다면 어쨌든 공부를 더 시켜야 하는 것이 맞다. 이런 상황에서 아빠들이 무조건 "잘될 거야" "공부 못해도 잘 살아"라고 말하는 것은 도움이 되지 않는다. 아빠들은 이런 태도 때문에 양육문제에서 쉽게 벼랑 끝으로 몰리는 것이다. "당신, 아이를 나만큼 사랑하지 않는 것 맞지?"라는 오해를 받고 싶지 않다면 아빠들은 반드시 지금까지 해왔던 말과 행동에 변화를 가져야 할 것이다.

걱정과 무관심의 뿌리는 불안이다

만 네 살이 되었는데도 아직 말문이 트이지 않은 한 남자아이가 진료실을 찾았다. 엄마가 아이의 손을 잡고 진료실로 먼저 들어섰고, 아빠는 몇 걸음 떨어져 뒤따라 들어왔다. 엄마는 아이가 너무 소심해서 감정 표현을 잘 못하는데, 그것이 말문이 늦게 트이는 것과 어떤 관련이 있는 것은 아닌지 궁금해했다. 자신의 양육 태도에 어떤 잘못이 있는 것은 아닌지도 걱정했다. 또 아이가 말문이 트이지 않아 또래 관계에서 얼마나 어려움을 겪을지, 의사 표현을 하는 데 불편함이 없을지도 우려했다. 엄마는 머리부터 발끝까지 불안하고 초조해 보였으며 간절하게 도움을 요청하고 있었다. 그런데 함께 온 아빠는 뭔가 불만이 가득해 보였는데, 대뜸 "만 4세에 말을 못하는 것이 그렇게 문제입니까? 말문이 좀 늦게 트일 수도 있지 않습니까?"라고 물었다. 내가 만나본 그 아이는 정서적인 면에 문제가 있어 말문이 트이지 않은 상태였다. 무언가를 배우려면 정서적으로 안정된 상태에서 시도하고 교정하고 배우고, 다시 시도하는 과정을 거쳐야 하는데 아이는 정서적으로 무척 위축되어 있어 그런 과정을 제대로 거치지 못했다. 나는 아이에게 일정 기간 정서적인 도움을 주자고 말했다. 아이가 지금 얼마나 불편하고 힘들어할지를 이야기하는 엄마의 눈가에 눈물이 맺혔다. 아이 아빠는 나의 설명을 듣고 "제가 알기로는 여섯 살에 말문이 트이는 아이도 있다고 하던데요. 저는 우리 아이가 특별한 치료가 필요한 상태라고 생각하지 않습니다"라고 대답했다.

어떻게 해서라도 도와주려는 엄마와 굳이 치료가 필요 없다고 믿는 아빠의 모습은 진료실에서 아주 흔하게 목격되는 장면이다. 아이에게 약물 치료가 필요하다고 말하면, 이런 아빠들의 대부분은 아주 격앙된 목소리로 "약은 절대 안 됩니다. 안정성이 보장된 것도 아니잖아요?"라며 자리를 박차고 일어나 진료실을 나갈 태세를 갖춘다. 진료실에서 만나는 대부분의 엄마들은 나에게 궁금한 것을 물어보고 그 해결책을 얻고 싶어 하지만, 아빠들은 자신이 가지고 있는 지식을 총동원해 나와 논쟁을 해서 내가 틀리고 자신이 맞다는 것을 증명하고 싶어 한다. 이런 행동 또한 아빠가 보여주는 전형적인 '불안'의 모습이다. 내 아이에게 문제가 있다는 사실을 받아들이는 것이 너무 불안해서, '아니다'라는 태도로 일관하는 것이다.

만 5세가 된 한 여자아이의 엄마는 상담 중에 느닷없이 아이가 다니는 어린이집을 바꿔야겠다고 말을 꺼냈다. 얼마 전까지만 해도 그 어린이집의 환경이나 교사들을 칭찬하던 엄마였다. "무슨 일이 있으셨어요?"라고 물으니, 어린이집 교사 한 명이 쓰레기봉투를 버리고 손을 탁탁 털더니 앞치마에 손을 쓱 닦는 장면을 목격했다는 것이다. 갑자기 '저 손으로 우리 아이의 얼굴을 만지고, 우리 아이 먹을 것을 만지겠지…' 하는 생각이 들었는데, 그 생각이 머릿속을 떠나지 않더란다. 엄마는 그 어린이집의 위생 상태가 의심되어 더 이상 보낼 수 없다고 했다. 이 또한 불안이다. 보통 노심초사하는 것만 불안이라고 생각하지만, 의심이 많거나 피해망상적인 행동을 보이는 것도 불안이다. 이처럼 생활 속의 사소한 단서가 불안을 극도로 증폭시키는 요소가 되어서 지금까지 쌓아온 모든 신뢰를 무너뜨리게 되는 경우도 있다.

불안이란 인간의 기본적인 방어기전으로, 스스로를 보호하기 위해 쓰는 기본적인 수단이다. 위험에 빠질 수 있는 상황이 되면 누구나 '불안'이라는 기전을 동원해 자기 자신을 보호하려 들고, 본능적으로 이 기전을 사용하게 된다. 때문에 적당한 불안은 반드시 가지고 있어야 한다. 불안이 있어야 미래를 위해서 자기 자신과 가족을 보호하고 안전하게 다음의 계획도 만들어낼 수 있다. 그런데 이상한 것은 이 불안에 대해 아빠는 하나같이 '무관심'으로 표현하고, 엄마들은 '걱정'으로 표현한다는 것이다. 나름 대범했던 여자도 아이를 낳으면 걱정이 늘어나고, 비교적 자상했던 남자도 아이가 생기면 이전보다 조금 무심해지더라는 것이다. 왜, 어째서 엄마는 안달복달하는 것으로 불안을 표현하고, 아빠는 무관심으로 불안을 표현할까?

누구나 인정하듯 엄마들은 아이를 제 목숨만큼 끔찍이 사랑한다. 그러다 보니 조금 지나치다 싶을 만큼 걱정이 많고, 쉽게 불안하고 초조해한다. 그 이유는 뭘까? 여자는 아이에게 어떤 마음을 갖고 있기에 교육이나 양육의 모든 면에서 '걱정'이라는 방식으로 불안을 표현하는 걸까? 아빠들도 분명 아이를 사랑한다. 그렇기에 새벽부터 나가서 늦은 밤까지 일하고, 온갖 치사하고 더러운 상황도 꾹 참고 견딘다. 그들 역시 가장 사랑하는 사람이 누구냐고 물으면 주저 없이

35

'아이'라고 대답한다. 그럼에도 불구하고 알 수 없는 것은, 왜 아빠라는 사람들은, 도대체 어떤 마음을 갖고 있기에, 아이를 사랑하지 않는다는 오해를 받는 그 '무관심'이라는 표현 방식을 쓰는 걸까? 그 마음의 본질은 무엇이고, 그들이 그렇게 표현하는 이유는 뭘까?

내 아이 문제라면
엄마는 왜 걱정부터 할까?

엄마의 불안은 오랜 본능이다

  내 아이에게 발생한 단 하나의 문제에 엄마들의 머릿속에는 꼬리에 꼬리를 무는 문제가 이어지고, 걱정들이 생겨난다. 엄마들의 이런 불안 심리의 근원을 알아보기 위해서는 지금으로부터 1만 년 전 인류가 수렵채집 생활을 하던 시대로 거슬러 올라가야 한다. 그 시절, 불안은 인간의 생존을 지키는 꼭 필요한 요소였다. 불안은 생존에 위협이 발생하면 대처할 수 있도록 도와주는 반응으로 우리 몸에 변화를 일으킨다. 예를 들어, 원시인류가 숲을 지나는데 등 뒤에서 뭔가 재빠르게 지나가는 것을 느꼈다고 하자. 사람이 위험을 느끼면 온몸의 기관으로 경고신호가 보내진다. 부신피질에서 아드레날린, 노르아드레날린 등이 신체의 각 부위로 강력한 경고신호를 보내는데, 이렇게 되면 심장박동이 빨라지고, 혈압도 올라간다. 지금의 불안한 상황에 대처하는 데 필요한 기능을 극대화시키고, 다른 기능은 잠시 감소시킨다. 또 싸움을 해야 할지도 모르므로 팔 근육으로 혈액의 공급이 늘어나고, 급하게 달아나야 할 수도 있으므로 다리 근육으로도 혈액이 다량으로 공급된다. 호흡도 점차 빨라지는데, 이는 근육에 더 많은 산소를 공급하기 위해서다. 또 눈의 동공은 도망갈 장소나 공격할 위치를 찾기 위해 최대한 커진다. 이러한 불안에 대한 몸의 반응으로 인해 원시인류는 무서운 맹수들로부터 자신의 생명을 지켜낼 수 있었다.

원시인류의 생존에 가장 문제가 된 것이 '맹수'였다면, 그 다음 두려운 것은 '먹을 것'이었다. 원시인류는 '먹을 것'을 구하기 위해 자주 옮겨 다녔으며, 잡은 사냥감을 최대한 신선하게 오래 먹을 수 있도록 관리하는 것이 생존의 또 다른 열쇠였다. 이 역할을 엄마들이 맡았다. 아빠가 사냥감을 던져주면 엄마는 이것을 어떻게 할지 끊임없이 고민했다. 어느 부분부터 먹어야 할까, 어떤 방식으로 먹을까, 어떻게 하면 상하지 않게 보관할까, 어디에 저장할까, 어느 부분이 아이가 먹기에 좋을까, 날이 추워지는데 이 동물을 활용할 방법은 없을까, 가죽이 따뜻할 것 같은데 벗겨서 덮어보면 어떨까, 이빨이 딱딱한데 도구로 쓰면 어떨까 등 엄마는 걱정거리에 몰두하여 끊임없이 생각했다. 그러다 보니 늘 약간 긴장한 상태였다. '긴장'은 주의를 집중하고 신경이 약간 곤두선 불안한 상태를 말한다.

어쨌든 그들의 걱정 덕분에 훈제법, 염장법, 바느질법 등이 개발될 수 있었다. 이는 어찌 보면 걱정이 일이기도 했던 원시인류의 엄마가 이루어낸 성과였다. 당시 엄마들의 머릿속에는 '이것을 어떻게 해야 하지?'라는 문장이 항상 들어 있었던 것 같다. 원시인류 때부터 엄마의 유전자에 프로그래밍된 탓인지 지금도 여자들은 아이를 키우면서 무슨 일이 생기면 '어떻게 해야 되지?'라는 문장이 가장 먼저 튀어나온다. 그리고 그 문제를 해결하기 위해서 끊임없이 걱정에 몰두한다.

원시인류 이전, 태초에 여자가 생겨날 때부터 유전자에 뿌리 깊이 새겨진 '걱정의 본능'도 있다. 어떤 여자든 엄마가 되면서 갖게 되는 매우 자연스러우면서 종의 생존에 꼭 필요한 본능으로 '아이에 대한 불안'이 바로 그것이다. 자연은 수많은 동물 중에서 상대적으로 무력한 인간의 아이가 성인으로 잘 자라게 하기 위해 엄마에게 '아이에 대한 불안'이라는 걱정의 본능을 주었다. 이 불안은 모성의 무한한 보살핌 본능으로 나타났다. 엄마는 아기를 갖게 되는 준비기부터 아이가 성인이 되어 독립하기까지 전 생애에 걸쳐 보살핌 본능의 지배를 당한다. 이 보살핌 본능을 유지시키기 위해, 엄마의 뇌는 적당한 호르몬을 분비해낼 것을 계속해서 명령한다. 대표적인 호르몬이 프로게스테론, 에스트로겐, 프로락틴, 옥시토신이다. 프로게스테론과 에스트로겐은 난소에서 분비되는 성호르몬으로 임신 기간에 분비되고, 프로락틴과 옥시토신은 여자가 출산 후 어머니로서 행동하도록 조정하는 호르몬이다. 아기의 울음소리가 들리면 출산한 여자의 젖꼭지는 금세 꼿꼿해지면서 당장 젖 먹일 채비를 한다. 이는 아기의 울음소리가 들림과 동시에 여자의 몸에서 옥시토신이 분비되기 때문이다. 엄마의 뇌에는 '아기를 보호하는 것이 무엇보다 중요해!'라는 큰 명제가 자리 잡고 있다. 따라서 남자가 보기에는 별것 아닌 일에도 호들갑을 떨며 불안해하는 모습을 보이기도 한다. 엄마의 뇌 회로는 아기를 안전하게 키우는 것에 완전히 맞춰져서 조금이라도 위험한 것은 차단시키려 한다.

그러나 세상 모든 엄마들이 똑같이 불안한 것은 아니다. 진료를 할 때마다 한국 엄마들의 불안에는 다른 나라 엄마들의 불안과는 차원이 다른 뭔가가 있다는 것을 종종 느낀다. 즉, 아이에 대한 불안이 유난하다. 한국 엄마들에게는 다른 나라 엄마들에게 없는 또 다른 불안 유전자가 내재되어 있다. 그들은 아이를 보면서 '엄마는 너를 훌륭한 사람으로 만들기 위해 최선을 다할 거야. 엄마는 얼마든지 고생해도 괜찮아' 하고 생각한다. 대부분의 엄마들이 그렇게 생각하고 있으며, 꼭 그렇게 생각해야만 '엄마'가 될 수 있다고 느낀다. 이 땅에 살았던 50년 전의 엄마들도, 100년 전 엄마들도, 1,000년 전 엄마들도 모두 그랬다. 왜 그런 것일까?

대부분의 엄마들은 고개를 갸우뚱하며 "그게 당연하지 않나요? 엄마니까요" 라고 말할 것이다. 하지만 전혀 당연하지 않다. 우리나라 엄마들은 아이를 위해 희생해야만 자신이 존중받을 수 있다고 생각하는 경향이 많다. 그런데 희생을 당연하다고 느끼는 이유는 그런 사회문화적인 가치관이 반만년 역사 속에 반복되면서 우리의 유전자 깊숙이 새겨졌기 때문이다. 남자들은 물론이고 여자들, 심지어 아이들까지 자식을 위한 엄마의 희생을 당연하게 생각한다. 우리나라 엄마들에게 아이는 자신이 보살펴야 할 대상이라기보다는 지켜내야 할 고결한 존재이자 혼의 결정체. 스스로 아이를 잘 지켜내야 할 신성한 의무가 있다고 여긴다.

우리 민족 최초의 국가인 고조선의 건국신화를 봐도 그렇다. 웅녀는 원래 사람이 아니라 곰이었다. 하지만 깜깜한 동굴에서 마늘과 쑥만 먹으면서 몸과 마음을 순결하게 하여 여자가 되었고, 그 몸으로 하늘 왕의 씨를 받아 단군왕검을 낳았다. 또 고구려의 건국신화인 주몽신화에 따르면 유화부인이 햇빛을 받아 알하나를 임신했는데, 그 알에서 주몽이 태어났다. 주몽은 영특하여 당시 부여의 왕이었던 금와왕의 왕자들과 신하들의 시기를 받았으나, 갖은 고생 끝에 유화부인이 주몽을 지켜낸 것으로 나와 있다. 주몽의 첫째 부인인 예씨 또한 훗날 유리왕이 될 자신의 아들을 죽이려는 많은 세력의 눈을 피해 아들을 목숨 걸고 지켜냈다고 전해진다. 우리나라의 건국신화, 설화에 등장하는 어머니들은 다들 이런 모습이다.

반만년 우리 민족의 삶에서 이런 신화 속 어머니에 대한 생각은 면면히 이어져 내려왔다. 이후 '희생하는 어머니는 존경을 받는다'는 생각은 관습이 되어 다른 나라에서는 좀처럼 볼 수 없는 효부상이 만들어지고, 열녀비가 세워졌다. 이러한 관습은 지금도 '장한 어머니상'을 주는 것으로 이어지고 있다.

우리나라의 엄마들에게 자식은 하늘로부터 온, 잘 지켜내야 할 존귀한 존재이다. 그러다 보니 자식에게 결함이 있으면 자신이 보양을 잘 못하고 헌신을 잘 못해서인 것 같아 죄책감을 느낀다. 즉, 자신이 해야 할 의무를 제대로 하지 못한 것 같아 자식한테 미안해 어쩔 줄 몰라 한다.

그런데 아빠들의 생각은 좀 다르다. 아빠들은 아이를 자신의 '아바타'라고 생각한다. 그래서 아이가 잘못을 하거나 결점이 있으면, 죄책감을 느끼는 것이 아니라 부끄럽고 창피해한다. 아빠들은 아이가 어떤 잘못이나 실수를 하면 "어휴, 이 바보 같은 자식"이라는 말이 먼저 나온다. 이 또한 우리의 역사 속에서 아버지들이 자식들에게 한 행동들을 생각해보면 쉽게 이해할 수 있다.

요즘 엄마들은 왜 더 불안해할까?

우리나라 엄마들이라고 해도 요즘 엄마들과 옛날 엄마들의 불안은 많이 다르다. 아이에 대한 희생을 당연히 여기는 것이야 워낙 한국 여자의 유전자에 새겨져 있어 같다고는 해도, 각각의 걱정거리를 나열해보면 차원이 다르다. 내가 '옛날 엄마'라고 칭하는 세대는 지금의 50~60대 엄마들이다. 진료를 하다 보면 묘하게도 지금의 30~40대 엄마들과 50~60대 엄마들의 불안 감정은 확연한 차이가 난다. 50~60대 이상의 엄마들은 '내가 이렇게 하는 것이 옳을까?' '내가 이런 행동을 했을 때 아이는 어떻게 될까?' '이것을 안 가르치면 큰일 나는 것 아닐까?' 하는 식의 자신의 양육 방식에 대한 불안은 전혀 없었다. 오로지 돈이 없어서 못 입히고, 못 먹이고, 학교 공부를 못 시킬까 봐 걱정했다. 그러나 요즘 엄마들은 마치 육아에 중독된 사람처럼 육아에 관한 모든 일에 불안해서 절절 맨다. 그러다 보니 시어머니나 친정어머니 세대인 50~60대와 며느리인 30~40대의 갈등이 불가피해졌다. 시어머니 입장에서 며느리의 행동을 보면 '내버려두면 그냥 다 잘하던데 괜히 긁어 부스럼 만든다'고 생각하기 때문이다.

자식에 대한 걱정은 언제나 있었다. 하지만 지금만큼은 아니었다. 옛날에는 틀린 방법을 적용하더라도 자신의 육아 방식에 대해 적어도 '확신'이 있었다. 예를 들어, 회초리로 아이를 때리면서도 '내가 이렇게 해서라도 이 아이를 잘 가르쳐야 된다'라는 확신이 있었던 것이다. 그렇기 때문에 불안해하지 않았다. 그런데 지금 엄마들은 옛날보다 훨씬 많이 배우고, 수많은 책과 정보를 통해 더 나은 육아 기술을 알고 또 사용하고 있지만 자신의 육아 방식에 대한 확신이 없다. 아이를 대하는 매 순간 걱정하고 불안해한다. 방법은 옳지만 확신이 없는 육아를 하는 요즘 엄마들과, 방법은 잘못됐지만 확신에 찬 육아를 했던 옛날 엄마들은 어떤 결과의 차이를 낳을까? 요즘 엄마들은 육아 스트레스나 우울증을 많이 겪고 있고, 요즘 아이들 또한 옛날 아이들보다 우울증이나 스트레스가 많아졌다.

확신이 없고 불안한 육아 방식은 생각보다 아이에게 많은 영향을 준다. 엄마가 자신의 육아 가치관에 확신이 없으면 아이는 무엇을 기준으로 삼아야 할지 몰라 혼란을 겪게 되고, 그로 인해 스트레스가 많아져 더 많은 부적응 행동을 하게 된다.

　결론부터 말해보자. 요즘 엄마들은 왜 더 불안해할까? 나는 지금 30~40대 엄마들의 불안이 1990년대부터 시작되었다고 확신한다. 더 정확히는 '88서울올림픽'을 기점으로 우리 사회의 환경이 너무도 달라졌다. 1988년에 나는 대학생이었다. 지금도 충격적이었던 것은, 그 무렵 대학 캠퍼스에서는 맨발에 조리나 샌들을 신고 반바지를 입은 남자 대학생들이 나타나고, 여자 대학생이 담배를 피우는 장면이 목격되었다. 또 남자 대학생과 여자 대학생이 캠퍼스에서 당당히 손을 잡고 다니기도 하고 간혹 끌어안는 장면도 눈에 띄었다. 이렇게 말하니 내가 굉장히 늙은 사람 같지만, 그 당시 갑자기 보게 된 낯선 풍경들은 엄청난 문화적 충격이었다. 이런 이야기를 하는 까닭은 바로 그 시점이 우리나라에 '관광사업법'이 폐지되고 '관광진흥법'이 공포되면서 종전의 규제 중심의 정책에서 관광을 활성화하는 정책으로 전환된 시기였기 때문이다. '86아시안게임'과 '88서울올림픽'을 치르면서 외국 관광객을 유치하기 위해 해외여행 자율화 조치가 시행되었고, 내국인도 해외여행을 자유롭게 할 수 있게 되었다. 또 민항 항공사인 아시아나 항공이 출범하기도 하였다. 즉, 바로 이 시기에 우리나라의 문호가 갑자기 활짝 열린 것이다. 캠퍼스에서 희한한(?) 패션을 처음 보여준 아이들은 대부분 해외에 거주하던 교포들이었고, 이때부터 방학이 되면 아이들이 해외여행을 가기 시작했다.

이때부터 사람들의 생각이 매우 빠르게 바뀌기 시작했던 것 같다. 1990년대 초에는 PC통신이 유행했고, 1994년 한국통신이 인터넷 계정 서비스를 개시하면서 인터넷 사용이 대중화되었다. 사람들은 책이나 전문가를 찾기보다 점차 인터넷을 검색하여 정보를 취득하기 시작했다. 인터넷 사용 인구가 많아지면 많아질수록 인터넷 속 정보의 양과 종류가 늘어났고, 아이를 잘 키우고 싶었던 나름 앞선(?) 엄마들은 인터넷 각종 포털사이트에 글을 올리고 블로그도 하면서 아이를 키우기 시작했다. 우리 사회의 이런 변화와 요즘 엄마들의 육아 불안은 커다란 상관관계를 갖고 있다. 갑자기 밀려들어온 방대한 정보는 엄마들로 하여금 더 많은 걱정과 불안을 만들어냈다.

분명, 옛날 부모들도 아이를 사랑했고 끔찍이 아꼈다. 그런데 새로운 육아 원칙과 이론은 이전 세대의 것들이 모두 틀렸다고 말한다. 오랫동안 관습처럼 여겨졌던 많은 육아 방식은 새로운 이론의 잣대로 평가하면 그릇된 것이 되고 말았다. 옳다고 믿어 왔고 익숙했던 육아 방식, 그리고 자신이 자라왔던 수많은 방식이 사실은 모두 잘못된 것이니 당장 바꿔야 한다는 것이다. 예전보다 아이를 현저히 적게 낳는 현실에서 이런 정보들이 쏟아져 들어오니, 젊은 부부들은 당황해하며 한 번도 보지도, 듣지도, 해보지도 않은 새로운 방식으로 아이를 키우려고 했다. 그들은 세계적인 육아 권위자들이 말한 최선의 방법으로 훌륭한 아이를 키워내려고 했다. 그런데 이상한 점은 검증된 그들의 방식대로 아이를 키우는데도 점점 더 불안해지는 것이었다.

이유는 두 가지다. 한 가지는, 머리로는 새로운 방식으로 아이를 키우는 것이 가능하지만 몸은 전혀 그렇지 못하다는 것이다. 정확히 말하면, 유전자가 그 새로운 방식을 받아들이지 못한다고 하는 것이 맞을 것이다. 어린 시절부터 알고 있던 기준들, 대를 이어 내려오던 육아 방식이 이미 젊은 엄마의 몸에 새겨져 있어 새로운 방식이 왠지 어색하고 확신이 가지 않는다. 또 한 가지는 그 이론을 깊이 받아들이지 못했기 때문이다. 오랫동안 옳다고 믿어왔던 방식을 변화시키려면 변화가 일어나는 과정이 필요하다. 그 방식에 대해 충격도 받아야 하고, 거부도 해야 하고, 충분한 논의도 거치면서 오랜 시간 동안 생각이 조금씩 조금씩 바뀌어야 한다. 그래야 자연스럽게 그 정보가 내재화된다. 그러나 그런 과정 없이 단지 결과만 받아들이고 팁만 알려고 하는 식이 되면, 왜 그렇게 해야 하는지에 대한 확신이나 생각이 없기 때문에 그렇게 하면서도 불안하고, 상황이 조금만 바뀌어도 전혀 대처를 못 하는 상황이 벌어진다.

종종 아이를 키우는 일은 본능이고 감각이라고 말한다. 수박 겉핥기식으로 몇 가지 원칙만을 요점 정리하듯 알아서는 실제의 육아 현장에 적용하기 힘들다. 이는 요리를 전혀 못 하는 초보 주부가 아주 간단한 레시피만 보고 요리를 만들어야 할 때의 곤혹스러움과 같다. 젊은 엄마들은 너무나 간단하게 정리된 육아의 이론 요약과 핵심 원칙을 보며 하루에도 수없이 "그래서 다음에는 어떻게 하라는 거지?" 하고 되묻는다. 그녀들은 그 해답을 구하기 위해 인터넷 속에서 자신과 같은 고민을 가진 동지를 찾아 헤맨다. 그러니 옛날 엄마들보다 더 불안할 수밖에.

현재 우리나라의 육아 이론은 서양에서 들여온 것이 많다. 지금은 그것이 최선이라고 알려져 있지만, 그 원칙이 처음 등장했을 때는 서양에서조차도 한동안 논란이 있었고, 많은 사람들이 그 이론에 동의하기까지 오랜 시간이 걸렸으며, 충분한 논의를 거친 끝에 정착되었다. 많은 전문가들이 부르짖는 '아동 존중'은 서양의 경우 이미 17세기에 체코슬로바키아의 교육사상가 코메니우스가, 18세기에 프랑스의 교육사상가 루소가 입이 마르도록 강조한 것이었다. 그 후 몇백 년 동안 서양에서는 '아동 존중'에 대한 논의를 해왔고, 사회 곳곳에 아동을 존중하는 사상이 뿌리를 내렸으며, 내 아이는 물론 다른 아이들까지 존중하는 것이 자연스러워졌다. 그리고 그들은 실생활에서 아이를 존중하는 육아 방식을 스스로 체득하게 되었다. 아이의 인격을 존중하여 절대 체벌하지 않으며, 아이의 자유의지를 존중하는 것이 무엇보다 중요하다는 것도 알게 된 것이다.

하지만 우리는 아직 그렇지 못하다. '아이를 존중해야 한다'는 말에는 고개를 끄덕거리지만, 돌아서면 그게 무슨 뜻인지 별로 와닿지 않는다. 자기 자신이 존중받으며 자라지도 않았고, 자라는 동안 다른 아이 역시 존중받는 모습을 보지 못했기 때문에 그 명제를 자연스럽게 받아들이지 못한다. 아이를 존중하는 것은 상당히 오랜 기간 피부로 받아들여져서 나의 삶에 하나의 가치관과 철학이 되어야 한다. 그래야 자신의 삶 곳곳에서 아이를 존중하는 행동을 하게 된다.

요즘 젊은 엄마들에게는 아이를 잘 키우고 싶은 마음은 있지만, 오랜 시간 동안 서서히 체득해야 할 철학이나 개념이 부족하다. 마치 고등학교 학생들이 학원도 다니고, 참고서로 공부도 하지만 그것이 과학적인 사고로 이어지는 것이 아니라 단지 시험을 보기 위한 단편적인 지식이 되고 마는 것과 같다. 마찬가지로 육아에 대해 아무리 많이 공부해도 이런 얄팍한 지식은 돌아서면 다 잊어버리고 만다. 아이를 잘 키워보려는 마음은 충만하지만, 오랜 시간 자연스럽게 피부로 스며들 듯 배운 것이 아니기 때문에 제대로 적용하지도 못할 뿐더러, 적용하면서도 불안해한다.

'나는 누구일까?' 하는 정체성 혼란도 불안에 한몫한다

나는 워킹맘이다. 하지만 진료실에 앉으면 '진료' 이외에는 다른 생각이 하나도 나지 않는다. 의사 가운을 입는 순간, '나는 의사'라는 정체성을 가질 뿐 '아이가 집에 왔을까? 숙제는 했을까? 숙제 안 하고 학원에 간 것은 아닐까?' 하는 생각은 거의 안 들었다. 하지만 '오은영' 안에는 정신과 의사나 병원장, 방송인이라는 정체성만 있는 것은 아니다. 딸, 아내, 며느리, 엄마 등 여러 가지 정체성이 공존한다. 나는 각각의 내 모습을 바라볼 때 하나도 어색하지 않다. 진료실이나 방송에서는 환자들의 이야기를 듣고 보듬어주고 해결하지만, 집에 가면 남편에게는 철없는 아내가 되기도 한다. 만약 내가 사고 싶은 물건을 남편이 못 사게 하면 징징거리면서 조른다. 또 일을 할 때는 솔선수범하며 열심이지만, 집에 와서는 마냥 퍼져 있기도 한다. 하지만 나는 이런 모든 모습이 일괄되게 느껴진다. 어떤 때는 내가 가증스러웠다가, 어떤 때는 내가 불쌍해 보이지 않는다. 내가 나에 대해 갖는 모든 감정이 하나로 통합되어 그 모든 것이 편안하게 느껴지는 것이다. 완벽한 내 모습과 조금은 어설픈 나의 모습이 서로 충돌을 일으켜 내 안에서 불안을 야기하지 않는다. 이것이 바로 정체성의 통합이다. 그런데 요즘 젊은 엄마들은 정체성 통합에 많은 어려움을 겪는 것 같다.

"저 사람이라면 뭐든 맡겨도 안심이야"라는 평가를 받았던 여자가 아이를 낳아 엄마가 되는 순간, 대부분 강한 정체성 혼란을 겪는다. 나의 자존감의 핵심은 '능력 있는 사람'인데 엄마가 됨으로서 자존감을 유지하기가 힘들어지기 때문이다. 이렇게 자신이 바라는 모습과 현실의 모습이 다르다 보니 계속 갈등하고 불안해한다. 옛날 엄마들은 이런 정체성의 혼란을 덜 겪었다. 그들에게는 엄마라는 정체성이 가장 중요했기 때문에 당연히 살림하면서 아이를 먹이고 보살폈다. 직장 생활을 하더라도 그것은 오로지 아이들 밥을 굶기지 않기 위함이었으므로 엄마 역할을 하면서 어떤 불안감도 없었다. 그런데 요즘 엄마들은 정체성 혼란을 많이 겪는다. 자신이 어디에 서 있어야 하는지에 대한 확신이 없다. '내 엄마처럼 아이를 위해 인생을 송두리째 희생할 수 없다'고 생각하면서도, '내 엄마보다 아이를 더 잘 키우고 싶다'고도 생각한다. 아이를 위한 책 한 권을 고를 때도 이 책 저 책 평을 읽어보고, 아이에게 줄 수 있는 영향에 대해서 생각하고 또 생각한다. 또 아이를 잘 키울 수 있는 육아법에 대해서도 누구보다 열심히 공부한다. 그런데 이렇게 하면서도 무의식적으로 '나는 뭘까? 엄마가 되면서 나 자신을 잃어버리는 것은 아닐까?'라는 생각이 수시로 든다. 엄마의 무의식 안에는 묘하게도 아이에게 100% 희생하는 것에 대한 저항감이 존재한다.

이것은 앞서 말한 갑자기 열린 문호와 관련하여 다시 생각해볼 수 있다. 이 시기에 여러 나라로부터 쏟아져 들어온 정보들은 한쪽에서는 여성도 자아를 성취해야 한다, 일하는 여성이 아름답다, 여성들도 사회에 진출해야 된다고 말하고, 다른 한쪽에서는 엄마가 아이에게 주는 영향은 무엇과도 비교할 수 없다, 아이는 반드시 엄마가 키워야 한다, 유아기는 어느 시기보다 중요하다며 강조한다. 이 두 가지 측면을 1990년대 초반 각종 부모교육 프로그램은 물론, 각종 자녀교육 서적, 육아 잡지 등에서 동시에 떠들어댔다. 물론 모두 맞는 말이다. 하지만 갑자기 정보를 받아들인 상태에서 그 이론들을 통합하고 결론을 내서 자기 것으로 받아들이기에 이것은 조금 벅찬 주제였다. 그러다 보니 젊은 엄마들은 자신의 생각을 미처 정립하지 못한 채, 자아도 찾아야 하고 아이도 잘 키워야 할 것 같은 이중고에 시달리고 있다.

각종 정보들이 말하는 대로 아이를 먹이고, 입히고, 놀아주고, 가르치면서, 자아실현까지 한다는 것은 사실 불가능에 가깝다. 결국 이로 인해 갈등과 불안이 생겨난다. 물론 그런 갈등이나 불안을 본인은 인지하지 못한다. 대부분 무의식적인 반응이기 때문이다. 갈수록 힘들어지는 육아 상황에서 '내가 지금 뭘 하고 있나?' 하는 생각을 하게 되고, 아이를 보면서 화가 나기도 한다. 그런데 화가 나서 소리를 지르고 싶은데 그러면 안 된다고 책에 쓰여 있으니 그렇게 하지도 못한다. 그러면서 엄마에게는 점점 욕구불만이 생긴다. 자아실현을 위해 열심히 회사에서 일하고, 집에 돌아오는 길에는 '우리 엄마는 나를 위해 평생을 희생했는데, 나는 우리 아이한테 이렇게 해도 되나?' 하는 의구심이 들기도 한다. 자신이 나쁜 엄마 같은 느낌이 든다. '퇴근 후에는 정말 좋은 엄마가 되어야지' 하고 다짐했다가 회식이 잡히면 다시 회의가 든다. '아이와 직장 중 어떤 것이 중요하지? 내가 뭔가 잘못하고 있는 것은 아닐까? 이 모습은 아이를 위해 희생하는 엄마가 아니지 않나?' 이것은 결코 의식화된 고민이 아니다. 아주 무의식적으로 순간순간 드는 생각이다. 그래서 엄마 역할을 하면서도 그것 때문에 나를 잃어버리는 것은 아닌지 수시로 불안해진다. 육아도, 자기 자신에 대한 일도, 모두 불안해지는 것이다.

자녀교육 하면 누구나 유태인의 교육 방법을 생각할 정도로 유태인들은 가정교육에 관심이 많다. 이들의 가정교육은 우리가 생각하는 조기교육이 아니다. 예로부터 유태인은 떠돌이 생활을 많이 했기에 고정된 학교에 다닐 수 없는 특수한 상황에 있었으므로, 아이와 가장 오랜 시간을 보내는 엄마가 아이의 교육을 담당하는 것이 관습화되어 있었다. 유태인 엄마들은 아이에게 사회질서와 예의범절 등 공동체 생활에 필요한 것들과 유태 민족의 언어, 역사, 문화, 인생관

등 유태인으로서의 정체성을 가질 수 있는 교육을 엄격하고 체계적으로 해왔다. 이런 교육은 오랜 세월 유태 민족을 지키고, 세계적인 인물을 탄생시키는 데도 기여했다. 유태인에게는 아이가 태어나면 부모는 부모로서의 역할을 열심히 하고, 자식은 자식으로서의 역할을 충실히 하는 것이 흔들리지 않는 가치관으로 자리 잡고 있다.

외국에서 공부를 하면서 한 유태인 엄마를 만난 적이 있다. 그녀도 공부를 하고 있었는데, 아이를 낳자 주저 없이 육아에 올인하였다. 한국 엄마라면 아까워했을 만도 싶은데, 그 유태인 엄마는 별로 고민하지 않았다. 유태인 엄마들은 아이가 있는 경우 남편이 돈을 잘 벌면 일을 하지 않는다. 그녀들에게는 아이를 보살피면서 교육시키는 것이 절대적으로 우선이다. 그녀들의 핏속에는 그런 것들이 프로그래밍되어 있다. 아이를 키우고 교육시키면서도 확신에 차 있다. 그래서 외국에서 공부하는 동료 의사들끼리 우스갯소리로 "아이를 맡기려면 유태인 엄마한테 맡겨라"라고 말할 정도였다. 아이가 태어나는 순간, 이들에게는 엄마라는 정체성이 가장 강해지는 것이다. 하지만 오해는 하지 말길 바란다. 여자가 아이를 낳게 되면 무조건 여러 가지 정체성 중 하나를 골라야 한다는 것은 아니다. 또 그것이 엄마여야 한다고 주장하는 것도 아니다. 한 가지만 고를 수 있는 문제라면 혼란이 적겠지만, 그것은 불가능하다. 여러 가지 중에서 한 가지를 고르기보다 스스로 통합할 수 있어야 한다. 혼자 사는 세상이 아닌 한 누구도 한 가지 정체성만 갖고 살아가는 것은 불가능하다. 그보다 직장에 있을 때, 아내로 있을 때, 아이를 보살필 때의 나의 모습을 모두 편안한 느낌으로 받아들이라는 것이다. 즉, 자신의 정체성을 통합해서 받아들여야 한다.

그런데 요즘 엄마들은 왜 그렇게 정체성의 통합을 힘들어하는 것일까? 이런 엄마들의 경우 대부분은 자아의 균형이 깨져 있는 경우가 많다. 쉽게 말해 뭔가 채워지지 않는 욕구와 현실이 충돌할 때 자아가 균형을 맞추는 기능을 해야 하는데, 그게 잘 안 되는 것이다. 다시 말해서, 현실적으로 나는 이렇고 상황은 이렇고 이것은 할 수 있고 이것은 할 수 없고를 인정할 수 있도록 자아가 도와주어야 하는데, 그 조율이 잘 되지 않는다. 본능적인 욕구와 현실의 조율, 이것이 자아의 기능이다. 이것이 안 되면 정말 괴롭다. 보통 정체성 통합이 잘 안 되는 엄마들은 역할이 바뀌거나 추가되는 것에 굉장히 불안해한다. 미혼이었다가 기혼이 되는 것, 직장이 없다가 생기는 것, 아이가 없다가 생기는 것, 아이가 한 명이었다가 두 명이 되는 것 등 역할이 바뀌면 누구나 힘들어한다. 사실 자아의 조절기능이 좋을 경우, 역할이 바뀌거나 추가될 때 자연스럽게 자기 능력의 재배치가 일어난다. 자기에게 주어진 시간이나 노동력에 맞춰 어디에, 어느 정도의 에너지를 쏟아야 할지에 대한 배분이 자연스럽게 일어나는 것이다. 이것이 잘 안 되는 것이 바로 정체성의 혼란이다.

자아의 조절 기능이 서툴다면, 의도적으로라도 이 기능을 깨워야 한다. 이렇게 자아의 기능을 깨우기 위해서는 다음의 두 가지를 기억해야 한다. 첫째는 자신을 자주 들여다볼 것. 나에게 중요한 것이 무엇인지 스스로 수시로 물어봐야 한다. 그리고 의사들이 보수교육을 받듯 끊임없이 재교육을 받아야 한다. 전문가에게 상담을 받든, 책을 읽든, 명상을 통해 성찰하든, 현실과 본능적인 욕구를 조절하는 자아 기능을 강화시켜야 한다. 두 번째는 자기 자신한테 조금 너그러워져야 한다. 너무 지나치게 완벽하려고 애쓰지 말라는 것이다. 역할이 몇 가지 안 될 때는 자아가 그런대로 기능을 잘하다가, 역할이 많아지면 조절 기능이 약해지기도 한다. 이렇게 되면 굉장히 혼란스럽고 불안해진다. 이럴 때는 자신에게 지나치게 철저한 면이 있는지, 용납 못 하는 면이 있는지 스스로 살펴보고 내려놓을 것은 좀 내려놔야 한다. 자기 자신한테 좀 관대해져야 한다는 말이다. 여러 역할을 하게 되면서 달라지는 일의 질이나 달라 보이는 자신의 모습에 좀 너그러워져야 한다. 회사일을 잘하던 사람이 아기가 생기면 이전만큼 일을 못하는 것은 당연하다. 일에서 부족해진 자존감은 아이를 키우면서 느껴지는 기쁨과 행복감으로 채워야 한다. 그런 것을 또 하나의 성장과 발전이라고 생각해야지, 도태나 상실로 받아들여서는 안 된다.

불안의 바닥에는 죄책감, 미안함, 욕심이 있다

과거의 엄마들은 모여서 이야기를 나눌 시간이 많지 않았다. 먹고살기 바빴기 때문에 육아가 이야기의 주제가 되지도 못했다. 반면 지금의 엄마들은 예전에 비하면 육아나 교육에 관한 이야기를 많이 나누는 편이다. 그런데 이런 기회가 오히려 불안을 야기하기도 한다. 조금 많이 알고 있는 엄마든, 아는 것이 별로 없는 엄마든, 모두 나름대로 정체성의 혼란 상태에서 이렇다 할 정설이 없는 이야기를 나누기 때문이다. 이러한 자리는 불안한 상태의 사람이 다른 사람한테 그 불안을 전해주는 효과를 낳는다.

현주는 올해 초등학교 5학년이 되는 여자아이이다. 현주 엄마는 같은 아파트 단지에 사는 또래 아이를 둔 엄마들과 아이 교육에 대한 이야기를 나누고 있었다. 한 엄마가 "혹시 입학사정관제라고 들어봤어? 요즘은 대학 가려면 초등학교 때부터 준비해야 한다고 하더라고. 국문학과에 가려면 어릴 때부터 독후감이나 일기 쓴 것을 모두 모아 포트폴리오로 만들어서 제출해야 한다나 봐"라고 말했다. 다른 엄마가 "언제 적 이야기를 하는 거야? 요새는 '학생부 종합전형'이라고 하거든" 하며 하나둘 이런 이야기를 늘어놓았다. 오늘 입학사정관제나 학생부 종합전형이라는 말을 처음 들어본 현주 엄마는 '난 이런 것도 모르고 아무것도 안 시켰네'라는 죄책감, '내가 뭘 몰라서 우리 아이에게 기회를 못 주는 것 아닌가' 하는 미안함, '우리 애도 저런 거 시켜야지' 하는 욕심이 동시에 들었다. 죄책감, 미안함, 욕심이 커지면 커질수록 엄마는 걱정이 더 많아지고 더욱 불안해진다.

우리나라 엄마들은 아이를 대할 때 죄책감, 미안함, 욕심을 많이 느낀다. 이 세 가지가 엄마의 불안을 만드는 원인이 되는데, 그중에서도 가장 큰 불안을 만드는 것은 욕심이다. 내가 갖고 싶고, 성취하고 싶고, 이루고 싶은 위치에 아이가 다다랐으면 좋겠다고 욕심을 부린다. 공부를 못해 한이 맺힌 사람은 아이가 공부를 못하면 말할 수 없이 불안해한다. 마치 자신처럼 불행해질까 봐 안타까운 마음에 느껴지는 불안이지만, 아이와 자신을 잘 분리시키지 못한 것이 원인이기도 하다. 부모와의 관계가 좋지 못했던 사람은 아이가 자신처럼 괴롭고 힘든 마음이 생길까 봐 지나치게 집착하여 불안해진다. 그런데 이러한 욕심은 모두 자기 확신이 없기 때문에 생기는 것이다. 자신부터가 '이 정도면 됐어' '충분해'라는 마음을 갖는 게 잘 안 되기 때문이다.

슈퍼키드로 키우려는 40대 엄마,
질투심에 불타는 30대 엄마

　지금의 30~40대 엄마들이 갖는 불안은 그들의 상황을 조금 더 심층적으로 살펴보면 쉽게 이해할 수 있다. 이들의 엄마들은 그 이전 세대의 엄마들로부터 교육적 지원을 전혀 받지 못한 세대였다. 그러니까, 60~70대 엄마들은 어린 시절부터 "여자가 무슨 공부를 해?"라는 말을 들으면서 자랐다. 때문에 '내 자식은 누구보다도 열심히 가르칠 거야'라는 생각을 품고 살았으며, 딸들 또한 웬만큼 공부를 시키기 위해 노력했다. 그래서 이들의 딸인 30~40대 여성들은 남자 형제와 똑같은 조건으로 공부하고 대학을 나온 사람이 많다.

　40대 엄마들은(50대 초반까지) 자신들의 엄마 덕분에 이렇게 교육을 받고 세상에 나왔지만 사회가 아직 변하지 않은 것에 좌절했다. 사회는 여전히 남자들 중심이었다. 건축설계도 배우고 건축사 자격증도 땄지만, 남자 건축사처럼 일을 주지 않았다. 남자보다 훨씬 똑똑한데, 남자는 임원으로 승진하고 여자는 만년 사원으로 남겨졌다. 실력은 있지만, 사회의 벽은 넘을 수 없을 만큼 높았다. 이들은 나중에 자식이 사회에 나갔을 때 이런 불이익을 겪지 않게 하겠다고 단단히 결심을 했다. 그러면서 이들의 마음에는 서양에 대한 동경심이 자라났다. 그래서 자신의 아이를 유학 보내기 시작했다. 이들은 아이를 경쟁력 있는 사람으로 키우기 위한 지원을 아끼지 않았다. 경쟁력이라는 핑계로 영어를 못하면 영어 과외를 시키고, 춤을 못 추면 댄스 학원도 보내고, 키가 작으면 성장 클리닉에 가서 주사도 맞혔으며, 치아가 고르지 않으면 교정도 해주었다. 능력은 있었지만 사회에서 인정받지 못했던 자신의 설움을 내 아이만큼은 당하지 않게 하기 위해 이 세대 엄마들은 자신의 아이가 '슈퍼키드'가 되기를 바랐다. 그러다 보니 이들은 '엄친딸' '엄친아'라는 말을 듣는 아이를 갖게 되었다. 공부는 물론, 운동도 잘하고 얼굴도 예쁘며 외국어까지 잘하는 아이로 키워낸 것이다.

아이가 운동을 못하면 부모가 "괜찮아, 네가 운동선수가 될 것도 아닌데 뭐 어때? 체육 점수 못 받아도 돼. 그냥 즐겁게 즐기는 거야"라고 말해줘야 하는데, 이 세대 엄마들은 "너 체육 때문에 내신 안 나온다"라고 말한다. 내 아이가 모든 부분에서 최고가 돼야 하기 때문이다. 어디에 내놓아도 경쟁력 있는 딸, 아들이 되기를 바라는 것이다. 하지만 이렇게 슈퍼키드가 되기를 바라는 엄마의 태도는 아이를 어느 부분에서도 자존감을 느끼지 못하는 사람으로 키울 수도 있다. 아이는 엄마의 양육 태도 탓에 몸매도 날씬해야 하고, 얼굴도 예뻐야 하고, 공부도 잘해야 하고, 영어도 잘해야 하고, 옷도 잘 입고 다녀야 할 것 같은 강박증을 갖는다. 거기에 춤도 잘 춰야 하고, 노래도 잘해야 한다. 그런데 도대체 어떤 사람이 이 모든 것을 만족시킬 수 있겠는가. 결국 슈퍼키드를 바라는 엄마 때문에 자신만의 장점이 있음에도 불구하고 아이는 자존감이 낮은 사람으로 자랄 위험이 있다. 40대~50대 초반의 엄마들은 자신이 부모로부터 받지 못해 생긴 결핍을 아이에게 물려줄까 봐 죄책감이 느껴져 불안하다. 그래서 더더욱 아이의 경쟁력에 지나치게 집착하는 것이다.

그렇다면 30대 엄마들은 왜 불안해할까? 이들은 윗세대의 엄마들에 비해 풍족하게 자랐고 큰 시련도 없었다. 30대 엄마는 어릴 때 비교적 유복하게 자랐기 때문에 자신이 꾸린 가정에 그런 유복함이 없다는 점을 굉장히 힘들어한다. 그 유복함을 유지하려면 친정이나 시가의 도움을 받을 수밖에 없는 상황이다. 친정이나 시가의 도움을 받지 않으면 경제적으로 위축될 수밖에 없다. 그렇다고 도움을 받자니, 친정과 시가의 잔소리를 들어야만 한다. 왜냐하면 30대 엄마들의 부모는 자식 세대보다는 잘살지만, 그렇다고 돈을 펑펑 줄 형편까지는 못 되기 때문이다. 대부분의 부모가 자식을 도와주면서 이렇게 살아라, 저렇게 살아라, 돈 좀 아껴 써라 등 잔소리를 귀가 따갑도록 할 것이다. 30대 엄마들은 그 잔소리도 듣고 싶지 않고, 유복함도 포기할 수 없어 늘 불만을 갖고 있다. 아이에게도 자기가 받은 것보다 더 많이 해주고 싶지만, 그럴 능력이 안 되기 때문에 늘 짜증이 나있다. 그들은 자신의 짜증을 투사할 대상을 찾고 있으며, 누가 자기보다 잘산다는 말만 들으면 질투가 나서 어쩔 줄 모른다.

이처럼 30대 엄마들이 느끼는 불안의 근원은 대부분 질투다. 질투가 나기 시작하면 불안해진다. "굉장히 잘 가르치는 학원이 있는데, 그 학원은 6개월 치 비용을 선납해야 한대"라는 말을 들으면 "뭐 그런 곳이 다 있어?"라고 비난하면서도 우리 아이를 그곳에 못 보내는 것에 질투심을 느끼면서 불안해한다. 그러면서 그 불안한 마음을 투사할 대상을 찾는다. 단골 대상은 바로 남편과 시가이다. "다른 남편들은 연봉이 1억이라는데 당신은 뭐야? 남편이 능력이 없으면 시가라도 잘살든지. 내 친구 시가는 때 되면 용돈도 턱턱 주신다는데, 우리 시가는 돈이 있으면서도 어쩌면 이렇게 무관심한지 몰라" 하면서 남편한테 온갖 신경질을 다 낸다. 한 가지 재미있는 것은, 이 엄마들은 남편한테 돈을 많이 벌어오라고 그렇게 잔소리해대면서도 오후 여섯 시만 되면 전화해서 언제 퇴근하냐며 채근한다. 또 야근한다고 하면 "그렇게 늦게 오면 나 혼자 힘들어서 어떡해" 하면서 칭얼댄다. 이들은 남편에게 돈을 많이 벌어올 것을 강요하면서 육아에도 참여할 것을 요구한다.

40대~50대 초반의 엄마들은 육아를 어려워하지 않았다. 살림을 하면서 아이를 키우는 것을 당연하다고 생각했고, 오히려 남편이 참견하지 않는 것을 편하게 생각하는 세대이다. 이들은 남편에게 육아나 살림은 내가 알아서 할 테니 돈만 많이 벌어오라고 요구한다. 하지만 30대 엄마들은 보살핌을 충분히 받고 자란 세대여서 혼자 육아를 하거나 살림하는 것을 버거워한다. 40대~50대 초반 엄마들은 어린 시절, 엄마가 바쁘면 스스로 도시락을 싸고 동생도 돌보았지만, 30대 엄마들은 대부분 보살핌을 받아만 봤지 무언가를 스스로 해본 적이 없다. 이들은 자녀교육서도 보고 부모교육 방송도 보면서 '좋은 엄마가 되어야지'라고 매일 다짐하지만, 막상 하려고 들면 몸이 따라주지 않는다. 심지어 자신이 낳은 아기도 무거워서 잘 안지 못하는 엄마들도 있다. 밖으로 나가면 온통 명품 육아, 명품 육아 하는데, 이들 남편의 월급으로는 그런 것을 감당할 수 없다. 좋은 대학은 나왔지만 수입은 아직 기대에 못 미치니 30대 엄마들은 결혼 전보다 풍족하지 못한 자신의 상황에 화가 나고, 다른 집 아이의 먹는 것, 입는 것, 배우는 것이 우리 아이보다 나은 것 같으면 질투심에 불타오른다. 이러한 질투심은 30대 엄마가 갖고 있는 불안의 원인이 된다.

내 아이 문제인데도
아빠는 왜 무관심할까?

한 번에 하나만 처리하는 뇌와 문제 해결 본능

엄마들은 흔히 "남자들은 원래 다 무관심해"라고 말한다. 자기 아이의 문제인데도 아빠들은 다른 집 아이의 얘기를 듣는 것처럼 시큰둥하다고 생각한다. 하지만 아빠라고 어찌 자식 걱정이 안 되겠는가. 아빠도 사람이고 불안이나 걱정은 인간 본연의 꼭 필요한 방어기제인데, 아빠라고 왜 걱정이 없을까. 인간의 감정에서 아빠도 예외일 수 없다. 부모라면 당연히 걱정할 만한 문제인데도 이해할 수 없는 무관심으로 일관하는 아빠들의 반응은 그 자체가 바로 '불안'이다.

아빠의 '무관심'에 대해 알아보기 위해 다시 원시인류의 삶으로 거슬러 올라가보자. 엄마들은 아빠들이 던져준 사냥감을 가지고 먹고살 일을 궁리하는 역할을 맡다 보니, 유전자에 '걱정'이 프로그래밍되었다고 말한 바 있다. 엄마들은 아빠가 사냥해 온 사냥감을 이리저리 돌려보면서 생각한다. 고기는 어떻게 하고 껍데기는 어떻게 할까, 가죽은 어떻게 할까, 뿔은 어떻게 할까를 고민하고 걱정한다. 이에 비해 아빠들은 오래 생각하지도, 이리저리 뒤져보지도 않는다. 원시인류에서 아빠의 역할은 사냥이었기 때문에, 끊임없이 나가서 목표물을 정하고 화살을 쏘든지 도끼를 던져야 했다. 만약 화살이나 도끼를 던져야 하는 순간, 너무 오래 생각하면 눈 깜짝할 사이에 사냥감이 도망가버린다. 때문에 남자들은 딱 한 가지만 보고 순간적으로 결정한다. 이러한 원시인류로부터의 엄마와 아빠의 차이는 오늘날 쇼핑을 할 때도 극명하게 드러난다. 엄마는 백화점에 들어가면 여기저기 매장을 돌아다니며 상품을 살펴보고 다른 브랜드와 비교도 한다. 하지만 아빠는 한 매장에 돌진하듯 들어가 마음에 드는 딱 한 가지만 고른 후 백화점을 나온다.

밖으로 나가 끊임없이 사냥을 해서 돌아와야 했던 원시인류 남자에게 생존을 위해 가장 필요한 것은 사냥과 싸움 본능이었다. 원시인류의 후예인 우리의 아빠들에게도 이러한 본능이 있다. 사냥이나 싸움에서 무조건 이겨야 살아남는다는 정보가 유전자에 깊숙이 프로그래밍되어 있어, 자신과 생각이나 의견이 다른 사람은 일단 적으로 인식하여 대립하는 특성이 있다. 사냥과 싸움 본능은 아빠들이 다른 사람에게 자신이 모르는 것을 인정하거나 묻는 것에도 영향을 준다. 아빠들은 자신이 모르는 것이 있다는 것을 좀처럼 인정하기 싫어한다. 또 그것을 자존심 상해한다. 왜냐하면 적에게 자신의 약점을 노출하여 싸움에서 지게 하는 요인이 될 수도 있기 때문이다. 또한 모르는 것을 묻는 것도 싫어한다. 이것은 자신이 사냥꾼으로서 자격이 부족하다는 것을 인정하는 것으로 여기기 때문이다. 아빠들이 운전할 때 길을 잘 못 찾을 경우 누군가에게 물어보지 않는 것은 그들의 유전자에 사냥꾼이라는 정보가 들어 있기 때문이다. 사냥꾼이 누군가에게 방향을 물어본다는 것은 번식하는 데 적절한 능력이 없다는 것을 드러내는 것이기 때문에 부득불 혼자 방향을 찾으려 한다.

딱 하나의 사냥감만 보고 단숨에 처리하는 아빠들. 그러다 보니 그들은 주의력도 떨어진다. 주의력은 우리가 흔히 생각하는 것처럼 무엇에 집중할 때만 필요한 능력이 아니다. 계획을 세워 그 계획을 실행해나갈 때 체계적인 전략을 세우고, 우선순위를 결정해 다기능적으로 처리하는 데도 필요한 능력이다. 엄마들은 사냥감을 여러 가지 방법으로 처리해야 했기 때문에 아빠들보다 주의력이 발달될 수 있었다. 하지만 아빠들은 뭐든 딱 하나만 단숨에 처리하는 것이 유전자에 새겨진 탓인지, 동시에 여러 일을 해내지 못한다. 예를 들어 퇴근은 했지만 머릿속에 아직 해결되지 않은 회사일이 가득하다면, 몸은 집에 와 있지만 머리는 계속 회사에 있는 것이다. 이때 아내가 옆에서 "여보, 요즘 세준이가…"라는 말을 해도 그 말에 제대로 집중하지 못한다. 두 가지 일을 목표물로 정하여 한꺼번에 처리하는 능력이 떨어지기 때문이다. 하지만 엄마는 아빠가 아이에 대한 사랑이 부족해 건성으로 대답한다고 여기고 아이한테 무관심하다는 낙인을 찍어버린다.

원시인류에게 사냥꾼의 유전자를 물려받은 아빠들. 그들의 뇌는 오랜 시간을 거쳐 문제 해결 중심으로 발달했다. 여자와 남자의 뇌 구조가 각각 다르다는 말을 많이 들었을 것이다. 뇌는 모양이 똑같아도 크기나 비율에 따라서 그 기능이 많이 달라진다. 보통 여자들은 전두엽이 더 발달해 조금 더 조직적이다. 남자들이 상대적으로 여자보다 사회생활을 많이 하기 때문에 조직적이라고 생각하지만, 실은 여자들의 뇌가 더 조직적이어서 계획을 더 잘 세운다. 보통 여자는 좌

뇌와 관련된 기능들이 우세하다고 알려져 있다. 때문에 논리 지향적이고 세부 지향적이며, 언어 기능이 뛰어나고 순서나 패턴을 잘 지각하며, 사물의 이름을 잘 기억하고, 현실적이고 실용적이며 안전 지향적인 선택을 잘한다. 이에 비해 남자는 우뇌의 기능이 우세하여 문제 해결이라든가, 도형 또는 기계적인 부분에 더 발달해 있으며, 공간 지각 능력이 뛰어나고, 사물의 기능 인지가 빠르며, 공상적이고 충동적이고 위험을 감수하는 선택을 많이 하는 편이다. 하지만 모든 남자와 여자의 뇌가 이런 것은 아니다. 여자지만 남성적 뇌를 가진 경우도 있고, 남자지만 여성적 뇌를 가진 사람도 있으며, 균형 있는 뇌를 가진 사람도 있다. 따라서 남녀 뇌의 차이를 절대적인 것으로 받아들이지 않도록 주의하자.

어쨌거나 남자들의 이런 뇌의 특징도 그들이 무관심하다는 오해를 사게 하는 원인 중 하나이다. 남자의 뇌는 문제 해결 본능을 강하게 일으키기 때문에 어떤 문제가 주어지면 '안 돼' 혹은 '돼'라는 답을 하고 싶어 한다. 그러나 여자의 뇌는 감성적인 특징이 있어서 문제 해결보다는 공감을 원한다. 자신의 불안을 알아주었으면 하는 마음이 강한 것이다. 남자는 문제를 접하면 이것이 자신이 해결할 수 있는 문제인지 아닌지부터 따지지만, 여자는 해결이 되지 않더라도 그 문제에 대한 대화를 나누면서 감정을 서로 주고받기를 원한다. 대표적으로 시가 문제를 예로 들면, 남자는 시가와 관련된 문제는 아무리 얘기를 해도 자신이 해결할 수 없는 문제라는 것을 알기 때문에 "됐어, 그만해"라고 얘기해버린다. 남자는 여자가 하는 이야기가 옳더라도 자신의 어머니와 의절할 수 없기 때문에 이런 대화 자체를 나누기 싫어한다. 즉, 자신이 해결할 수 없는 문제는 불안을 초래하기 때문에 회피한다. 하지만 이런 상황의 대부분은 아내의 감정을 조금만 읽어주어도 생각보다 쉽게 문제가 해결되는 경우가 많다. 어차피 결론은 같더라도 아내가 "오늘 어머니랑 나 이런 일이 있었어"라고 말하면, 남편이 "많이 힘들었겠다. 우리 엄마가 좀 그러니까 당신이 이해해줘"라고 말해주는 것만으로 아내의 불안은 많이 해소되곤 한다.

내 아이에 대한 문제는 아빠들의 문제 해결 본능에 '내가 모르는 분야'라는 옵션이 추가된다. 아빠들은 자신이 모르는 분야에 대해서 이야기하는 것을 싫어한다. 그리고 모르는 것을 모른다고 인정하거나 그것을 알기 위해 물어보는 것을 자존심 상하는 일이라 생각한다. 그래서 자신이 모르는 분야의 문제가 나오면 모르니까 가르쳐달라고 하기보다 "그건 문제도 아니다"라고 말해버리는 경우가 많다. 요즘 아빠들은 옛날의 아빠들에 비해 육아나 가사를 함께하는 편이지만, 여전히 유전자에 보살핌의 본능이 아로새겨져 있는 엄마보다는 모르는 것이 많다. 본능을 빼고라도 아이와 보내는 시간이 엄마에 비해 턱없이 부족하기 때문에 육아의 기술뿐 아니라 아이에 대한 단순한 정보도 많이 부족하다. 그러다 보니 자주 "괜찮아. 원래 다 그렇게 크는 거야"라고 말하는 것이다. 모르는 분야이기 때문에 대화가 길게 이어지는 것이 두려워 빨리 끝내려고 한다. 아빠들의 이런 행동은 아내들로부터 십중팔구 "괜찮긴 뭐가 괜찮아. 자기 자식 일에 관심이 있기는 해?"라는 비난을 듣게 만든다.

아빠 불안의 본질은 고집, 회피, 불신, 경계심이다

아빠들에게 하고 싶은 질문이 있다. "괜찮다. 그냥 둬도 잘 큰다"라는 말을 할 때, 본인의 마음 상태는 어떠한가? 편안한가? 스스로 생각했을 때 정말 아무런 조치를 취하지 않고 두어도 아이가 잘 클 거라는 확신이 있는가? 아빠가 되고 나서 아이를 잘 키우거나 가르치기 위해 확고한 가치관을 세워둔 것이 있는가? 아마 아닐 것이다. 불안하고 걱정스러운 마음을 잊기 위해, 사실 뾰족한 대책도 없이 그저 "잘될 거야"라고 말하면서 지나친 낙관주의자처럼 행동하는 경우가 대부분이다. 그러면서 자신에게 최면까지 건다. '잘되겠지, 그래 잘될 거야'라고. 불안한 주제를 다루고 싶지 않은 그 마음, 그것이 아빠의 불안이다. 아빠들은 결국 그것 때문에 궁지에 몰린다. 가족은 나 몰라라 하면서 술자리만 좋아하는 아빠로 오해받는 것이다.

그렇다면 아빠가 갖는 불안의 본질은 무엇일까? 나는 그것을 '고집'이라고 생각한다. 우리나라 아빠들은 "내가 잘못 생각했네. 내 생각이 틀린 것 같아"라는 말을 잘 안 한다. 그것이 바로 고집이다. 얼마 전에 한 여자 환자가 진료실을 찾았는데 남편이 네덜란드 사람이었다. 이 환자는 아이를 낳자마자 우울증이 너무 심해서 아이를 거의 돌볼 수가 없었다. 다행히 경제적으로 여유가 좀 있어서 아이는 놀이방에 맡기고 엄마는 하루 종일 소파에 누워 지냈다. 남편이 퇴근해서 집에 돌아오면 집 안은 난장판이었다. 그런데 이 환자는 집에 가사 도우미가 오는 것을 싫어해서 집안일은 모두 남편이 해야 되는 상황이었다. 남편은 퇴근 후 아이를 놀이방에서 데리고 온 다음, 집 안을 치우고 아이를 먹이고 씻기고 재우는 모든 것을 담당했다. 이런 경우에 우리나라 아빠라면 어떻게 했을까? 그런 상황 자체에 화가 나고 아내가 무척 미웠을 것이다. 아내로서의 역할을 안 하는 것에도, 아이를 전혀 돌보지 않는 것에도 화가 나서 어쩔 줄 몰라 할 것이다. 그런데 이 네덜란드 아빠는 아내가 우울증을 치료하는 도중, 아이도 우울증이 있는 것 같다며 아이까지 데려왔다. 그리고 내가 해주는 조언(대부분이 아빠가 아이나 아내에게 해주어야 할 일이었다)을 적극적으로 받아들였다. 아이와 아내의 상태를 설명하고 대안을 제시하면서 무언가를 시도해보자고 하면 흔쾌히 받아들였다. 거기에 자기가 어떤 노력을 했으면 좋겠냐고 되묻기까지 했다. 그는 아이도 물론 중요하지만, 아내도 너무 사랑하기 때문에 아이의 예후와 치료만큼이나 아내의 그것 또한 궁금해했다. 그는 나의 어떤 설명에도 격분하지 않았다.

우리나라의 아빠들은 대부분 아내나 아이가 이런 상황으로 치료를 받아야 하는 경우, 아이는 물론이고 아내에게도 문제가 없다고 말한다. 그리고 시간이 지나면 괜찮아질 것을 괜히 문제 삼는다는 식으로 나온다. 내가 해주는 조언 역시 그냥 두어도 좋은 예후를 보이는 0.001%를 가지고 따진다. 혹여 지금의 상태를 방치하면 1, 2년 후에는 이렇게 저렇게 진행될 수 있다는 이야기를 하면 화를 내다가 아내를 혼자 남겨두고 진료실 문을 쾅 닫고 나가버리기도 한다. 아빠들의 이런 태도는 '고집'이고 '회피'다. 그 밑면에서는 집안의 식솔이 겪는 문제는 자신에 대한 흠이고 자신에 대한 열등감이며 자신에 대한 공격이라고 여기는 아빠들의 본능을 느낄 수 있다. 아빠들은 대개 우리 가정, 우리 가족에게 일어난 문제는 나의 책임, 나의 흠이라고 생각한다. 그래서 문제가 발생해도 그 문제를 아이나 가족 구성원의 입장에서 생각하기보다 '아니'라는 자세로 일관한다. 아이와의 관계에서 자꾸 대립하게 되는 이유도, 바로 이런 태도 때문이다. 아이 문제를 아이 입장에서 생각하지 않고, 자신의 입장에서 생각한다. 아빠들은 아이에게 문제가 있다는 소리를 들으면 자존심 상해한다. 아이가 아파서 도와주려는 것인데, 아빠는 그것을 기분 나빠하는 것이다. 하물며 아내가 "학교에서 선생님이 그러는데, 민우가 학습도 부진하고 애들도 많이 때린다면서 정신과 진료를 한번 받아보라고 하던데요"라고 말하면 "애들이 다 그렇지 뭐" 하면서 기분 상해한다. 그것을 자신에 대한 공격이라고 받아들이기 때문이다. 이런 일이 반복되면 그 아빠의 양육 태도는 자연스럽게 무관심한 아빠 쪽으로 분류된다.

아빠들은 도대체 왜 그러는 걸까? 우리나라는 전통적으로 아빠에게 '가장(家長)'이라는 말을 붙여왔다. 가장은 집안의 우두머리로 집안에서 일어나는 모든 일을 책임져야 한다는 생각이 지배적이다. 그런데 집안에서 일어나는 일이 '자랑거리'면 상관없지만, '문젯거리'면 그것은 내 집안의 흠이 되었고, 나의 흠이 되었다. 우리나라 아빠들의 유전자에는 '내 집안에 대한 평가는 곧 나에 대한 평가'라는 생각이 프로그래밍되어있는 것이다. 집안의 문제가 노출되면 그것은 나의 약점이 된다. 약점이 적에게 드러나면 내가 싸움에서 질 수도 있기 때문에, 아빠들은 자신 집안의 문제가 노출되는 것을 극도로 싫어한다. 따라서 아빠들은 자신 혹은 집안 사람의 문제에 대해 방어적이다. 사실 엄마들은 다른 사람을 만나서 종종 남편 흉도 보지만, 아빠들은 다른 사람에게 집안 구성원에 대한 이야기를 잘 하지 않는다. 또한 자신의 진짜 고민에 대해서도 잘 이야기하지 않는다.

아빠들의 불안에는 '불신'도 한몫한다. 아빠들은 좀처럼 남의 말을 믿지 않는다. 아빠들은 자신이 인정하는 어느 정도 검증된 사람의 말만 신뢰한다. 때문에 보통의 소아청소년 정신과에는 집안의 반대를 무릅쓰고 엄마 혼자 아이를 데리고 다니는 경우가 많다. 아이에게 문제가 있어서 소아청소년 정신과를 찾는 것을 그 집의 남자들은 모두 반대한다. 첫 번째 남자가 할아버지고, 두 번째 남자가 아빠다. 아빠들은 유명한 학자가 하는 말은 믿지만, 아내나 자신이 잘 모르는 전문가가 하는 말은 믿지 않고 경계한다. 그런데 의외로 자신이 신뢰하는 상사의 말은 찰떡같이 믿는다. 엄마들은 너무 많은 이야기를 들어 귀가 얇아져서 불안한 편이라면, 아빠들은 객관적으로 받아들여야 하는 이야기조차 받아들이지 않아 불안하다. 그러다 자신이 평소 믿고 의지하는 상사가 술자리에서 "아이는 뭐 어쩌구저쩌구…" 하고 말하면 갑자기 생각이 바뀐다. 엄마들은 옆집 엄마의 말을 듣고 "우리 아이는 어쩌지?" 하는 마음에 불안해하지만, 그렇다고 옆집 엄마의 말을 결정적으로 받아들이지는 않는다. 옆집 엄마의 말은 여러 가지 정보 중 하나로 참고만 할 뿐이다. 그런데 아빠들은 자신의 상사가 전문 지식이 없음에도 불구하고 그가 한 말을 절대적으로 신뢰한다.

아빠들이 다른 사람 말을 잘 듣지 않는 이유는 '고집과 회피'가 가장 크고, 그 고집 안에 숨은 감정인 '경계심' 때문이기도 하다. 전문가와 상담을 할 때조차 논쟁을 벌여 이기려고 드는 것은 왠지 그 말을 받아들이면 자신의 안전이나 안정이 흔들릴 것 같다고 느끼기 때문이다. 자신의 영역 안에 이전까지는 없던 새로운 것이 들어오면, 그것이 이제까지 유지해왔던 자신의 가치관, 개념, 삶을 변화시킬 것이 두려워 받아들이지 않으려고 한다. 다른 사람 조언을 받아들이는 것 자체를 자신의 안전을 위협당하는 것으로 여긴다. 아빠들의 이런 행동은 아주 무의식적이고 본능적인 것이다. 재미있는 것은 남자들의 이런 경계심은 딸을 결혼시킬 때도 나타난다. 딸이 결혼할 남자를 데리고 오면 아빠들은 약간 위협감을 느낀다. 우리 가족이라는 울타리 안에 '낯선 사람'이 들어오는 것이기 때문이다. 아빠들은 그 사람에 대한 믿음이 생길 때까지 딸과 계속 논쟁한다. 그가 우리 가족이라는 울타리 안에 새로운 개념을 가지고 들어올까 봐 불안하기 때문이다. 따라서 그 낯선 사람을 계속 부정하고 트집 잡고 싶어 한다.

결론적으로 아빠들은 자신의 고집이나 불신, 경계심 안에는 불안이 있다는 것을 알아야 한다. 자신의 "괜찮아"라는 말 속에는 엄마와 똑같은 걱정이 있다는 것을 잊지 말아야 한다.

소통이 어려운 40대 아빠,
멀티플한 역할이 버거운 30대 아빠

우리나라 아빠들도 엄마들처럼 세대마다 다른 불안의 배경을 가지고 있다. 진료실에서 만나는 아빠들은 하는 일과 사는 곳이 각각 다름에도 불구하고 불안을 무관심으로 표현하는 이유가 묘하게도 세대별로 비슷하게 나뉜다.

40대(50대 초반까지) 아빠들은 맺힌 것이 많은 세대다. 이들은 똑똑했지만 어릴 적에 집이 너무 가난했다. 따라서 충분한 지원을 받지 못했다. 또는 어린 시절 먹고사는 것이 너무 힘들었거나 부모님 사이의 갈등이 심해서 부모와 진지하게 이야기를 나눠본 적이 없었다. 공부에 대한 것도 특별한 관심을 받아본 적이 없다. 이들은 자신이 아빠가 되면 적어도 내 자식만큼은 돈이 없어서 공부를 못 하는 상황은 만들지 않겠다는 생각을 늘 하고 살았다. 이들의 형제 관계를 들여다보면, 큰형은 부모의 지원을 받아 대학을 나왔는데 자신은 돈이 없어서 대학 교육을 못 받았고, 정작 지원을 받은 큰형은 부모님을 나 몰라라 하는 상황에서 나머지 자식들이 조금씩 돈을 모아 부모님 용돈을 드리는, 묘하게 비슷비슷한 시나리오를 가지고 있다. 또한 사회에 나갔더니 교육에 뒷받침을 잘 받고 외국 유학도 갔다온 사람은 그것 때문에 승진도 잘하는데, 본인은 영어를 못해 영업 실적이 높은데도 승진에서 미끄러지는 설움을 겪었다. 그래서 어떻게 해서라도 우리 애만큼은 영어를 잘하게 만들어야겠다는 생각도 가지고 있다. 때문에 이 아빠들은 집안일에 무관심하다고 느낄 정도로 밖의 일에 몰두한다. 열심히 사회생활을 해서 돈을 벌고 술상무도 하다 보니 아이들하고 별로 대화를 나눠본 적이 없다.

이 세대를 살아온 아빠들의 아이는 대부분 지금 중·고등학생이다. 이 아이들은 "아빠는 회사일, 아빠 일밖에 모르면서 성적만 떨어지면 '그 따위로 할 거면 과외 그만둬!'라고 소리만 지르는 사람"이라고 말한다. 사실 이 아빠들의 마음은 '내가 술상무를 해서라도 우리 아이 과외비를 벌어야겠다'는 것이다. 그래서 힘들게 야근을 하거나 출장까지 갔다 왔는데, 아이가 인사도 없이 소파에 비스듬히 누워 TV를 보거나 오락이나 하고 있으면서 휴대폰을 새로 바꿔달라고 말하면 화가 난다. 그 휴대폰 하나 사주려면 또 얼마나 열심히 일해야 하는데, 자식은 공부도 열심히 안 하면서 갖고 싶은 것만 사달라고 한다. 이런 상황이 되면 이 세대 아빠들은 집안 사람 모두가 자신의 상황과 고충을 너무 몰라준다며 서운해하고 불만을 갖게 된다. 남들 다 가는 유학도 못 가고, 부모의 지원이 없어 좋은 대학도 못 나온 내가 이만큼 버티려면 먹기 싫은 술은 얼마나 마셔야 하고, 쉬는 날까지 또 얼마나 골프 접대를 해야 하는지 아냐며 항변한다. 자신도 쉬고 싶은데, 아이랑 아내는 만날 돈만 달라고 하고 "당신은 밖이 더 좋지?"라며 불평한다. 돈을 벌기 위해 얼마나 많은 것을 희생하는데, 가족은 이런 자신더러 이기적이고 무관심하다고 투정한다며 억울해한다. 사실 이 아빠들의 가장 큰 잘못은 소통을 하지 않았다는 것이다. 내가 왜 이렇게 벌고 있고 밖에서 어떤 대우를 받는지, 어떤 일에 스트레스를 받는지, 왜 자식이 공부를 열심히 했으면 좋겠는지에 대해 아내 그리고 아이와 솔직한 대화를 나누지 않은 것이 가장 큰 잘못이다.

이 세대의 아빠들은 아내가 밖에 나가서 돈을 벌어오기를 바라지 않았다. 40~50대 초반 아빠들은 "식구들은 내가 먹여 살릴 테니까 당신은 내가 바깥일에만 전념할 수 있게 아이는 알아서 키워라. 집안 살림은 알아서 했으면 좋겠다"는 기본 전제를 가지고 있는 경우가 많다. 아내 또한 남편의 그런 전제를 대부분 별 이의 없이 받아들인 상태다. 어찌 보면 서로의 역할을 암묵적으로 나눠 놓았다고 할 수 있다. 이 기본 전제의 근본은 사랑이지만, 표현은 무관심으로 나타난다. 이 세대 아빠들이 가장 많이 하는 말은 "내가 신경 좀 안 쓰게 잘할 수 없어?"이다. 이들은 은연중에 '나는 너희를 사랑한다. 그리고 내가 하는 일은 모두 너희를 잘 키우기 위한 거다. 그러니까 나는 좀 무관심하겠다. 신경 안 쓰게 해달라'고 선언한다. 아빠들의 이런 방식이 잘못된 것은 분명하다. 자신이 돈만 많이 벌어 와서 경제적인 부분만 해결해주면 아이가 무조건 잘할 수 있을 거라는 것은 망상이다. 40~50대 부부는 아이가 어릴 때는 역할이 대체로 잘 나눠져서 불안감이 없었다가, 아이가 중·고등학교에 가면서 부모가 원하는 수준을 충족시키지 못할 경우, 갑작스레 남편이 교육에 관여를 하면서 부부간의 갈등이 고조된다. 아빠가 갑자기 안 하던 아빠 노릇을 하려 든다며 아내와 아이가 아빠의 존재를 눈에 거슬려하기 때문이다.

30대 아빠들의 사정은 어떨까? 30대 아빠들은 아이가 태어나는 순간 아내와 단순한 1:1이었던 관계가 바뀌게 되었음을 느낀다. 아빠가 되면서 갑자기 부가된 책임에 우울증을 느낀다. 이 세대 아빠들은 40대 아빠들과 다르게 그 책임 중 경제적인 것은 아내도 좀 공유해주었으면 하는 생각을 한다. 즉, 아내와의 맞벌이를 원한다. 30대 아빠들이 40대 아빠들에 비해 훨씬 더 가정적이기는 하지만, 아이가 아파서 울 때 아내가 알아서 척척 해결했으면 좋겠다는 생각도 한다.

자신도 아빠가 된 상황이 벅차고 어색하기 때문이다. 하지만 이들과 사는 아내는, 아이는 반드시 둘이 키워야 하고 집안일도 남편이 함께해야 된다는 생각이 투철한 사람들이다. 여기에서 부부간의 갈등이 발생한다.

40~50대는 역할이 나름 확실히 구분되어 있어, 남편이 육아를 같이 하지 않는다고 아내가 큰 불만을 품지는 않았다. 오히려 남편이 돈을 많이 벌어오고 육아에 무관심해주기를 은근히 바라기도 한다. 그런데 30대 부부들에게는 이처럼 암묵적으로 나눠진 분야가 없다. 서로가 모든 분야를 해주기를 바란다. 남편은 아내가 돈을 벌면서 아이도 키우고 살림도 잘하기를 원하고, 아내는 남편이 돈도 잘 벌면서 육아와 가사 노동을 함께하기를 원한다. 그러면서 내심 남편은 아내가 아이만 키우던 자신의 엄마만큼 아이를 잘 키워주기를, 아내는 육아나 살림에는 전혀 관심이 없던 남편이 자신의 아빠만큼 돈을 많이 벌어오기를 바란다. 서로의 역할이 불분명해지면서 서로에게 더 멀티플한 능력을 요구하게 된 것이다. 게다가 이들은 이전 세대에 비해 풍족한 환경에서 자랐기에 그 기준 또한 높은 편이다. 이들은 최고로 좋은 것이 무엇인지 알고 있고, 그것을 갖고 싶어 한다. 때문에 상대편 배우자가 그 최고를 가져다주지 못하는 것에 늘 불안과 분노를 품고 산다.

사실, 30대 부부의 마음이 편안해지기 위해서는 자신이 갖고 싶은 것의 수준을 한두 단계 낮춰야 한다. 기준이 되는 삶의 모습을 좀 낮게 잡아야 한다는 말이다. 그렇지 않으면 30대 부부가 가진 딜레마는 극복하기 어렵다. 원하는 것의 수준을 낮추고, 기본적으로 현재 가지고 있는 것에 고마워할 줄 알아야 한다.

변하고 있는 아빠 vs 여전히 무관심한 아빠

1990년대 초, 엄마들은 갑자기 활짝 열린 문호에 엄청난 충격을 받아 정체성에 여러 가지 혼란이 오고, 통합이 안 되는 면도 있었다. 워킹우먼으로 일하고 싶은 열정이 솟구치면서도, 아이한테 무관심한 나쁜 엄마라는 생각이 들어 일을 하면서도 갈등이 심했다. 엄마들의 불안이 이렇게 커지는 사이, 아빠들은 어떠했을까? 아빠들도 일부 변화했다. 아이에게 문제가 생기면 엄마보다 먼저 달려와서 전문가와 상담하고, '아이 일'이라면 자신의 일도 미루는 아빠들이 늘어났다. 그런 아빠들은 지금까지 말했던 일반적인 아빠들과는 다른 방식으로 문제에 접근했다. "제가 어렸을 적 이런 문제가 있었어요. 제 아이만큼은 이런 문제로 힘들어하지 않았으면 좋겠습니다. 제가 어떻게 도와주면 좋을까요?"라며 자신의 문제를 먼저 인정하고 노출하며 도움을 요청했다. 어떤 아빠는 "진료 결과, 아이가 산만하며 그 원인은 생물학적 문제입니다"라는 나의 진단에 "저에게서 물려받았다는 말이군요. 제가 아빠로서 아이가 성인이 되기 전까지 꼭 치료해주어야겠네요. 그게 제 몫이니까요"라는 훌륭한 말을 하기도 했다. 나는 아이의 치료비나 특수교육비를 대기 위해 자신의 꿈을 접고 '쓰리잡'까지 하면서 늘 아내와 함께 병원에 오는 아빠도 보았다. 이처럼 아빠들은 조금씩 변하고 있다. 그들은 좀 더 합리적으로 생각하고 가정적으로 변하고자 한다.

육아든, 질병이든, 치료든 전문가들이 무언가를 제안할 때는 "지금까지의 방법은 모두 틀렸습니다"라고 말하지 않는다. 전문가들은 "현재 연구는 여기까지 밝혀졌고, 현재 상황에서는 이런 대처가 가장 현명한 방법입니다"라고 말한다. "이것이 최선입니다. 확실합니다. 방법은 한 가지뿐입니다"가 아니라 "많은 연구와 결과를 보았을 때 이렇게 하는 것이 가장 바람직할 것 같습니다"라고 말한다. 그리고 항상 이 바람직한 방법에 속하지 않는 예외가 있음도 알린다. 그러면 대부분의 아빠는 그 예외에 집중하고, 문제를 '치료를 해야 낫는다'와 '치료를 안 해도 낫는다'로 양분해서 생각한다. 즉, 그들은 사고의 유연성이 떨어지는 것이다.

그런데 이런 아빠들 가운데 합리적으로 생각하고 융통성 있게 행동하는 아빠들이 하나둘 나타나기 시작했다. 알아서 집안일을 하고, 아이가 다니는 의료기관이나 교육기관에 대해 엄마보다 더 많은 정보를 갖는다. 이런 남편들을 요즘 말로 아내 친구의 남편, 즉 '아친남'이라고 부른단다. "내 친구 남편은 아이 일이라면 열 일 제치고 달려온다더라" 또는 "내 친구 남편은 청소랑 설거지는 자기가 한다고 신경도 쓰지 말라고 했다더라" 등 아내의 말 속에 등장하는 아내 친구의 남편들 중 가정적이고 다정한 아빠들을 가리킨다. 사실 그 무관심한 아빠들도 옛날 아빠들보다는 다정하다고 할 수 있을지 모른다. 하지만 이 아친남과 비교하면 역시나 '무관심'으로는 둘째가라면 서러운 아빠가 되어버린다. 사회적 변화에 맞물려 등장한 꽤 융통성 있는 아빠들 때문에 다수의 무관심한 아빠들은 그 무관심의 정도가 더 두드러지게 드러나는 상황이 되었다. 따라서 무관심한 아빠는 튀어 보일 수밖에 없다. 그에 따라 아내가 갖는 불만과 불안도 커지게 되었다.

엄마의 걱정과 아빠의 무관심, 아이 앞에서 충돌하다

불안한 부모는 아이에게 과잉 개입하거나 과잉 통제한다

불안은 인간의 생존에 반드시 필요한 감정이다. 불안은 누구나 흔히 경험하는 정서적인 반응으로, 현실에서 위험에 처할 때 사람들은 자연스럽게 불안을 느낀다. 그래서 자신을 보호하려 하고 대책을 마련한다. 적당한 불안은 일상생활에서 적응 능력을 높인다. 적당히 불안하면 함부로 덤벼들지 않고, 약간 긴장한 상태에서 거리를 두고 지켜보면서 자신을 효과적으로 보호하기 때문이다. 또한 문제를 안전한 방향으로 해결해낸다. 하지만 지나친 불안은 현실적으로 위험이 전혀 없는 상황이나 대상에 대해서도 심각하게 반응하거나 일상생활을 하는 데 부적응을 낳기도 한다. 그렇다면 불안이 지나친 사람이 아이를 낳으면 어떤 일이 생길까?

불안이 지나친 사람은 인생을 살아가면서 아주 특징적이고 공통적인 방어기제를 쓴다. 이들은 불안이 느껴지면 지나치게 경계하고 긴장하거나, 상대를 사납게 공격한다. 때로는 똑 부러지다 못해 너무 단호하게 회피하고 숨어버리는 행동까지 한다. 부모가 각각 불안이 심할 경우에도 마찬가지의 방어기제가 나타난다. 그리고 그러한 방어기제는 '과잉 개입' '과잉 통제'라는 잘못된 양육 방식을 낳는다. 과잉 개입은 아이의 일에 지나치게 개입하는 것으로 대표적인 행동이 '잔소리'다. 과잉 통제는 지나치게 무섭고 엄격한 규칙을 만들어 아이를 통제하는 것을 말한다. 과잉 개입은 주로 걱정이 많은 엄마들이 많이 하는 양육 방식이고, 과잉 통제는 불안을 무관심으로 표현하는 아빠들이 주로 보여주는 양육 방식이다.

과잉 개입을 하는 엄마의 경우, 자신이 불안하기 때문에 아이를 늘 준비시키고 아이가 자신의 예상과 예측대로 움직여주기를 원한다. 또 생각한 대로 일이 진행되지 않으면 무척 불안해한다. 그러다 보니 끊임없이 상대를 채근한다. 아이와 외출이라도 할라치면, 자신이 생각한 스케줄대로 아이가 움직여야 하기 때문에 10초 단위로 아이를 따라다니면서 잔소리를 한다. "일어나, 옷 입어, 뭐 하니? 빨리 해, 옷 입으라고 했지? 이는 닦았어? 빨리빨리, 늦었어"를 줄줄이 읊어댄다. 이런 잔소리를 좋아하는 사람은 아무도 없으므로 아이는 '아, 시끄러워 죽겠네'라는 생각을 한다. 이렇게 과잉 개입을 하는 엄마는 무슨 일이든 미리 독촉하므로 아이의 자율성을 침해하고 만다. 이런 엄마는 아이가 잠들기 전에 스스로 책가방을 챙겨놓으면 아이가 자는 동안 가방을 뒤져서 준비물을 잘 챙겼나를 체크한다. 아이가 불안해서가 아니라 자신이 불안하기 때문에 하는 행동이다. 이처럼 지나치게 불안한 엄마가 과잉 개입을 해버리면 아이는 진취적이거나 위기에 대처하는 법을 배우지 못한다. 엄마가 그런 경험을 해볼 틈을 주지 않기 때문이다. 우리의 인생에는 아이가 건강하게 자라기 위해서 꼭 필요한 정도의 위기가 있다. 그 위기는 모험이거나 도전이라고도 표현할 수 있을 것이다. 불안한 부모를 가진 아이는 그러한 기회를 갖지 못한다.

과잉 통제를 하는 아빠의 경우, 겁 많고 나약하며 세상에 대해 많은 불안을 느끼는 자신의 모습을 들키지 않기 위해 가부장적이고 엄격한 모습을 취한다. 가부장적인 아빠들 중에는 생각 외로 불안의 정도가 높은 사람이 많다. 가부장적이고 엄격하게 행동함으로써 자신의 불안을 상쇄하는 것이다. 이들은 힘있는 존재로 보이기 위해 일부러 아이에게 친밀하고 다정한 행동을 하지 않는다. "우리 민철이 정말 멋진데"라고 말하는 것이 왠지 약한 사람처럼 보인다고 느껴 아이에 대한 칭찬도 절제한다. 전혀 엄격하고 무섭게 다룰 필요가 없는 아이임에도 불구하고, 아이에게 설득하거나 설명하는 대신 항상 강압적인 태도를 취한다. 이렇게 되면 아이는 자존감이 떨어지고, 자율성을 발달시키지 못해 자기 의견을 쉽게 표현하지 못하는 사람이 되는데, 쉽게 말해 기가 죽어버리고 만다. 그러면서 겉으로는 아빠를 두려워하지만, 마음 속으로는 아빠에 대한 분노가 쌓인다. 결국 아이는 화가 나지만 무섭고 두려워 분노의 감정을 표현하지 못하고, 겉과 속이 다른 마음으로 인해 늘 혼란을 느끼며 매사 불안해하는 행동을 보인다.

많은 경우, 과잉 개입을 하는 엄마의 불안은 아이를 더 불안하게 만들고, 과잉 통제를 하는 아빠의 불안은 결국 아이와 아빠 사이를 멀어지게 하는 주요 요인이 되곤 한다.

부모의 불안이 아이의 불안이 된다

　불안한 부모는 아이를 존중할 여유가 없다. 불안하면 불안할수록 걱정이 늘어나고, 그 걱정은 꼬리에 꼬리를 문다. 그러다 보면 속이 다 타들어가 재만 남고 닥치는 대로 불같이 화를 낸다. 불안한 감정을 표현할 줄 몰라 화를 내기도 하고, 배우자가 그 불안을 해결해주지 않는 것에 또 화를 낸다. 서로의 불안이 부딪혀 늘 화가 난 상태로 살기도 한다. 그런데 그 대상이 주로 내 아이가 된다. 결국 부모에게 아이는 종종 화를 내도 괜찮은 대상이 된다.

　많은 부모들은 불안하면 아이한테 화를 낸다. 자신의 불안의 원인이 '아이'가 아님에도 부모는 내 아이에게 화를 낸다. 아이에게 화를 내는 부모의 속마음은 무얼까? 아마도 약한 존재라 만만하기 때문이기도 하고, 아이는 내가 없으면 안 되는 존재이기 때문에 내가 화를 내도 금방 용서할 거라는 것을 알고 있어서일 것이다. 부모의 예상대로 아이는 엄마가 악다구니를 쓰듯 소리를 치고 패대기를 쳐도 "엄마" 하고 부르며 다시 달려온다. 그 고마움을 모르는 부모가 너무나 많다. 아이가 스스로에게는 무섭고 공포스럽고 혼란스러웠던 순간을 너무 쉽게 용서해주었다는 것도 모르고, 아이의 마음속에 상처가 점점 커지고 있다는 것도 모르는 것이다. 오히려 금방 용서해주는 아이를 쉬운 존재로 생각한다. 부모는 자신의 마음속에 아이를 사랑하는 마음이 늘 간직되어 있으므로 아이는 언제나 자신의 마음을 오해하지 않을 거라고 착각한다. 그래서 아이 앞에서 쉽게 화를 낸다. 문제는 아이가 사춘기 때 발생한다. 아이의 마음속 상처가 커질 대로 커지면 아이는 더 이상 부모를 용서하지 않는다. 힘의 균형이 비슷한 상황에서, 상대편에게 화가 나면 맞서 싸우거나 안 보면 된다. 그런데 자식은 부모와 힘의 균형이 맞지 않는 상대다. 아이는 마음속으로 화가 나도 제대로 표현할 수가 없고, 돌아서서 헤어질 수도 없다. 그래서 '부모의 화'가 아이에게 전달되면 '아이의 분노'가 된다. 부모의 화보다 더 큰 화가 되어 아이의 마음속에 쌓이는 것이다.

아이의 마음은 존중받아야 한다. 특히 부모로부터는 반드시 존중받아야 한다. 아이를 존중하는 부모의 마음은 아이가 갖게 될 사회성에 매우 큰 영향을 준다. 아이를 가장 믿고 사랑해주어야 하는 사람은 부모다. 아이는 부모와의 관계가 편해야 타인과의 관계도 잘 유지해나갈 수 있다. 그 관계가 편치 않으면 아이는 세상을 굉장히 불신하고 불안한 눈으로 바라보는 사람으로 자란다.

불안이 잘 처리되지 않는 사람들은 기본적으로 세상에 대해 불안해한다. 조금만 변해도 불안해하고 조금만 큰 일이 생겨도 불안해서 아무것도 하지 못한다. 불안은 인간관계에서 불신으로 표현된다. '저 사람이 나를 어떻게 하면 어쩌지?' 하고 생각하며 좀처럼 믿지 못한다. 심지어 친절하게 대해줘도 '무슨 꿍꿍이가 있는 건 아닐까?'라고 의심하고, 조금만 정색하고 말해도 '지금 분명 나를 무시한 것 같은데, 혹시 나를 혐오스럽게 생각하는 것 아니야?'라고 생각해 기분이 확 상해버린다. 부모의 불안은 이처럼 아이를 불안한 사람으로 만들 수 있다.

그러니 아이에게 절대 화내지 마라. 때리는 것은 말할 것도 없다. 부당하게 아이에게 화를 내는 것은 기본적으로 아이를 존중하지 않는다는 것을 의미한다. 야단을 치더라도 좋게 말해야 한다. 오냐오냐해주라는 것이 아니다. 좋은 말로 하라는 것이다. 아이가 동생을 밀어서 넘어뜨렸더라도 "이놈의 새끼, 어디서 이런 것을 배워가지고 못된 짓을 해!"라고 말하지 마라. 그 말은 아이의 행위가 아니라 아이 자체를 나무라는 것이다. 그런데 거기서 멈추지 않고 "으이그, 아빠를 닮아가지고" 또는 "너 한 번만 더 그러면 가만 두지 않을 거야"라는 말까지 덧붙이며 아이의 뿌리부터 비난하고 협박을 한다. 단지 단호한 표정으로 "종민아, 동생을 밀어서는 절대 안 되는 거야. 동생뿐 아니라 누구도 밀면 안 돼"라고 말하면 그만이다. 아이가 "화나잖아요"라고 말하면 "화가 날 수는 있어. 그렇다고 사람을 밀면 안 돼. 말로 해야 하는 거야. '네가 그러니까 형이 정말 화가 나'라고 말해야 하는 거야"라고 알려주면 된다. 다른 사람의 감정을 받아주고 이렇게 친절히 설명을 해주는 것은 기본적으로 그 사람을 존중하고 있다는 마음의 표현이다. 부모의 이런 행동은 아이에게 '나는 너의 존재를 존중하고, 너에게 상처를 주지 않겠다'는 뜻을 전하는 것이다. 나는 부모들에게 종종 "아이에게 눈을 흘기지 마라" "아이에게 소리 지르지 마라"라고 조언한다. 그것이 아이를 존중하는 가장 쉬운 방법이다.

아이는 부부 사이에 갈등이나 불화가 있을 때 무척 불안해한다. '엄마 아빠가 이혼하면 어쩌지? 나는 누구를 따라가야 하는 걸까?' 하면서 말이다. 아이는 자신의 존재나 가치에 대해 존중받지 못할 때도 불안해한다. 부모 입장에서는 정신 차리라는 의미로 따끔하게 하는 지적이나 비난에 아이는 오히려 불안해진다. 이것은 아이뿐만 아니다. 인간은 누구나 자신의 존재감을 인정받지 못하면, 기본적으로 자기 존재에 대해 불안을 느낀다. 또 부모의 양육 방식이 거칠고 무섭거나 서툴러도 불안해한다. 부모가 아이의 일에 과잉 반응하거나 당황해도 아이는 불안을 느낀다. 결국 부모의 불안이 아이의 불안이 되는 것이다.

불안을 인정해야 안정된 양육이 가능하다

한 부부가 진료실을 찾아왔는데, 상당히 유순하고 점잖아 보였다. 부부는 순해 보이는 네 살 난 아들의 손을 꼭 붙들고 있었다. 남자아이는 어렸을 적부터 낯을 너무 가리고, 누가 조금만 스치고 지나가도 울고, 누가 쳐다보기만 해도 죽어라 울어댔다고 한다. 부부는 '좀 크면 나아지겠지' 생각하며 기다렸다. 그런데 점점 자랄수록 아이의 행동은 더욱 심해졌다. 감각이 예민한 편인지 소리에도 지나치게 민감했고, 어떤 식재료도 한 번에 먹지 못할 정도로 입맛이 까다로웠다. 심지어 촉감이 예민해 변기에도 앉지 못할 정도였다. 아이는 첫눈에도 기질적으로 예민하고 불안도가 높아 보였다. 이 유순한 부부는 아이를 키우는 게 너무 힘이 든다고 고백했다. 이후 부부를 상담했다. 보기에는 유순하고 평온해 보이는 두 사람은 서로 간에 별 다른 갈등도 없고 좀처럼 싸움도 하지 않는다고 했다. 겉보기에는 특별한 문제가 없어 보였지만 이들의 불안한 정도는 의외로 높은 편이었다. 그래서 부부에게 "두 분 가운데 불안이 심한 분이 계실 것 같은데요. 어느 분이 그러세요?" 하고 물었더니 엄마가 먼저 "제가 수줍음이 많고 겁이 많은 편이에요"라고 대답했다. 이어 아빠도 "저도 원래 성격은 무척 내성적이고 꼼꼼한 편이에요"라고 대답했다.

불안이 높은 사람들끼리 결혼할 확률은 극히 낮다. 불안한 사람은 대부분 자신의 불안한 부분을 해결해야 할 문제로 보기 때문에 전혀 불안해 보이지 않는 사람과 결혼하게 마련이다. 종종 극도로 용감해 보이는 사람을 이상화하여 결혼을 하는 경우도 있다. 그런데 막상 결혼을 하고 보니, 그 용감한 사람도 자신처럼 불안이 심한 사람일 수 있다. 왜냐하면 불안은 워낙 다양한 모습을 갖고 있어서 언뜻 봐서는 그게 불안인지 알아볼 수 없기 때문이다. 또한 본인도 스스로 불안한 사람인지 모르는 경우도 많다. 불안은 종종 자신이 생각하는 것과는 정반대의 모습으로 존재하기도 한다. 사실은 겁이 많지만 용감한 모습으로, 무척 소심하지만 지나치게 대범한 모습으로, 매사에 노심초사하지만 철두철미하고 완벽한 모습으로 변신하기도 한다.

결혼을 하기 전에는 이런 불안이 별 문제를 일으키지 않을 수 있다. 인간관계도 좋고 성격도 좋은 사람으로 인정받아 사회생활도 잘할 수 있다. 하지만 결혼을 해서 아이를 낳게 되면 자신이 가진 불안이 조금씩 몸체를 키우며 스멀스멀 올라오기 시작한다. 아이가 생겨 부모라는 역할이 더해지면 '보살핌'과 '보호'라는 단어가 절대적인 사안이 된다. 불안은 보호라는 개념과 직결된다. 본래 자신이 가지고 있던 불안과 엄마 아빠가 되면 각각 가질 수밖에 없는 불안이 합쳐진다. 즉, 불안이 커지는 것이다.

불안이 높았다는 것은 뭔가 자신이 안전하지 못한 상태였고 보호받지 못했다는 반증이다. 혼자일 때는 다른 사람이 눈치채지 않도록 자신을 예민하게 관리하며 살았다. 그런데 절대적으로 내가 보호해야 할 아이가 태어났다. 이때의 불안은 다른 사람이 눈치채지 못하게 관리할 수 있는 수준을 넘어서게 된다. 이쯤 되면 내 안에서 비상사태가 선포되어 불안도를 최대한으로 높이고, 갖가지 방어기제들을 사용하기 시작한다. 불안이 적당한 선을 넘어 도를 넘어서는 대응을 시작하는 것이다. 뭐든 지나치면 문제가 생기는 법이다.

완벽주의여서 매사에 철저하게 처리하는 것을 좋아하는 한 아빠는 아이에게 자상하게 숙제를 내주고 시험을 꼼꼼히 챙겨주었다. 그런 행동이 아빠에게는 관심이고 사랑이고 교육이었다. 그런데 아빠의 성격이 지나치게 완벽하면 아이가 아빠의 마음에 들기 어렵다. 아이는 그런 아빠 때문에 늘 긴장한 상태로 살았다. 아빠는 아이가 90점을 맞으면, 칭찬보다는 다음번에 10점을 반드시 채울 것을 채근했다. 그리고 그만큼 숙제를 내주고 시험을 봤다. 결국 이 아이는 평가받는 상황에 마주하면 매번 지나치게 불안해하는 사람으로 자랐다. 많은 사람 앞에서는 발표를 못하고, 평상시는 잘하다가도 시험 때만 되면 지나치게 긴장했다.

어린 시절 너무 가난해서 어렵게 생활했던 한 엄마는 아이에게 항상 "돈이 최고야. 돈 없이 세상을 어떻게 사니?"라며 돈을 강조했다. 아이는 성인이 되어 사업을 벌였지만 실패했다. 그런 사람이 생각할 수 있는 것은 죽음뿐이었다. 부모로부터, 돈이 없으면 세상을 살 수 없다고 배워왔기 때문이다. 만약 엄마로부터 "돈은 열심히 일하면 저절로 따라오게 돼 있고 돈이란 있다가도 없는 거야"라는 가르침을 받았다면, 아이는 어른이 된 후 돈 때문에 실패한 상황을 잘 견뎌냈을지도 모른다. 그런데 부모가 돈을 너무 강조하면 그와 관련된 실패를 경험했을 경우 지나치게 치명적으로 받아들이게 된다. 또 어렸을 때부터 공부만 강요했던 부모 밑에서 자란 사람 역시 부모가 되면 아이한테 공부할 것을 다그친다. 부모는 아이에게 "공부가 세상에서 가장 중요하다"고 강조하며 공부가 아닌 다른 분야는 별로 가치 있게 다루지 않았다. 그런데 아이가 공부를 못한다면 이 아이는 세상을 암담한 눈으로 바라보기 시작한다. 자기는 다 틀렸다고 생각한다. 각자 조금씩 색깔이 다른 부모들의 불안이 아이에게 자칫 삶을 망칠 수도 있는 '불안'을 안겨준 것이다.

앞서 찾아온 부부 또한 아이를 낳기 전에는 별 문제가 없었다. 그런데 자신들이 원래 가지고 있던 불안이 합쳐져서 극도의 불안과 공포심을 가진 아이가 태어났고, 그 아이로 인해 다시 불안이 높은 엄마 아빠로 변했던 것이다. 그런데 만약 이들 사이에서 불안이 전혀 없는 아이가 태어난다면, 그 아이가 느끼는 충격은 얼마나 클까? 불안한 부모는 불안하지 않은 아이에게 올바른 양육 태도를 보여주기 어렵다. 그렇다면 만약 부부 중 한 사람은 불안하지 않다면 불안한 배우자와 행복하게 살 수 있을까? 불안은 전염성이 상당히 강해서 불안하지 않은 사람도 불안한 사람 옆에 있으면 불안해지고 만다. 불안하지 않은 배우자는 불안으로부터 자신을 보호하기 위해 무의식적으로 배우자를 피하려 할지도 모른다.

불안한 사람은 살아가면서, 특히 부부가 되어 자식을 낳고 생활하면서 겪게 되는 너무나 많은 문제를 효과적으로 대응하지 못할 가능성이 많으며 늘 결핍으로 괴로워한다. 불안하지 않은 배우자는 불안한 배우자가 점차 '짐'으로 느껴져 함께 부부로서 또는 부모로서 사는 것을 부담스럽게 느낄지도 모른다.

부모라면, 혹은 부모가 될 것이라면, 자신의 불안에 대해 겸허하게 인정해야 한다. 자신의 어떤 행동이 불안인지, 상대편의 어떤 행동이 불안인지도 생활 속에서 잘 이해하고 있어야 한다. 그렇지 않으면 많은 문제들이 생겨난다. 부부는 오해의 골이 깊어져 갈등하게 되고, 그 안에서 태어나는 아이 또한 건강하게 자라기 어렵다. 불안정한 양육 태도로 인해 불안정한 성인으로 자랄 수도 있다.

불안을 숨기거나 속이지 말고 자신의 불안을 인정하고 그대로 바라봐야 한다. 불안은 인정하는 것만으로도 충분히 다스릴 수 있다. 내가 어떤 불안이 있는지 알면 불안이 물결칠 때 잔잔해지기를 기다렸다가 객관적으로 자신을 바라본다. 다음번에 이와 비슷한 불안이 밀려오면 '내가 좀 심하구나. 내가 내 문제로 아이나 배우자한테 이렇게 행동하는구나'라는 생각을 할 수 있다. 한두 번 그렇게 인지하기 시작하면 당연히 행동에도 변화가 온다. 행동이 달라지면 내 불안은 물론, 나와 갈등을 일으키고 있는 상대의 불안 역시 덩달아 낮아진다. 따라서 우리는 내 안의 불안을 찾아내는 연습부터 해야 한다.

나는
얼마나
불안한 것일까?

"불안하십니까?"라고 물으면 열에 일곱은 "아니요"라고 대답한다. 사실 "네, 저는 불안해요"라고 대답하는 것은 불안도를 말할 때 상위 레벨이다. 불안이 너무 높으면 자신이 불안한 것도 모른다. 이런 사람은 자신의 불안을 알게 하는 것부터가 치료다. 불안은 그것을 인정하고 표현할 줄 알아야 조절할 수 있는 단계에 다다를 수 있기 때문이다. 다음 세 가지 체크리스트로 당신의 불안지수부터 알아보자.

• 양육 스트레스 체크 •

양육 스트레스가 높다면 당신은 불안하다. 아이를 키우는 상황은 늘 예측 불가능하기 때문에 불안할 수밖에 없다. 자신이 가지고 있는 불안이 높다면 양육 스트레스는 훨씬 더 커진다. 부모로서 자신의 모습을 생각해보며 가장 잘 표현하고 있는 문항에 체크한다.

문항	전혀 그렇지 않다 1	별로 그렇지 않다 2	반반 이다 3	대체로 그렇다 4	정말 그렇다 5
1 나는 내가 일을 잘 처리한다고 느낀다.					
2 나는 부모로서의 책임감에 얽매여 있지 않다.					
3 내 생활에 방해가 되는 일들이 꽤 많다.					
4 아이가 생기고 나서 부부관계에 예상 외로 많은 문제가 일어나고 있다.					
5 나는 외롭고 친구가 없다는 생각이 든다.					
6 아이를 가진 뒤에도 나는 하고 싶은 일을 하고 있다.					
7 나는 세상일에 관심도 있고 재미도 느낀다.					
8 나는 내 아이를 위해 내 삶의 많은 부분을 포기하고 있다.					
9 나는 예전과는 달리 다른 사람에 대해 관심이 없다.					
10 모임에 참석할 때마다 재미없을 것이라는 생각을 한다.					
11 나는 우리 아이한테 좋은 부모라고 생각한다.					
12 아이는 자주 나를 기쁘게 한다.					
13 아이는 나를 좋아하며 나와 가까이 있고 싶어 한다.					
14 아이는 내가 기대하는 것만큼 나를 보고 잘 웃지 않는다.					
15 아이는 때때로 나를 귀찮게 하기 위해 일을 저지른다.					
16 아이는 기대보다 새로운 것을 배우는 속도가 느린 것 같다.					

해석 ▶ 2번, 3번, 7번, 8번, 9번, 10번, 11번, 12번, 15번은 부모 역할의 효능감을 보는 문항이다. 이 번호들의 점수의 합이 32점을 넘었다면 당신의 양육 스트레스는 높은 것으로 추정된다. 단, 9번과 10번은 역채점 문항임을 주의한다. 4번, 5번, 6번, 16번은 부모로서의 좌절감 및 불안감을 보는 문항이다. 이 번호들의 점수의 합이 15점을 넘었다면 당신의 양육 스트레스는 높은 것으로 추정된다.

• 불안도 체크 •

양육 스트레스가 높다면 불안 상태를 체크해보자. 이성적으로는 불안하지 않다고 생각하지만 몸은 이미 불안을 느낀다. 감정이 신체 증상으로 전환되어서 느끼는 것이다. 항상 머리가 지끈거리거나 소화가 잘 되지 않고 소변을 자주 보고 싶은 것도 모두 불안 때문일 수 있다. 간혹 각각의 불편 증상 때문에 병원에 찾아가 진료를 받아보지만 예상하다시피 '이상 없음'이라는 결과를 듣고 올 뿐이다. 자, 문항 하나하나를 천천히 읽어보고 요즈음 자신의 모습에 가장 적합하다고 생각되는 것에 체크한다.

	문항	전혀 안 느낌 0	조금 느낌 1	상당히 느낌 2	심하게 느낌 3
1	가끔씩 몸이 저리고 쑤시며 감각이 마비된 느낌을 받는다.				
2	흥분된 느낌을 받는다.				
3	가끔씩 다리가 떨리곤 한다.				
4	편안하게 쉴 수가 없다.				
5	매우 나쁜 일이 일어날 것 같은 두려움을 느낀다.				
6	어지러움(현기증)을 느낀다.				
7	가끔씩 심장이 두근거리고 빨리 뛴다.				
8	침착하지 못하다.				
9	자주 겁을 먹고 무서움을 느낀다.				
10	신경과민 상태다.				
11	가끔씩 숨이 막히고 질식할 것 같다.				
12	자주 손이 떨린다.				
13	안절부절못해 한다.				
14	미칠 것 같은 두려움을 느낀다.				
15	가끔씩 숨 쉬기 곤란할 때가 있다.				
16	죽을 것 같은 두려움을 느낀다.				
17	불안한 상태에 있다.				
18	자주 소화가 안 되고 뱃속이 불편하다.				
19	가끔씩 기절할 것 같다.				
20	자주 얼굴이 붉어지곤 한다.				
21	땀을 많이 흘린다. (더위로 인한 것은 제외)				

해석 ▸ 총점 63점 중 0~21점이면 불안하지 않은 상태, 22~26점이면 불안한 상태, 27~31점이면 심하게 불안한 상태, 32점 이상이면 극심한 불안 상태에 해당한다.

• 성인애착 유형 알아보기 •

불안도까지 높게 측정이 되었다면, 이전 부모와의 애착이 어떠했는지를 알아보아야 한다. 불안도가 높을 때는 '내가 아이한테 너무 심하게 대하는가, 나는 어떤 엄마일까, 나는 어떤 아빠일까' 등의 문제를 생각해봐야 한다. 그 답을 얻기 위해서 중요한 것이 바로 나와 중요한 사람들과의 어린 시절 관계다. 아래의 질문은 당신이 어린 시절 중요한 사람과 어떠한 관계를 맺었는지를 보여줄 것이다. 성인애착 정도는 지금 내가 아이와 맺고 있는 애착 반응의 75%를 보여주며, 불안의 원인이 불안정한 애착 때문은 아닌지를 설명한다.

	문항	전혀 그렇지 않다 1	그렇지 않다 2	보통 이다 3	대체로 그렇다 4	매우 그렇다 5
1	내가 얼마나 호감을 갖고 있는지 상대방이 알게 하고 싶지 않다.					
2	나는 버림받는 것에 대해 걱정하는 편이다.					
3	나는 다른 사람과 가까워지는 것이 매우 편안하다.					
4	나는 다른 사람과의 관계에 대해 많이 걱정하는 편이다.					
5	상대방이 나와 막 친해지려고 할 때 꺼리는 나를 발견한다.					
6	내가 다른 사람에게 관심을 가지는 만큼 그들이 나에게 관심을 가지지 않을까 봐 걱정된다.					
7	나는 다른 사람이 나와 매우 가까워지려 할 때 불편하다.					
8	나는 친한 사람을 잃을까 봐 걱정이 된다.					
9	나는 다른 사람에게 마음을 여는 것이 편하지 않다.					
10	나는 종종 내가 상대방에게 호의를 보이는 만큼 상대방도 그렇게 해주기를 바란다.					
11	나는 상대방과 가까워지기를 원하지만 금세 생각을 바꾸어 그만둔다.					
12	나는 상대방과 하나가 되기를 원하기 때문에 사람들이 때때로 나에게서 멀어진다.					
13	나는 다른 사람이 나와 너무 가까워졌을 때 예민해진다.					
14	나는 혼자 남겨질까 봐 걱정된다.					
15	나는 다른 사람에게 내 생각과 감정을 이야기하는 것이 편하다.					
16	지나치게 친밀해지고자 하는 욕심 때문에 때로 사람들이 나와 거리를 둔다.					
17	나는 상대방과 너무 가까워지는 것을 피하려고 한다.					

18	나는 상대방으로부터 사랑받고 있다는 것을 자주 확인받고 싶어 한다.					
19	나는 다른 사람과 가까워지는 것이 비교적 쉽다.					
20	가끔 나는 다른 사람에게 더 많은 애정과 더 많은 헌신을 보여줄 것을 강요한다고 느낀다.					
21	나는 다른 사람에게 의지하기가 어렵다.					
22	나는 버림받는 것에 대해 그다지 걱정하지 않는다.					
23	나는 다른 사람과 너무 가까워지는 것을 좋아하지 않는다.					
24	상대방이 나에게 관심을 보이지 않으면 화가 난다.					
25	나는 상대방에게 모든 것을 이야기한다.					
26	상대방이 나에게 원하는 만큼 가까워지는 것을 원치 않음을 안다.					
27	나는 다른 사람에게 내 문제와 고민을 종종 상의한다.					
28	나는 다른 사람과 교류가 없을 때 다소 걱정스럽고 불안하다.					
29	다른 사람에게 의지하는 것이 편하다.					
30	상대방이 내가 원하는 만큼 가까이에 있지 않을 때 실망한다.					
31	나는 상대방에게 위로, 조언 또는 도움을 청하지 못한다.					
32	내가 필요로 할 때 상대방이 거절하면 실망한다.					
33	내가 필요로 할 때 상대방에게 의지하면 도움이 된다.					
34	상대방이 나에게 불만을 나타낼 때 나 자신이 정말 형편없게 느껴진다.					
35	나는 위로와 확신을 비롯한 많은 일들을 상대방에게 의지한다.					
36	상대방이 나를 떠나서 많은 시간을 보냈을 때 불쾌하다.					

해석 ▶ 역채점 문항은 3번, 15번, 19번, 22번, 25번, 27번, 29번, 31번, 33번이다. 홀수 번호의 점수가 42점보다 높은 사람은 불안정 회피애착, 짝수 번호의 점수가 47점보다 높은 사람은 불안정 양가애착에 해당한다. 두 점수 모두 높으면 불안정 혼란애착이다. 두 점수가 모두 기준 점수보다 낮으면 안정애착에 속한다.

불안정 회피애착은 어린 시절 부모가 아이의 욕구를 충족시키는 데 반복적으로 실패하거나 아픔을 경험하게 했을 때 형성된다. 부모와 자녀의 관계가 정서적으로 메마른 상태이다. 이런 사람은 항상 혼자 있다고 느끼고 어려움이 있을 때 주위에 도움을 요청하기보다 자기 안에서 해결하려고 든다. 누군가 나를 도와주려 해도 그 사람이 나를 귀찮아하거나 거절하여 상처를 줄 수 있는 무익한 존재라고 생각한다. 타인과의 관계에 소극적이다.

불안정 양가애착은 부모의 양육 태도가 일관적이지 않을 때 나타난다. 부모의 좋은 양육 태도와 강압적인 양육 태도 사이에서 혼란을 느껴 언제 나타날지 모르는 부모의 좋지 않은 행동에 항상 불안감과 불신감을 갖고 있는 상태다. 이러한 불안과 불신은 타인에게도 똑같이 나타난다.

불안정 혼란애착은 부모로부터 학대를 받은 경험이 있는 경우가 많다. 어린 시절 부모로부터 받은 상처를 타인에게 다가가 위로받으려고 하는 마음과 위험 요소로부터 멀어져 자신을 보호하려는 마음이 혼재되어 있는 상태다. 불안정 애착이 심할 경우 어린 시절 부모와의 기억들을 떠올려보고, 그 상처를 치유해야 한다. 내 아이에게 올바른 양육 태도를 가지려면 반드시 전문가를 찾아 도움을 받도록 한다.

두 번째

불안한 부모, 충동 상황별 해법을 찾아라

죽도록 사랑해서 결혼한 엄마 아빠.
아이를 낳고 나서 왜 이렇게 시시콜콜 부딪히는 것일까?
엄마 아빠의 충돌 속 우리 아이는 괜찮을까?
같은 불안을 서로 다르게 표현하며
오해와 갈등을 쌓아가는 불안한 엄마와 무관심한 아빠.

아이 교육부터 친구 관계, 건강, 안전 문제까지,
엄마 아빠도 편안하고 아이도 안전한 충돌 해법을
꼼꼼히 짚어본다.

아이의
교육문제

교육에 대한 엄마 아빠의 생각은…

교육에 대한 부모의 생각은 아이 연령에 따라 차이가 난다. 아이가 영유아라면, 엄마들은 장난감 하나를 사더라도 인터넷을 뒤져서 비교하고 어떤 장난감이 발달에 좋은지 부지런히 정보를 캐낸다. 그렇게 하지 않으면 자신이 뒤처지는 엄마라고 생각한다. 반면 아빠들은 그런 아내를 극성스럽고 아이에게 지나친 욕심을 부린다고 생각한다. 때문에 아내와 협조나 협력 관계를 유지하기보다 비난을 하거나 못마땅해하면서 뒷짐만 지고 바라본다. 그런데 문제는 대개 '돈'으로 불거진다. 아내의 행동이 마음에 들지 않지만 그것을 콕 집어 말하지 않고 "생활비를 너무 펑펑 쓰는 거 아냐! 돈 좀 아껴 써" 하고 말하고, 엄마들은 "그 돈을 나를 위해 쓰는 건 줄 알아? 다 아이들한테 쓰는 돈이야"라며 충돌한다. 영유아기의 아이를 둔 아빠들은 아내가 아이 교육을 위해 하는 행동이 대부분 불필요하다 여기고, 본격적으로 교육비가 들어가기 전에 돈을 모아두어야 한다고 생각한다.

아이가 초등학생인 경우, 엄마는 뭐든 많이 시키려고 한다. 영어, 수학 학원은 물론이고, 중학교에 가면 시간이 없다는 이유로 각종 예체능 학원도 보내고 싶어 한다. 아빠들은 이것이 여전히 불필요하다는 입장이다. 아이가 이 학원, 저 학원을 다니다 아프거나 힘들어하는 상황이 벌어지면 아빠들은 이때가 기회다 싶어 "당신이 너무 애를 학원으로 돌리니까 이렇게 됐잖아" 하며 비난한다. 사실 아빠들의 속마음은 경제적인 걱정이 앞선다. 교육비가 많이 드니 줄이자고 하면 아내로부터 궁지에 몰릴까 봐 다른 핑계로 둘러대는 것이다. 초등학교에 다니는 아이를 둔 아빠들은 아이가 학교에서 문제를 일으켜도 "나도 예전에 그랬으니까 아무 걱정하지 마. 괜찮아"라며 심각하게 받아들이지 않는다.

아이가 중·고등학생 가면 상황은 달라진다. 부모가 아이의 공부나 학교생활에 실망을 하게 되는 시기가 바로 중고등학교 때다. 엄마들은 아이가 성적이 뒤처지거나 학교생활에 적응을 못 하거나 문제를 일으키면 대개 빨리 인정하고 받아들인다. 그리고 오히려 아이를 안쓰럽게 생각한다. 그런데 아빠들은 이전까지는 내내 너그러운 입장으로 아이 교육이나 학교생활을 바라보다가 갑자기 엄격해진다. 아이가 어릴 때는 '내가 힘들게 돈을 벌어서 대고 아내가 유난을 떨면서 키웠으니 잘하겠지' 하는 나름의 기대를 걸고 있다가, 아이 성적이 뚝 떨어지거나 학교에서 문제 행동을 일으키면 자신의 기대를 저버린 데에 분노하고, 공격적인 형태로 그 분노를 표현한다. 드러내놓고 아이에 대한 애정을 철회하기도 하고, 강압적으로 아이를 다그치거나 화를 내고, 입에 담을 수 없는 심한 말을 퍼붓기도 한다. 아빠들은 이제라도 본인이 나서서 해결해보려 하지만 방법이 올바르지 않았으므로 아이와의 사이는 극도로 나빠진다. 한편, 어떤 아빠는 사교육비가 너무 많이 들기 때문에 아예 엄마들이 하는 대로 내버려두는 경우도 있다. 극도로 수동적인 태도로, 자기 능력으로는 어떻게 안 되니 빚을 내서라도 당신이 알아서 하라는 입장이다. 무관심해 보이지만 이 역시도 아이를 사랑하는 아빠의 마음이다. '내가 빠지는 것이 차라리 낫지' 하는 생각에서 나온 행동이기 때문이다. 하지만 이 또한 바람직한 방법은 아니다.

그게 지금 꼭 필요해?

open daddy's heart

벌이도 시원찮은데 능력 없어서 못 사준다는 말은 못 하겠고, 그냥 사자
는 대로 다 사다가는 마이너스가 될 게 뻔한데 어쩌지? 이러다가 내가
내 식구도 못 벌어먹이는 것 아니야? 꼭 필요한 것만 좀 저렴한 가격으
로 사면 좋으련만…. '아빠'라는 이름은 정말 버거운 거구나. 연애 시절
이 그립다. 아, 옛날이여….

남들도 다 사줬대.

open mommy's heart

아이를 정말 잘 키우고 싶어. 그런데 솔직히 어떻게 해야 할지 모르겠
어. 하루에도 열두 번 아이를 잘 키우지 못할까 봐 겁도 나. 그래서 일단
아이한테 좋다는 것은 다 시켜주고 싶어. 그렇지 않으면 내 마음이 불편
하거든. 그런데 남편은 왜 내 말은 들으려고도 하지 않고 뭘 좀 시키자
고 하면 무조건 "필요 없어. 하지 마" 하는 걸까? 내 불안한 마음도 몰라
주고…. 아, 속상해.

유아 교재나 교구로 갈등을 겪는 부모들의 나이를 보면, 대개 서너 살 아이를 둔 30~35세 미만이 많다. 외벌이일 때 이런 갈등은 더 많이 발생한다. 남편 혼자 벌어서 각종 대출금을 갚고 나면 어느 집이나 빠듯한 살림이다. 그런데 이 나이의 엄마들 대부분은 대학을 나오고, 아이 교육에 대한 열의가 넘친다. 내 아이의 행동 하나하나가 천재처럼 보이고, 아이가 유학을 원한다면 무슨 수를 써서라도 보내겠다고 생각한다. 물론 엄마 본인이 공부를 더 하고 싶었는데 좌절했던 과거가 있다면 그 마음은 더욱 강해진다. 책 한 권을 살 때도 수많은 인터넷 블로그를 뒤져 서평을 모두 체크하고, 장난감 하나를 살 때도 마찬가지다. 자신의 옷은 안 사도 아이의 교육이나 발달에 필요한 물건을 구입하는 데 쓰는 돈은 하나도 아깝지 않다. 굉장히 적극적이고 부지런하며 정보 검색 능력이나 습득 속도도 빠르다. 이들의 머릿속에는 '훌륭한 아이는 부모가 만든다'는 명제가 들어 있다. 엄마들의 행동은 앞서 말한 우리나라 엄마들이 평균적으로 갖는 불안감과 관련이 깊다. 세상에 떠도는 정보가 너무 많기 때문에 그것을 못 따라가면 아이한테 엄마로서 잘 못해주는 것 같은 미안함과 죄책감이 있다. 혹시 내 아이가 우수한 유전자를 타고났는데 내가 그것을 망칠까 봐 불안한 것이다. 때문에 어떤 수단과 방법을 가리지 않고 아이를 뒷바라지한다. 엄마가 가지고 있는 불안감이 아이에 대한 교육적 지원을 과도하게 부추긴다.

그렇다면 아빠들의 사정은 어떨까? 아빠로서 당연히 아이를 사랑하지만 나이로 보나 시기로 보나 아직 아빠의 정체성이 분명하지 않은 때다. 유치해 보이지만 아빠들은 아이와 먹을 것이나 TV 리모컨을 가지고도 곧잘 싸움을 한다. 엄마들은 아이를 열 달 동안 뱃속에 품고 있는 동안, 몸의 변화와 함께 여자에서 엄마로 정체성이 순식간에 바뀐다. 반면 아빠는 아직 신혼을 즐기고 싶은 마음도 있고, 또 한편으로는 아이한테만 몰두하는 아내에게 서운한 마음도 있다. 아이에게는 영양가 좋다는 것으로만 찾아 먹이면서, 자기한테는 "당신이 알아서 아무거나 챙겨 먹어"라고 말한다. 얼마 전까지만 해도 자신만 챙기던 아내가 이제는 거들떠보지도 않는 것이다. 아빠는 자신도 아내의 보살핌을 받고 싶다고 생각한다. 그러면서 아내가 아이에게 하는 행동이 '너무 지나치다'라는 생각을 하기 시작한다. 아내가 아이에게 열심인 것에 협조하기는커녕 약간 삐딱하게 바라본다. 아빠들의 무의식에는 아내에 대한 서운함과 아이에 대한 질투가 자리 잡고 있기에 아내가 아이한테 하는 행동이 더 극성으로 느껴진다. 하지만 비난받을까 봐 의식적으로는 절대 그렇게 생각하지 않으려고 한다.

또 다른 사정도 있다. 이 세대의 아빠들은 자신의 일생 중 능력이나 가능성에 비해 수입이 가장 낮은 시기다. 수입은 적은데 지출만 계속 늘어나니 아빠들은 불안해한다. 원시시대의 아빠들은 사냥을 하고 맹수와 싸우는 것으로 가족을 안전하게 지켰지만, 요즘 아빠들은 경제적인 부분을 책임지는 것으로 가족을 안전하게 지키려 한다. 때문에 집안의 경제적인 문제에 대해서 예민해지는 것은 아빠의 본능 중 하나이다. 아빠는 집 안으로 들어오는 돈을 담당하고 있는 사람으로서 그 돈이 부족해지는 상황이 되면 불안이 높아진다. 하지만 이들은 그 마음을 아내에게 솔직하게 의논하지 못한다. 이 문제를 가지고 대화라도 할라치면 아내들의 결론은 늘 "당신은 아이한테 들어가는 돈이 그렇게 아까워?"이거나 "돈이 더 중요해, 아이가 더 중요해?"이기 때문이다. '어떠한 열악한 상황에서라도 수단과 방법을 가리지 않고 아이를 뒷바라지해야 한다'는 명제로 단단히 무장되어 있는 아내에게, 자신의 불안은(그것이 정말 중요하고 큰 문제임에도 불구하고) 대화할 거리도 되지 않는다.

아빠들은 자신을 굉장히 논리적이고 합리적인 사람이라고 믿는다. 그래서 나름대로는 합리적이지 못한 아내를 논리적으로 설득하려고 노력한다. "우리 아이 나이에 이 교육이 꼭 필요해? 꼭 필요하다면 내가 아무 말 안 해"라든지, "이런 거 하는 아이가 얼마나 돼? 아이가 도움을 받는 것에 비해 비용이 너무 비싸지 않아?" 또는 "당신, 요즘 아줌마들이랑 많이 어울린다 했어. 별 필요도 없는데 남들이 시킨다니까 당신도 시키고 싶은 거 아니야?"라고 말한다. 나름 아내의 행동을 분석하고 그것이 필요 없는 이유를 논리적으로 말해준다는 식이다. 그런데 남편이 이렇게 말하면 아내가 고분고분하게 "정말 그럴 수도 있겠네. 그럼 이 정도의 효과가 있는 다른 것 좀 찾아볼까?" 하고 말해주면 좋을 텐데, 아내들은 또 그것이 잘 안 된다. 그런 아내들은 종종 나에게 "남의 집 아이라면 나도 남편처럼 객관적으로 말할 수 있을 것 같아요. 하지만 우리 아이가 남들과 비교를 당하거나 공부 못해서 자존심이 상하거나 놀림을 당한다고 생각하면 등골이 오싹해져요"라고 털어놓는다.

왜 그럴까? 친구의 아이라면 "좀 늦게 시켜도 돼!" 또는 "좀 더 저렴한 것을 찾아보지 그러니?"라고 말해줄 수 있는 엄마들이, 왜 유독 내 아이한테만은 그것이 안 되는 걸까? 바로 불안 때문이다. "요즘 엄마들은 모두 아이들에게 이걸 시키고 있다"라는 말을 들으면 거기에 자신도 몸을 담고 있어야 덜 불안하기 때문이다. 예를 들어 "어느 지역에 살면 대학에 많이 간다더라"라는 말을 들으면 그 동네에 살아야 마음이 좀 편안해지는 것과 같다. 어떤 교구가 공간지각 능력 향상에 좋다고 하면 몇백만 원을 주고라도 그것을 사야 마음이 놓인다. 사실 엄마가 교재 교구를 사는 이유는, 아이를 위한 일이기도 하지만 자신의 불안을 낮추기 위한 행동이기도 하다. 때문에 그것을 못 사주면 아빠들과의 갈등이 심해진다. 아이에게 교재 교구를 사주는 것은 자신의 불편감에서 출발한다. 그런데 그 불편감이 해결되지 않으니 마음이 괴롭고, 자신의 불안한 마음을 배우자가 알아주지 않으니 화가 난다. 처음에는 교재 교구 문제로 싸움이 시작되었지만, 엄마의 무의식 속에는 '당신은 내가 이렇게 불안한데, 어떻게 내 마음을 몰라줄 수 있어? 당신이 어떻게 나한테 그래?'라는 마음도 있다. 겉으로 노출된 화제는 '아이'지만 실은 자신의 마음을 몰라주는 것에 화가 나는 것이다. 그리고 이후 사사건건 아빠들의 행동을 걸고넘어진다.

'아이'가 주제가 되어 대치하고 있는 엄마 아빠의 갈등, 그리고 오고 가는 대화가 "애가 중요해, 돈이 중요해?"일 때, 엄마 아빠의 속사정이야 어떻든 아이는 커다란 충격에 휩싸인다. 이제 막 말을 알아듣는 아이의 시선에서 봤을 때, 엄마는 자신에게 헌신하는 사람이고 아빠는 엄마가 자신을 위해 해주려는 일을 반대하는 사람이다. 그럼 아이는 '아빠는 나를 사랑하지 않나?'라는 생각을 하게 된다. 사실 부모가 자식을 사랑하는 것은 절대 선이다. 그것에 대해서는 논할 필요도 없고, 의심을 해서도 안 된다. 그것은 같은 저울 위에 절대 올려놓을 수 없는 문제임에도 엄마들은 굳이 그것을 저울 위에 올린다. 그 명제를 저울에 올리면 상황이 극으로 치달으면서 엄마가 승리를 한 듯 끝나기 때문이다. 하지만 그 순간 아이가 느끼는 아빠라는 존재의 가치는 평가절하됨을 잊지 마라. 엄마는 자기 마음이 불편해서 남편이 절대로 거절할 수 없는 조건을 내걸지만, 아이는 자신에 대한 아빠의 사랑을 의심하게 된다. 또한 아빠가 나름 자신은 합리적이라며 따진 "그거 시켜준다고 얼마나 배우겠어?"라는 말에 어렴풋이 '아빠는 성과나 효과가 있어야만 나에게 무언가를 해주는구나'라고 받아들인다. 즉 아빠의 사랑을, '조건 있는 사랑'으로 느낀다. 이처럼 엄마의 말은 아이와 아빠 사이를 멀어지게 하고, 아빠의 말은 아빠의 사랑을 '조건 있는 사랑'으로 비춰지게 한다.

교재 교구를 사는 것, 어느 정도는 필요하다. 하지만 아이의 수준에 맞아야 한다. 너무 어린 나이임에도 살림이 휘청할 정도로 많이 사주고 싶을 때는, 그 안에 나의 지나친 불안이 있는 것은 아닌지 점검해보아야 한다. 결국 아이를 위해서가 아니라, 나를 위해 그 교구가 사고 싶은 것일 수도 있다는 뜻이다.

배우자를 육아 동지에서 적으로 만드는 말

Stop Daddy!

· 지금 이게 꼭 필요해? 생활비 좀 아껴 써.

· 이거 하는 사람 얼마나 돼?

· 여자들끼리 모여서 쓸데없이 돈 쓸 궁리나 하고.

· 아직 꼬맹이인 애한테 뭐 이런 걸 시켜? 너무 어려서 필요 없어.

Stop Mommy!

· 그러려면 왜 결혼을 해서 아이는 낳았어?

· 당신 돈 버는 이유가 당신 잘살려고 하는 거야, 아이 잘 키우려고 하는 거야?

· 돈이 중요해, 애가 중요해?

· 당신 아이한테 들어가는 돈이 그렇게 아까워?

잘 놀면 그만이지, 뭘 벌써 보내?

open daddy's heart

솔직히 어디가 좋은 곳인지도 모르겠고, 다 비슷비슷해 보이는데? 아내가 알아봤으니 그곳이 그나마 좋은 곳이겠지. 이왕 보내는 거 좋은 곳으로 보내면 좋겠지. 그런데 결정적인 건, 내가 경제적 여유가 없다는 거야. 이런 말을 내 입으로 하는 게 굉장히 창피하지만 내 수입으로는 그렇게 비싼 곳에 보내는 건 무리야. 큰 차이가 나지 않으면, 아내가 좀 합리적으로 생각해주었으면 좋겠는데….

좋은 교육 기회를 주는 건 부모의 의무야!

open mommy's heart

자꾸 극성이라고 말하면 나도 화가 나. 문화센터에 좀 가봐! 놀이터에도 좀 나가보고! 아이를 키우고 있는 사람들 말을 들어보면 이건 극성도 아니야. 난 아이를 천재로 키우겠다고 유난 떠는 게 아니야. 다만 부모로서 아이에게 더 좋은 기회를 주고 싶을 뿐이라고. 무조건 비싼 곳을 선호하는 것도 아니야. 상황이 된다면 괜찮다고 알려진 곳에 보내고 싶은 것뿐이라고.

부부 상담을 받기 위해 병원을 찾은 한 남편은 아내가 한 달에 20만 원이면 보낼 수 있는 어린이집을 놔두고 구태여 60만 원이나 내야 하는 어린이집에 아이를 보내겠다고 고집을 피운다며 한숨을 쉬었다. 아직 초등학교도 입학하지 않은 아이의 교육에 왜 이리 열을 내는지 모르겠다는 것이다. 본인이 봤을 때는 순전히 엄마의 욕심 같다고 했다. 사실 엄마가 집에서 잘 놀아주면 그게 교육이지, 아직 어린 꼬맹이한테 그런 비싼 프로그램이 왜 필요하다고 하는지 이해가 안된단다. 저러다 아이가 초등학교라도 가면 집까지 팔아 학원에 보낸다고 할 것 같단다. 아빠들은 종종 아이를 위해 헌신한다고 믿는 엄마를 자기 욕심에 낭비를 일삼는 여자로 몰아간다. 아빠가 이렇게 말하면, 옆에 있는 엄마들도 한마디 거들고 나선다. "그러는 당신, 언제 일찍 들어와서 아이랑 놀아줘봤어?"

사실 이 아빠는 속으로 자신의 연봉을 계산하고 계속 늘어나는 교육비를 생각했을 때, 마이너스라도 생길까 봐 두려운 것이다. 엄마가 좋다는 교육기관에 보내고 싶을수록 자신이 감당해야 할 경제적 압박이 늘어나는 게 불안하다. 하지만 아빠들은 앞뒤 자르고, "아껴 써" 한마디로 끝낸다. 아빠들의 대화 방식에는 분명 문제가 있다. 이렇게 말했어야 했다. "나도 우리 아이들 조금이라도 좋은 곳에 보내고 싶어. 그게 솔직한 내 마음이야. 그런데 현재 우리 경제적 상황은 총수입은 얼마고, 총지출은 얼마고 한 달에 남는 돈은 이만큼이야. 그러니까 경제적인 면을 고려해서 조금 합리적으로 생각해보는 것이 어떨까?" 만약 남편이 이렇게 얘기했다면, 아내가 조금 신세 한탄은 하겠지만 적어도 남편이 자신의 마음을 몰라준다는 배신감 내지는 서운함 때문에 남편을 달달 볶지는 않을 것이다. 그런데 대부분의 아빠들은 경제적으로 힘들다고 말하는 것을 자신이 역할을 다하지 못하는 부끄러운 것으로 여겨서 그렇게 말하지 못한다. 혹시라도 남편이 용기를 내어 경제적인 것에 대한 불안감을 솔직히 표현했다면, 아내는 '아이에 대한 사랑'을 내세우며 싸우려 들 것이 아니라 "경제적으로 무슨 문제 있어?"라고 진지하게 받아주어야 한다. 그래야 남편도 어떤 것이든 속사정을 좀 털어놓을 수 있다.

이런 갈등이 계속 발생하는 이유는 원시시대부터 이어져온 남녀의 역할 탓도 있지만, 뇌의 차이 때문이기도 하다. 남자의 뇌는 결과물, 효과, 생산성, 효율성 등에 더 가치를 부여하지만 여자의 뇌는 정서적인 교류, 교감, 공감, 과정 등을 더 중요시 생각한다. '문제 해결의 뇌'를 가진 아빠는 회사에서 경제원칙을 따지 듯 엄마의 행동 하나하나에 생산성을 따지고 효과를 묻는다. 그리고 들어간 비용만큼 결과가 나오지 않는다고 판단하면, 필요 없는 것이라고 결론짓는다. 엄마의 뇌는 '공감의 뇌, 과정의 뇌'다. 아이에게 교육적 지원을 하는 그 과정만으로도 만족감을 얻는다. 아빠가 자꾸 '효과' '결과'만 따지는 것이 마뜩잖다. 엄마는 아이가 교육적인 효과를 내지 못하더라도 배우는 그 과정만으로 무언가를 얻었다고 생각한다. 그리고 자신의 이런 마음을 아빠도 공감해주기를 바란다. 혹여 자신이 보내고 싶었던 교육기관에 보내지 못하더라도 아빠가 엄마의 마음을 충분히 공감해주면 그것만으로 만족감을 얻기도 한다.

만 3세 이전의 아이들에게는 부모와의 양자 관계가 무엇보다 중요하다. 만 3세 이전의 아이들은 또래와의 다자 관계나 병렬 관계가 잘 이루어지지 않기 때문이다. 이 시기의 아이들은 친구와 놀아도 그냥 한 공간에 있을 뿐이지, 어울려 노는 것이 아니다. 예를 들어, 아이를 좋은 놀이학교에 보내도 엄마는 사회성을 키우기 위해 보낸다고 하지만, 실제로 아이는 선생님이나 엄마하고만 교감한다. 엄마는 아이가 다른 아이들과 어울려서 놀고 있다고 느끼지만, 아이는 엄마랑 둘이 논다고 느낀다. 집과 다를 바가 없는 것이다. 아이가 매우 흥미를 느낀다면 하나 정도는 엄마가 아이와 놀아주는 법을 배울 겸해서 하는 것은 괜찮지만, '교육'이라는 이름 아래 너무 어린 아이를 지나치게 많이 가르치지 않았으면 좋겠다. 미술이든, 음악이든, 영어든, 아이는 그저 엄마랑 둘이 놀았다고만 생각한다. 만 3세 이전에는 가능한 한 엄마와 함께 많은 시간을 보내서 안정된 애착을 형성하는 것이 실질적으로 아이 발달에 도움이 되기 때문이다.

요즘은 '왕따'가 사회적으로 큰 문제가 되다 보니 너무 어릴 때부터 아이의 사회성을 걱정한다. 그래서 너무 어린 나이에 지나치게 많은 곳을 데리고 다니기도 한다. 그런데 사회성 발달의 제1조건은 아주 어릴 때부터 다른 아이와 어울려 노는 것이 아니라 부모와의 안정된 관계다. 아이는 그것을 기본으로 타인과 관계를 맺어나가기 때문이다. 건물로 말하자면, 부모와의 안정된 관계는 1층에 해당한다. 1층이 단단히 지어져야 그 위층도 튼튼하게 올릴 수 있는 것과 같은 이치다. 만 3세 이전은 건물의 1층을 쌓는 시기다. 교육기관이 절대로 필요 없다는 말은 아니다. 하지만 이 시기의 교육기관은, 엄마 입장에서는 아이와 하루 종일 놀아주는 것이 너무 힘들기 때문에 그 시간만이라도 휴식을 취하는 곳이란 의미로, 아이 입장에서는 엄마와만 노는 것이 조금 심심해서 다니는 정도로만 생각했으면 한다.

만 3세 이후에는 교육기관도 중요하다. 이제는 부모와의 안정된 관계를 기본으로 다른 사람, 즉 또래, 교사들과 관계 맺는 것을 배워야 한다. 이때는 체계적인 교육을 기본으로 한 '모델링'이 되어야 하는 시기다. 다른 아이들이 춤을 추는 모습도 관찰하고, 함께 쓰는 화장실에서는 줄을 서서 기다린다는 것도 배워야 한다. 즉, 사회적 규범이나 규칙을 배워야 한다. 때문에 인성이 좋은 교사가 여러 명 있는 교육기관이 좋지만 특별한 교육 프로그램은 아직 중요하지 않다. 초등학교 이전의 교육은 사회적 지침을 만들어가는 데 필요한 정도면 충분하다. 사회적으로 중요한 기본 규칙과 질서를 배우고, 다른 사람을 배려하고 이해하고 공감하는 것을 배울 수 있으면 된다. 수나 언어를 배워야 하기 때문에 교육기관이 중요하다는 것이 아니다.

아이에게 뭐든 해주고 싶은 엄마의 마음은 가슴으로는 충분히 이해된다. 하지만 딱히 필요한 것이 아니라면 경제 상황이 허락하는 한으로 제한할 필요가 있다. 엄마와 아빠는 '무슨 교육을 시킬까, 어떤 교구를 사줄까, 어디를 보낼까' 등의 문제로 갈등하기에 앞서 우리 집의 수입과 지출에 대해 명확히 파악하고, 미래를 위한 대비를 하고, 현재 지출할 수 있는 교육비를 책정해놓는 것이 필요하다. 교육비의 수준은 아빠 머릿속에서만 나와서도 안 되고, 엄마의 욕심대로만 책정되어서도 안 된다. 두 사람의 충분한 합의로 결정되어야 한다. 그렇지 않으면 남들 하는 대로 따라하다 하염없이 늘어날 수도 있다.

엄마와 아빠는 최소 3년에 한 번씩은 가정경제 규모를 확인하여 적정한 교육비의 수준을 정하자. 가정경제가 무너지면, 우리 가족의 존립이 어려워질 수 있으므로 신중해야 한다. 보통 경제전문가들은 가정의 소득수준에 따라 다르겠지만 아이가 취학 전일 경우, 사교육비가 총수입의 5~10%는 넘지 않아야 한다고 충고한다. 중고등학교라도 할지라도 10~20%는 넘지 않도록 권고하고 있다.

배우자를 육아 동지에서 적으로 만드는 말

Stop Daddy!

· 우리 때는 이런 데 하나도 안 다녀도 똑똑하기만 했어!

· 애가 가고 싶대? 실은 자기가 가고 싶은 거지?

· 비싸면 무조건 잘 가르치는 줄 알기는….

· 어디 한번 보내봐. 효과만 없어 봐라.

Stop Mommy!

· 다른 애들은 다 다니는데, 우리 애만 바보 되면 좋아?

· 지금이 우리 때랑 같은 줄 알아? 알지도 못하면서.

· 당신 자식 가르치려는 거야. 내가 어디서 낳아온 자식이야?

· ○○야, 네 아빠는 돈 아까워서 옆집 철이 다니는 유치원에도 못 보내준단다.

80점이면 됐지,
웬 호들갑이야!

open daddy's heart

난 아이가 공부의 노예가 되는 것은 바라지 않아. 초등학교 때는 좀 놀아도 되지 않나? 성적은 중간 정도만 하고 친구들이랑 신나게 뛰어놀수 있게 해주는 게 더 바람직하다고 생각해. 나는 사실 초등학교 성적이그렇게 중요한 건지 모르겠어. 요즘 애들이 어떻게 지내는지 실질적인정보가 없는 것은 사실이지만, 애들은 그저 뛰어놀면 되는 거 아닌가?

학원 보내야 하는 것 아닐까?

open mommy's heart

난 사실 불안해. 초등학교 성적이 대학 입학을 좌우한다는 이야기를 너무 많이 들었거든. 다른 아이들이 학원 다니고 공부하는 것을 보면 장난이 아니야. 우리 아이가 학원 세 개 다니는 건 노는 거나 다름없다고. 이러다 우리 애만 나머지 공부해서 친구들이랑 선생님한테 공부 못하는애로 찍힐까 봐 얼마나 불안한지 몰라. 남편이 현실을 좀 알았으면….

초등학교 5학년인 민수는 얼마 전 치른 중간고사에서 수학 점수를 80점 받아왔다. 민수 엄마는 퇴근해서 들어온 민수 아빠에게 민수 이야기를 꺼냈다.

"민수가 오늘 중간고사 시험지를 가져왔는데, 글쎄 수학이 80점이야. 무슨 대책을 세워야 하는 거 아니야?"

"80점이면 수우미 중 '우'잖아. 그 정도면 잘한 거 아닌가? 난 초등학교 때 그보다도 못했어. 괜찮아."

"괜찮긴 뭐가 괜찮아? 반 평균이 87점이야. 우리 민수가 평균 이하인 거라고."

"초등학교 성적으로 대학 가나 뭐. 초등학교 때까지는 열심히 뛰어놀아도 돼."

"이 사람이 정말 모르는 소리하시네. 이러다 여차하면 나머지 공부하게 생겼어."

"모르긴 내가 뭘 몰라? 내 친구 중에 당신, 영균이라고 알지? 걔가 초등학교 때 공부 진짜 못했거든. 근데 지금 변호사야. 고등학교 2학년 때부터 미친 듯이 공부해서 서울대 갔잖아."

요즘은 정말 초등학교 반 평균 성적이 85~90점인 곳이 많다. 더구나 60점 미만인 아이는 나머지 공부를 시키기도 한다. 그러다 보니 예전에는 성적 하면 중고등학생만 걱정했는데, 요즘에는 초등학교 아이를 둔 엄마들도 성적에 민감하다. 그에 비해 아빠들은 현실을 잘 모른다. 80점이면 괜찮던 때는 반 평균이 60점이던 시대 이야기다. 지금은 반 평균이 90점에 가까워 80점이면 못하는 축에 속하는 경우도 많다. 하지만 아빠들은 아주 극단적이고 희귀한 사례를 일반화시키며(꼴찌가 갑자기 공부해서 서울대 갔다는 식의) 지나친 낙관주의로 일관한다. 엄마들은 현실을 몰라도 너무 모르는 남편의 말에 가슴이 답답해진다. 엄마들은 아빠들이 교육이나 육아에 기여하는 시간이 없으면서도 자신들의 걱정과 불안을 공유하거나 의논하려 들지 않는다고 말한다. 그리고 현실을 무시한 극단적이고 이상적인 예로 지금의 문제를 덮어버리려 한다고 말한다.

엄마들은 아이가 공부를 못하면, '나머지 공부'를 하게 될까 봐 걱정이 되기도 하고, 친구들이나 선생님으로부터 무시당하지는 않을까 불안하기도 하다. 이렇게 조금씩 부족해진 공부가 계속 누적이 되면 대학이나 갈 수 있을지도 걱정한다. 변변한 대학도 나오지 못한 아이가 제대로 밥벌이는 할 수 있을지까지 생각한다. 하지만 아빠들은 초등학교 공부를 그리 중요하게 생각하지 않는다. 초등학교까지는 건강하게 뛰어놀면 그만이라고 생각하는 경우가 많다. 그래서 엄마들이 반 평균 정도는 되게 "학원 보내야 할 것 같다, 과외를 시켜야 할 것 같다"라고 말하면, 아빠들은 벌써부터 그럴 필요 없고, 돈도 없다고 되받아친다. 불안한 마음에 뭐라도 시켜야 마음이 편해질 것 같은 엄마, 그걸 못하게 하는 아빠. 엄마는 "그러는 당신, 언제 아이 수학 문제 하나 가르쳐본 적 있어? 회식 참석안 하고 일찍 들어와서 숙제 한번 봐준 적 있어?" 하며 매일 회사일이다 회식이다 하면서 아이 한번 챙기지 않은 아빠를 공격한다. 그 다음 아빠들의 대답은 항상 비슷하다. "내가 그럴 시간이 어디 있어? 내가 얼마나 힘든 줄 알아?"

엄마들이 아이에 대해 과잉 걱정을 하는 것은 당연하다. 엄마들은 대부분 24시간 아이를 보살피고 있다. 그래서 그 누구보다 요즘 아이들이 어떻게 자라고 있는지 잘 안다. 옛날처럼 학교 갔다 오면 가방 던져놓고 해질 때까지 동네 친구들과 땅따먹기, 술래잡기, 딱지치기, 고무줄놀이를 하는 아이들은 이제 없다. 요즘 아이들은 보통 3~7개 정도의 학원을 다닌다. 다른 엄마들 얘기나 각종 교육 정보들을 보고 들으면서 '나는 너무 아무것도 안 시키는 것 아닌가? 이러다 우리 아이만 뒤처지면 어쩌지?'라는 생각도 하게 된다. 그러던 차에 아이가 반 평균도 안 되는 성적을 들고 오면, '아, 맞구나. 내가 너무 신경을 안 써서 그런 거였어' 하고 확신한다. 지금까지 걱정했던 불안이 현실로 나타나고, 자신의 불안에 확신이 생긴다. 이때부터 엄마들은 더 불안해져서 어떻게 해서라도 이 문제를 해결해야겠다는 생각을 한다. 우리나라 엄마들은 불안이 생기면 발 빠르게 움직여 해결하려고 드는 경향이 강하다.

왜 그럴까? 우리나라 엄마들은 어떤 나라 엄마들보다 위기에 강하다. 평소에는 여린 듯 보이지만, 집안이나 나라에 위기가 발생하면 누구보다도 강해져 보따리를 싸들고, 아이를 둘러업고 피난을 가면서 아이를 필사적으로 지켰다. 때문에 우리나라 엄마들은 아이 키우는 데 필요한 정보에 얼리어댑터(early adopter: 신제품, 새로운 정보, 새로운 기술을 누구보다도 빨리 접하고 빨리 적응하는 사람)가 되는 경우가 많다. 특히 아이 교육에 있어서 더욱 그렇다.

아빠들은 교육에 대한 실질적인 정보에 어둡고 아이와 보내는 시간도 많지 않아 시대가 엄청나게 변했음에도 불구하고, 아이 교육의 모든 기준을 여전히 자신의 어린 시절에 두고 있다. 하지만 엄마들은 얼리어댑터라 언제나 가장 최신 정보에 교육의 기준을 둔다. 어떤 분야에서 얼리어댑터가 되려면 그 분야에 일가견이 있는 전문가여야 한다. 아빠들은 아이를 키우는 문제에 있어선 신입사원만도 못하다. 다른 부서의 직원이라고 표현하는 것이 오히려 적당할 것이다. 아빠는 이미 존재하는 정보는 물론 현재 아이의 상황도 모르고, 새로운 정보에 대한 욕구도 엄마에 비해 부족하기 때문에 아이 교육의 변화를 잘 받아들이지 못한다. 엄마들이 지금보다 5~10년 앞선 기준을 가지고 있는 반면, 아빠는 지금보다 20~30년 전의 것을 기준으로 삼고 있다. 그러다 보니 아이 교육에 관해 엄마와 아빠의 생각 차이가 클 수밖에 없다.

이렇게 말하면, 아빠들이 "우리도 요즘 돌아가는 세태 잘 알고 있습니다"라며 항변할 수도 있겠다. 물론 잘 알 수도 있겠지만, 그 통로가 대부분 신문이나 뉴스라는 것이 문제다. 신문이나 뉴스에는 "어떻게 저런 일이 있어?" 하는 극단적인 소식들이 주로 실린다. 엄청난 역경을 딛고 성공한 사람이라든지, 지나친 사교육으로 정신적인 문제를 일으킨 아이들에 관한 내용도 보도된다. 아빠들은 극단적인 정보를 기본으로 받아들이고, 그 외 98%의 아이들이 어떻게 지내는지에 대해서는 잘 알지 못한다. 때문에 엄마들에게 제안하는 의견이 무시당하기 일쑤다.

기준은 현실에 맞춰져야 하고, 그렇다고 너무 과잉 반응해서도 안 된다. 아이의 성적이 반 평균보다 못한 것은 호들갑을 떨 일은 아니지만, 관심을 갖고 주시해야 하는 것은 맞다. 아이가 틀린 문제들에 대한 개념을 알고 있다면 괜찮지만 모른다면 가장 기본이 되는 기초학력에 문제가 있음을 의미한다. 기초학력에 문제가 있으면 앞으로 공부를 해나가는 데 많은 어려움을 겪을 수 있다. 따라서 평균보다 좀 떨어지는 성적이라면 부모가 적극적으로 도와주어야 한다. '초등학생인데 벌써부터?'라고 생각할지 모르지만 성적은 공부가 누적된 결과다. 탑이나 계단을 쌓을 때처럼 기초가 흔들리면 그다음 층을 쌓기가 어려워진다. 초등학교 성적이 대학까지 간다는 말은 그런 의미에서는 일부 맞는 말이다.

부모의 자존심과 무관하게 아이의 기본적인 학습은 인지능력 발달에 있어서 너무나 중요한 과정이다. 아이의 인지능력이 균형 있게 발달할 수 있도록 돕는 것이 부모의 몫이다. 아이의 인지능력 중 어느 부분의 발달이 떨어지고 지연되고 있다면 부모가 개입해서 그 부족한 부분을 반드시 채워줘야 한다. 90점 맞는 아이를 100점 맞게 하자는 말이 아니다. 공교육의 교육 프로그램에서 평균 정도는 할 수 있게 도와야 한다는 말이다. 공교육에서 각 학년마다 정해놓은 교과 과정은 그 연령의 아이에게 꼭 필요한 인지발달 관련 내용으로 구성되어 있다. 만약 아이의 평균 이하 성적을 계속해서 방관하면 성장 발달 과정 중 꼭 필요한 요소에서 결손이 발생할 수도 있다. 엄마들에게 '극성 바가지'라고 말하기에 앞서, 아이와 틀린 문제를 같이 풀어보는 노력을 한 번이라도 해야 한다.

아이의 성적에 지나치게 민감한 엄마들은 아이의 성적을 높이고 싶은 이유가 나의 자존심 때문은 아닌지 곰곰이 생각해보길 바란다. 엄마들은 자신도 모르게 자존심과 체면을 아이의 성적과 연결시킨다. 엄마들이 모이는 자리에만 가면 자연스레 아이 성적이 주제가 되는데, 이때 공부를 못하는 아이의 엄마는 기가 죽고 왠지 소외되는 느낌을 받는다. 하지만 아이의 공부는 성장 발달을 위한 과제이지, 부모의 자존심이나 체면과는 상관이 없어야 한다. 부모는 조력자일 뿐, 자신의 자존심을 위해 아이의 성적을 이용해서는 안 된다. 아이는 자신의 행복을 위해서 공부하는 것이지, 부모의 행복을 위해서 공부하는 것이 아니다.

이런 것도 한번 생각해봐야 한다. 엄마는 "민수야, 꼭 100점 맞아"라고 말하고, 아빠는 "80점이면 됐어"라고 말한다. 각각 다른 요구와 지침을 주는 부모를 보며 아이는 무슨 생각을 할까? 어떤 아이는 엄마가 자신에게 부담을 주는 무리한 요구를 하는 사람이고, 아빠는 자신을 편하게 해주는 사람이라고 생각할 수 있다. 또 어떤 아이는 엄마가 내가 그만큼 할 수 있다는 능력을 인정하고, 아빠는 나의 능력을 인정하지 않는다고 생각할 수도 있다. 간혹 아빠들은 아이가 공부하라고 달달 볶는 엄마보다 자신을 더 좋아할지 모른다고 생각한다. 물론 그런 아이도 있겠지만, 대부분의 아이가 그런 이유만으로 아빠를 더 좋아하지는 않는다. 아이들은, 엄마든 아빠든 자신과 매일 치열하게 상호작용하는 사람에게 깊은 정을 느낀다. "공부 안 해?" "학원 숙제는?"이라는 말도 해주고, 잘못하면 쥐어박기도 하는 부모와 미운 정 고운 정이 생긴다. 그런 아이는 엄마가 자신이 싫어하는 공부를 좀 시켜도 마음속에 '우리 엄마가 나를 사랑하는구나'라는 믿음을 갖고 있다.

아빠들이 놓치지 않도록 주의해야 하는 것은 바로 그런 부분이다. 사랑하고 걱정하고 안타까워하는 마음도 밖으로 드러내지 않으면, 아내뿐만 아니라 아이 또한 아빠의 행동을 '무관심'으로 받아들이게 된다. 아빠는 아이와 상호작용하는 시간이 부족하기 때문에 표현하지 않으면 상대는 절대 모른다. 아무 표현도 하지 않으면서 "나는 무관심한 게 아니야"라고 아무리 말해도 아이는 그 말을 그대로 받아들이기 어렵다. 아이들이 항상 엄마 편인 이유는 바로 이 때문이다. 싸우기도 하고 혼나기도 하고 칭찬도 받으면서 하루 종일 엄마랑 상호작용을 하고 있기 때문이다.

아빠들도 아이의 초등학교 성적에 관심을 가져야 한다. 아빠들은 보통 초등학교 때 성적에는 관심이 없다가 고등학교에 가면 갑자기 관심을 보인다. 그리고 성적이 좋지 않으면 불같이 화를 내고 아이를 들볶기 시작하는데, 고등학교 성적은 대학 입시에 중요하다고 생각하기 때문이다. 교육은 중요하고, 중요하지 않은 때가 따로 있는 것이 아니다. 매 학년마다 기본적인 내용들은 소화할 수 있도록 아이의 평균치 성적에 항상 관심을 가져주어야 한다. 초등학교 때부터 아이의 성적에 관심을 가져야 내 아이의 수준을 제대로 알 수 있으므로 아이를 그대로 인정할 수 있는 마음도 생긴다.

배우자를 육아 동지에서 적으로 만드는 말

Stop Daddy!

· 괜찮아, 괜찮아. 공부 못해도 다 잘 살아.

· 아직 초등학생인데 뭘 벌써부터 그래? 놀게 내버려둬.

· 저 극성 바가지!

· 무슨 학원을 또 보내? 돈 없어!

Stop Mommy!

· 당신이 언제 숙제 한번 가르쳐줘 봤어?

· 내가 신경 안 쓰면 이 정도나 하는 줄 알아?

· 쟤 대학 못 가면 다 당신 탓이야.

· 현실도 모르면서 잠자코 있으셔!

지방 사는 애들도
공부만 잘해!

open daddy's heart

어떻게 마련한 집인데 이 집을 팔고 전세를 간다고? 그럼 나 이제 무주택자 되는 건가? 꼭 강남에 가서 공부를 시켜야 하나? 거기 가면 교육비도, 생활비도 많이 들 텐데 내가 감당할 수 있을까? 아, 난 아빠가 돼서 왜 이러지? 내가 너무 이기적인 건가? 부모라면 아이를 위한 희생이 전혀 아깝지 않아야 하는데…. 왜 선뜻 마음이 안 움직이는 걸까?

강남만큼 좋은 교육 환경도
없다던데….

open mommy's heart

맹자 엄마는 아이를 위해서 세 번이나 이사를 했다는데 아이를 교육시키기에 좋은 환경이라면 당연히 집이라도 팔고 가야 하는 거 아니야? 물론 나도 겁이 나. 막상 거기에 갔는데 아이가 공부를 못하거나 생활이 어려워질 수도 있거든. 하지만 내가 불편해진다고 아이의 앞길을 막을 수는 없잖아.

민영이의 엄마 아빠는 요즘 냉전 중이다. 엄마가 강남으로 이사를 가겠다고 선포한 이후 아빠는 엄마와 말도 안 한다. 초등학교 6학년인 민영이는 과천에 있는 학교를 다니고 있다. 아빠의 회사도 과천이다. 민영이는 이곳에서 공부를 잘하는 편이지만, 엄마는 산 너머 더 좋은 교육환경이 조성된 강남권으로 학교를 보내고 싶어 한다. 강남으로 가게 되면 지금 사는 아파트를 팔고 평수를 줄여 전세로 가야 한다. 덩달아 아빠 회사도 멀어진다.

얼마 전 명문 학원의 통계에 따르면 서울대 출신의 41%가 강남구, 송파구 출신이라고 한다. 이런 뉴스를 접한 엄마들은 공부다운 공부가 본격적으로 시작된다는 초등 고학년 때 강남 지역으로 이사해야 하는 것 아닌가 하고 생각한다. 아이가 공부를 잘한다면 이 생각은 더욱 강해진다. 그래서 전세나 월세를 사는 한이 있더라도, 부모가 부족해 아이가 가진 잠재 능력이 사그라지지는 않을까 걱정하며 강남으로 이사를 감행하곤 한다. 그러다 보니 '대전 아줌마'라는 생소한 표현도 있다. 아이의 교육 때문에 '대치동에서 전세 사는 아줌마'를 지칭하는 말이다.

나에게 진료를 받던 민영이 역시, 결국 과천에서 반포동으로 이사를 했다. 민영이는 자신감이 넘치고 공부도 잘하는 아이였다. 그런데 이사를 한 후 상대적 열등감에 시달리기 시작했다. 그전 학교에서는 성적이 최상위권이었지만, 여기서는 중위권밖에 되지 않았다. 그전 집은 넓은 평수라 친구들이 와도 불편함이 없었는데, 지금 집은 좁아진 데다 자기 혼자 쓰는 방이 없어서 왠지 창피했다. 그전 학교에서는 영어를 잘한다고 칭찬받았지만, 여기에는 외국에서 살다 온 아이들이 너무 많아 명함도 못 내미는 상황이었다. 겨우 초등 6학년인 민영이는 나에게 옛날보다 사는 것도 불편하고, 재미도 없다는 말을 했다.

이사를 온 후, 민영이 아빠의 상황도 좋지 않았다. 직장은 여전히 과천이라 이사 후 집과의 거리가 꽤 멀어졌다. 교통이 혼잡하기로 유명한 강남에서 출근을 하려다 보니, 이전보다 훨씬 일찍 일어나야 하고 퇴근 시간도 늦어졌다. 아침부터 도로가 밀려서 짜증이 났고 몸은 몸대로 녹초가 되었다. 차 안에서 보내는 시간만 2시간, 아이와 보낼 수 있는 시간도 줄고 자신의 여가 시간도 줄어들었다. 주유비도 많이 들어가고, 생활비도 늘어나 같은 연봉인데도 경제적으로 쪼들리게 되니, 어떻게 살아야 하나, 라는 걱정이 머릿속에서 떠나지 않았다. 예전에는 집에 있는 게 편안했다면, 지금은 집이 좁아서 속까지 답답했다.

아빠는 끝까지 반대하다 '아이 교육을 위해서'라는 아내의 말에 결국 어렵게 이사를 결정했다. 그런데 이사를 오고 나서 오히려 아이에게 문제가 생기기 시작했다. 그전 학교에서는 '이민영'이라고 말하면 다들 "아, 공부도 잘하고 영어도 잘하는 아이"라고 말했는데, 강남에서는 너무나 평범한 아이였다. 자신감이 부쩍 없어지고 기가 죽은 것이, 우울증이 생긴 듯도 보였다. 아이는 아빠만 보면 "우리 다시 옛날 집으로 이사 가면 안 돼?"라고 말했다. 엄마의 상황도 좋지 않기는 마찬가지였다. 처음부터 좋은 결과를 예상하지는 않았지만, 그래도 아이가 잘해줄 거라고 믿었다. 그런데 전학 오자마자 본 중간고사에서 아이는 난생처음 80점대를 두 과목이나 받았다. 엄마는 그럴수록 사교육을 하나라도 더 시켜 예전 학교 때의 성적을 내기 위해 아이를 닦달했다. 예전에는 민영이에게 '공부하라'는 잔소리 한 번 하지 않던 엄마가 요즘에는 민영이만 보면 잔소리다. 엄마는 "너 때문에 집까지 팔고 이사를 왔는데 이렇게밖에 안 하면 어떡해?"라고 말하고, 아이는 아이대로 "누가 이사 오자고 했어? 엄마 맘대로 왔잖아!" 하면서 소리도 질렀다.

교육 환경이 좋은 곳으로 이사를 하는 것이 꼭 나쁜 것만은 아니다. 하지만 교육 환경 하나 때문에 가족 구성원 전체가 희생해야 하는 이사는 옳지 않다. 즉, 교육 환경 하나만 좋아지고 나머지는 모두 나빠진다면 바람직한 선택이 아니다. 이사는 자산을 좀 더 모아 지금까지 살던 삶의 질을 유지할 수 있거나 한 차원 높일 수 있을 때, 가족 구성원들의 동의하에 가족 모두가 편안하고 안정된 삶을 누릴 수 있다고 판단될 때 결정해야 한다. 또는 가족 구성원들이 서로 의견을 나누고 약간의 불편함이 발생해도 이 정도면 감수할 수 있겠다는 합의가 이루어져야 한다. 그렇지 않고 단지 '좋은 학군'이라는 한 가지 목적만 가지고 이사하면 당연히 문제가 발생한다.

엄마들은 왜 이렇게까지 해서 이사를 감행하려고 하는 걸까? 이런 엄마들 머릿속에는 '맹모삼천지교(孟母三遷之敎)'가 자리 잡고 있다. 맹자의 어머니가 맹자의 교육을 위해 세 번 이사를 했다는 말이다. 처음 공동묘지 인근에 살 때 맹자가 매일 하는 놀이는 장사 지내는 놀이였다. 두 번째 살던 곳은 시장 근처로, 맹자는 여기서 물건을 사고파는 장사꾼들의 흉내를 내며 놀았다. 마지막으로 이사한 곳이 글방 근처였는데, 그제야 맹자는 공부를 놀이처럼 하며 지냈다고 한다. 아이의 교육에 환경이 미치는 영향을 말할 때 우리는 종종 '맹모삼천지교'를 이야기한다. 하지만 '맹모삼천지교'를, '아이 교육을 위해서라면 이사도 불사해야 좋은 부모다'라는 뜻으로 이해해서는 곤란하다. 이 말은 단지 '사는 곳'이 아니라 '아이가 늘 접하는 환경'의 중요성을 이야기한다. 그 환경에는 아이가 생활하는 집안, 아이의 장난감과 친구, 아이를 바라보는 주변 사람들의 시선, 부모의 양육 태도와 가치관, 부모가 살아가는 모습 등이 모두 포함된다. 따라서 '맹모삼천지교'에는 좀 더 깊은 철학적인 의미가 있는 것이다.

한 가지 기억해야 할 것은, 아이에게 지나친 투자를 하면 부모도 무의식적으로 아이로부터 그에 대한 보상을 받길 원하게 된다는 사실이다. 즉, 아이에 대한 부모의 기대치가 지나치게 높아진다. 부모도 사람인지라 무심결에 아이에게 "너한테 들어간 돈이 얼마인데…"라는 말을 하고, 지속적으로 그런 메시지를 보낼 가능성이 크다. 투자하는 만큼 뽑아내고 싶은 것이다. 그것이 성적이든, 아이가 미친 듯이 열심히 공부하는 모습이든. 물론 부모의 말이 돈이 중요하다는 뜻은 아니었겠지만, 아직 어린 아이들은 부모가 무심결에 내뱉은 말을 오해할 수 있다. 장기적으로 봤을 때, 뭐든 무리하고 과하면 거기에서 생겨나는 문제 역시 크기 마련이다. 부모가 대가를 바라면서 교육적 지원을 하는 상황 또한 좋은 교육 환경이라고 보기 어렵다. 이런 상황이 되면 아이가 부담을 느껴 잘하던 공부도 못하게 될 가능성이 크다. 초·중·고등학교에 다니는 아이들이 학습 능력을 잘 발휘하는 데 가장 중요한 것은 정서적인 안정이다. 이 시기 아이들은 친구 관계에서 뭔가 삐거덕거리거나, 선생님과의 관계 형성이 어렵다거나, 부모님과의 관계가 불편해서 정서적으로 안정이 되지 않으면 똑똑한 아이도 공부를 잘하기 어렵다.

아내가 집을 팔고 8학군으로 이사를 가자고 하면 남편의 머릿속에는 많은 생각이 든다. '집을 팔고 전세로 가면서까지 이렇게 해야 하나' 하는 생각을 하면서, 한편으로는 이런 생각을 하는 자신이 이기적인가, 부모라면 아이를 위해 희생하는 것이 당연하지 않나 하는 생각도 하게 된다. 또한 아내에 대해서는 내가 결혼을 잘못했나, 저 여자는 왜 저렇게 자식 교육에 있어서 물불을 못 가릴까 하는 마음이 든다. 아빠들은 자산이 줄어드는 것에 대해 엄마들보다 훨씬 더 불안해한다. 하지만 한편으로는 자신이 좋은 아빠가 아닌 것 같아 강하게 반대하지도 못한다. 이사를 거부하면, 아내가 "혼자 평생 집이나 끼고 살아봐. 자식이야 어떻게 되든 말든" 하고 말할 것이 빤하기 때문이다. 논쟁의 주제에서 벗어나, 엄마는 자식을 위해 희생하지만 아빠는 자식보다 자산이 중요한 사람으로 치부될 테니 말이다. 아빠는 평상시에는 이렇게 자신의 생각을 숨기고 있다가 주변에서 "아이 교육 때문에 무슨 이사까지 해?"라는 말을 들으면 아내가 과하다는 생각이 점점 강해진다. 이사 후 이런저런 짜증이 늘어나는 상황에서 아이마저 성적이 좋지 않으면, 아내에게 "당신 때문에 이렇게 됐다"고 비난하는 사태까지 벌어진다. 실제로 무리한 이사로 부부간의 갈등이 심해진 사례들이 우리 주변에 너무나 많다.

사실 아이도 엄마가 "너 때문에 이사를 가려고 한다"고 하면 참으로 난감할 것이다. 아이는 원래 살던 곳에 오랫동안 사귄 좋은 친구도 많고, 학교나 동네에서도 인정받고 있어 이곳을 자신의 터로 여기는데, 엄마가 좋은 대학을 가야 한다며 전학을 가자고 하면 달갑지 않다. '꼭 가야 하나?'라는 의문도 생기고, '왜 가야 해?'라는 반감도 생긴다. 이사 가고 싶은 마음이 있더라도 한편으로는 '가서 엄마 아빠의 기대만큼 못하면 어쩌지?'라는 불안감도 든다. 전학 가기도 전부터 스트레스를 받는 상황이 되는 것이다. 이렇게 잔뜩 긴장하고 스트레스를 받는 상황에서는 자신이 가지고 있는 실력을 제대로 발휘하기 어렵다. 때문에 전학을 가서 오히려 아이의 성적이 나빠지는 사태가 발생한다.

그렇다고 엄마들에게 극성이라고 욕하지 마라. 엄마의 마음속에 분명 걱정이 있기 때문에 하는 행동이다. 지금도 이렇게 잘하는데 더 좋은 환경에 가면 아이도 더 잘하지 않을까, 더 잘할 수 있는 아이를 부모가 뒷바라지해주지 못해 썩히는 것은 아닐까 하는 미안함, 죄책감, 불안감이 있다. 이때 아빠들은 엄마의 불안한 마음을 읽어주는 것이 최우선이다. 엄마들의 이런 행동이 아이에 대한 집착이나 자기만족 때문이 아니라 아이에 대한 걱정 때문에 하는 것이라는 점을 이해해야 한다. 엄마는 아이가 공부를 잘해도 걱정, 못해도 걱정이다. 아빠들이 그 마음을 읽어주지 않으면, 엄마들은 공감과 이해를 받지 못해 더욱 더 불안해진다. 불안이 커지면 아예 아빠와 의논하지도 않고 혼자 자기 생각대로 고집스럽게 처리해버린다. 정말 극성 엄마가 되고 마는 것이다.

엄마들의 불안한 마음은 어떻게 읽어주어야 할까? 일단 아빠들도 현실을 직시해야 한다. 엄마들 말대로 8학군에는 정말 좋은 선생님이 더 많고, 좋은 학원 구하기도 더 쉽다. 만약 이사를 갈 상황이 아니라면 엄마가 8학군으로 이사 가고 싶어 하는 이유를 충분히 이해하고 이사를 못 감으로써 생기는 불안을 해소해주어야 한다. "당신이 더 좋은 환경에서 우리 아이를 키우고 싶은 마음은 나도 충분히 이해해. 그런데 지금 상황에서 이사를 하면 이런저런 문제들이 발생할 수 있거든. 그러니 다른 대안을 생각해보자. 이사를 안 하는 대신 일주일에 몇 번은 내가 시간을 내서 아이 학원을 데리고 다니는 것은 어떨까? 회사 사람들에게 수소문해서 좋은 선생님을 좀 알아볼까?"라는 식의 대화를 해야 한다. 하다못해 본인이 수학을 잘했다면 일주일에 몇 번 자신이 아이의 수학 공부를 봐준다는 식의 대안을 제시해야 한다. 엄마의 걱정을 뻔히 알면서, 늘 방관자처럼 팔짱을 낀 채로 그것이 "옳다" "그르다"라고 따박따박 따지고만 드는 것은 잘하는 행동이 아니다. 엄마의 불안을 충분히 이해하고 그에 대한 대안을 실질적인 행동이나 시간적인 기여로 보여주어야 한다.

배우자를 육아 동지에서 적으로 만드는 말

Stop Daddy!

· 전국 수석은 다 지방 사는 아이더라.

· 이사 가서 공부만 못해 봐. 다 내쫓을 줄 알아!

· 당신 지금 너무 오버하는 거 아니야?

· 꼭 이렇게까지 해야 돼?

Stop Mommy!

· 당신이 아이 키워봤어? 직접 가르쳐봤어? 뭘 안다고 그래?

· '맹모삼천지교'도 몰라?

· 당신처럼 이기적인 아빠는 처음 봤어!

· 그래, 평생 혼자 잘 먹고 잘 살아라. 자식이야 어떻게 되든 말든.

학교에선 뭐 하고
학원을 다녀?

open daddy's heart

영어 학원, 수학 학원, 미술 학원 다녀봤자 사회생활하는 데 필요도 없는데 아내는 계속 학원 수만 늘리려고 한다. 연일 TV에서는 사교육이 문제라는데 우리 집이 앞장서는 것은 아닌지…. 난 어쩌다 이렇게 극성인 마누라랑 결혼했을까? 도대체 학교에서는 어떻게 지내길래 학원을 안 다니면 성적을 올리지 못한다는 걸까?

그러다 우리 애만
바보 돼!

open mommy's heart

내가 시키는 사교육이 무슨 사교육인 줄 알아? 이건 최소한의 지원이라고. 남들은 아이에게 얼마나 시키는지 모르는군. 나는 그래도 알뜰하게 한두 개 줄여서 시키는 건데, 남편은 그것도 극성이라고 난리야. 요즘 애들치고 학원 안 다니면서 학교 공부 따라가는 애들 있는 줄 알아? 옆집 동수는 담임 선생님이 학원 좀 알아보라고 그랬다는데, 현실을 몰라도 너무 몰라.

아이 교육 문제에서 '사교육'은 부부가 가장 격렬하게 대치하는 부분이다. 아내가 인터넷 신용대출업체에서 1,800만 원이나 빚을 졌다며, 도대체 그 돈을 어디에 썼는지 알아봐달라며 한 남편이 진료실로 찾아왔다. 남편은 아내가 돈을 헤프게 쓰거나 사치하는 사람이 아니어서 전혀 짐작 가는 바가 없다며 답답해했다. 한참 상담이 진행된 후 나는 아내에게 그 답을 들을 수 있었다. 이 집에는 아이가 셋 있었다. 매달 50~60만 원씩 아이들 교육비 쪽에서 마이너스가 났다. 그런데 그 돈이 1년 반이 지나니 1,800만 원이 되었다. 아내는 알뜰하고 소심한 성격이라 남편에게 말도 못 하고 대출을 해서 아이들 교육을 시키고 있었던 것이다.

아빠들은 엄마들과는 다르게 사교육비가 생활비에서 필수적인 부분이 아니라고 생각하는 경향이 많다. 아빠들이 사교육을 반대하는 이유는 돈은 많이 들어가는데 별 성과가 없기 때문이다. 가끔 상담을 하다가 아이에게 학원을 끊은 이유를 물으면 아빠가 수학 학원은 다녀봤자 필요 없다고 그랬단다. "성적이 안 오를 바에는 학원을 그만둬라" "앞으로 두 달만 시켜서 성적이 안 오르면 끊을 거야"라는 아빠의 말에 아이는 '성적을 올리지 못하면 나는 배울 가치도 없는 인간인가, 아빠는 내가 돈을 쓴 만큼 결과가 있어야 만족하는구나, 그럴 때만 뒷바라지해주는 것이 가치가 있다고 생각하는구나'라고 느끼며 절망한다. 교육적 지원이란, 아이를 성장시키는 데 필요한 것이지, 그 지원으로 아이의 성적이 오를 때만 가치가 있는 것은 아니다. 즉, 과정 자체가 중요한 것이다. 시험에서 꼴찌를 했더라도 아이가 시험 기간 내내 최선을 다했으면 그것으로 된 거다. 아빠들은 자신들이 사회에서 항상 결과물을 추궁당하기 때문에 종종 아이의 교육에 있어서도 생산성을 강조하는 경향이 있다. 이런 모습을 지켜보는 아이는 자신이 뭔가 결과물을 내지 않으면 아빠가 인정하거나 지원해주지 않는, 조건 있는 사랑을 한다고 오해할 수도 있다. 아빠의 사랑을 평가절하하게 되는 것이다. 이렇게 되면 결국 아이와 아빠의 사이는 멀어져버린다.

아빠들이 사교육을 무조건 반대하는 것은 아니다. 아빠들은 고등학교 때의 영어 학원, 수학 학원, 초등학교 때의 미술, 피아노, 체육 학원 정도는 동의한다. 아빠들의 불만은 학원 한두 개만 보내면 될 것을 너무 많이 보낸다는 것이다. 그런데 엄마들은 7~8개의 학원을 다녀도 매일 가는 게 아니기 때문에 절대 많지 않다고 항변한다. 그것도 안 시키면 매일 게임만 하고 TV만 본다는 것이다. 엄마들은 아빠가, 아이가 하루 종일 어떻게 지내는지에 대해 생각도 하지 않고, 학원 가짓수만 듣고 극성이라 몰아붙인다며 억울해한다. 초등학생이라도 공교육 학습이 많이 부진하고 문제가 있다면 그 문제가 쌓여 더 커지기 전에 빨리 도와주는 것이 맞다. 수학이 평균보다 떨어지면 수학 학원에 보내든, 엄마나 아빠가 가르치든 대책을 마련해야 한다. 그것은 해도 되고 안 해도 되는 문제가 아니라 꼭 필요한 지원이다. 단, 부모가 끼고 가르칠 때는 절대 화내지 말아야 한다. 화내면서 가르칠 것 같으면 애당초 손을 떼야 한다. 화를 내면 공부를 가르치기는커녕 아이와 사이만 나빠질 수 있다. 학습은 성적 향상이나 대학 진학만이 목적이 아니다. 긴 기간 동안 인지 발달과 더불어 정서적 인내심과 끈기 등을 기르는 중요한 성장 발달의 과정이기도 하다. 따라서 '초등학생이기 때문에 필요 없다, 사회에 나오면 별 도움이 안 되더라'라는 식으로 바라보는 아빠들의 시각에는 문제가 있다.

문제는 사교육이 너무 과해서는 안 된다는 것이다. 사교육은 학교의 진도나 수준을 따라가기 위한 지원이어야 한다. 그런데 엄마들은 몇몇 과목에 과도한 욕심을 낸다. 대표적인 것이 '영어'다. 아이들은 일주일에 세 번, 하루 두 시간씩 수업을 듣는다. 이런 수업은 숙제도 두 시간 꼬박 앉아서 해야 하는 양을 내주는 경우가 많다. 이렇게 되면 아이는 학원에 가지 않는 날도 영어 공부를 해야 하고, 다른 과목 공부에는 아예 신경쓸 수 없게 된다. 초등학교 3학년 정도면 독서나 우리말 말하기, 듣기, 쓰기 공부를 하는 것이 더 중요하다. 또한 사교육은 너무 지나친 선행으로 이루어져서는 안 된다. 중·고등학생의 경우 3~6개월 정도, 초등학생의 경우 한 단원 정도 선행하는 것이 적당하다. 몇 년을 앞당겨 배우는 것은 아무리 머리가 좋아도 제대로 이해할 수 없다.

모든 학습은 인지적인 것과 정서적인 것의 조합으로 이루어진다. 예를 들어 중학교 교과서에 나오는 시를 외운다고 하자. 암기력이 좋은 아이라면 초등학교 4학년이어도 외울 수 있다. 하지만 그 시를 이해하지는 못한다. 머리가 나빠서 이해하지 못하는 것이 아니라 정서적 발달이 아직 그 수준에 달하지 못했기 때문이다. 수학의 경우 사교육으로 초등학교 때 중학교 3년 것을 다 해버리는 경우가 많다. 하지만 이것도 별 의미가 없다. 수학은 문제 푸는 기술을 배우는 것이 아니라, 그 연령에 가능한 논리적 사고 능력을 발달시키는 것과 연관이 있다. 때문에 지나친 선행 학습은 아이에게 오히려 수학에 대한 좌절감만 심어줄 수 있다. 교과과정은 그 나이에 할 수 있는 꼭 필요한 것으로 내용을 구성한다. 그렇기 때문에 약간의 예습은 괜찮지만, 몇 년이나 앞서가는 학습은 결코 도움이 되지 않는다. 예습을 할 때 그 내용을 제대로 이해하지 못할 뿐더러, 정작 그 시기에 접하게 되었을 때 흥미와 동기가 너무 많이 떨어지기 때문이다. 또한 아이들은 한번 훑고 지나간 것을 '뗐다'라고 생각하는 경향이 있다. 예습한 부분을 자신들이 완전히 이해한 것으로 착각해, 정작 그것을 배워야 할 시기에는 제대로 배우려 하지 않을 수도 있다.

초등학교 저학년 때 가장 필요한 공부는 모국어에 대한 이해다. 영어나 수학이 아니다. 초등학교 고학년이 되어서 모든 과목을 두루 잘하려면 모국어를 잘 알고 있어야 한다. 어렸을 적부터 영어에 죽도록 몰입하는 것은 별로 득이 되지 않는다. 초등학교 저학년 때 영어나 수학에만 몰두하다가 다른 과목에서 어려움을 겪는 아이들을 나는 상당히 많이 봤다. 영어가 중요하지 않다는 이야기는 아니지만, 시간을 잘 배분하지 않으면 자칫 소탐대실(小貪大失: 작은 것을 탐하다 큰 것을 잃을 수 있다)할 수 있다.

나는 아이가 공교육과 관련된 것이 부족하다면 사교육을 시켜서라도 그 부족한 것을 메워줘야 한다고 생각한다. 그것은 부모의 의무다. 하지만 그 외의 것들은 모두 선택이어야 한다. 아이가 "엄마, 나 학교 안 갈래"라고 말했다고 그것을 허용해줄 수는 없다. "아니야, 힘들어도 참고 가야 해"라고 말해주어야 한다(물론 이것도 무조건은 아니다). 피아니스트가 될 생각이 전혀 없는 아이가 피아노를 시작한 지 1년 정도 되어서 "엄마, 나 피아노 학원 안 갈래" 하면 좀 쉬게 해도 된다. 하지만 아이가 이런 말을 했을 때 엄마들은 쉽게 허락해주지 못한다. 아이가 뭐든 끝까지 못 하고 쉽게 포기하게 될까 봐 불안하기 때문이다. 그래서 뭐든 끝까지 할 것을 강요한다. 아이에게 무언가를 시킬 때는 '힘들어도 반드시 참고 해야 돼'식의 반드시 해야 하는 것과, '그래, 하기 싫으면 잠시 쉬어도 돼'식의 선택할 수 있는 것이 분명히 나뉘어 있어야 한다. 그렇지 않으면 아이는 엄마가 뭔가를 배우라고 하면 자신의 의지와는 상관없이 무조건 끝까지 해야 한다는 생각에 부담으로 받아들인다.

따라서 교과과정 이외의 사교육은 아이의 의사를 적극 존중해야 한다. 아이가 "힘들어서 쉴게요"라고 하면 "그래, 좋아. 이번 달은 학원비를 냈으니 이번 달까지는 참고 하고, 다음 달은 할지 안 할지 충분히 생각해보고 말해줘. 네 의견을 들어보고 결정하자"라고 말하고, "다시 하고 싶으면 이야기하렴. 기회는 언제든지 있으니까"라고 말해주는 것이 필요하다. 만약 아이의 꿈이 피아니스트이고 꿈을 위해 피아노를 배우는 거라면, 그때는 아이가 고비를 잘 넘을 수 있도록 도와주어야 한다. 하지만 취미로 시작한 것이라면 아이가 편안하고 즐거운 마음으로 즐길 수 있도록 배려해주어야 한다.

배우자를 육아 동지에서 적으로 만드는 말

Stop Daddy!

· 학교에서는 뭐 하고?

· 그런 것 다 필요 없어! 사교육이 나라 말아먹는다더니만 이 여자 집안 말아먹겠네.

· 다녀봤자 효과도 없잖아!

· 그만 좀 시켜. 애 잡을 일 있어?

Stop Mommy!

· 다른 아빠들은 자기들이 나서서 알아봐준다고 하더라.

· 술값 아끼면 학원 두 개는 더 보낼걸.

· 됐어. 내가 치사해서 당신 돈 안 쓴다.

공부할 아이들은
여기서도 잘만 해.

open daddy's heart

아내랑 아이를 2~3년이나 못 보게 된다고? 말도 안 돼. 아이들에게 살갑게 대하지는 못 해도 아이들 크는 낙에 일할 맛이 나는데 어떻게 그 긴 시간을 혼자 있어? 난 그 외로움을 견딜 자신이 없어. 더구나 아이가 어학연수 가있는 동안 회사라도 잘리면 어떻게 해? 난 남들 다 보내는 어학연수 하나도 못 보내는 못난 아빠인가?

무슨 소리야! 해줄 수 있는 것은
다 해줘야지.

open mommy's heart

지금 돈이 좀 많이 드는 것이 문제야? 우리 가족이 좀 불편한 것이 문제야? 부모라면 남들 하는 만큼은 해줘야지. 요즘 어학연수는 특별한 것도 아닌데 남편은 자기가 겪을 불편 때문에 가지 말라고만 하네. 부모 맞아? 나는 뭐 좋아서 가는 줄 알아? 나도 겁나지만 어쩌겠어. 우리 애만 뒤처지게 할 수는 없잖아. 어학연수는 요즘 대세인걸.

세준 엄마는 올해 초등학교 6학년인 세준이를 데리고 어학연수를 가려고 준비 중이다. 아빠는 노발대발 난리가 났다. "어학연수? 공부할 놈들은 여기서도 잘만 하더라. 우리 때는 학원도 안 다녔어. 학원 다니면 됐지, 무슨 어학연수야?" 세준 엄마는 갖은 자료를 내놓으며 세준 아빠를 설득했지만 요지부동이었다. 결국 세준 엄마는 "당신이 뭐라고 하든 난 내 머리카락이라도 팔아서 갈 거야!"라고 소리를 질렀다. 세준 아빠는 "그래, 머리카락을 팔든, 마늘을 까든, 어디 내가 허락해주나 봐라. 내 허락 없이 가면 십 원 한 푼도 없어. 그렇게 알아."

엄마들은 보통 어학연수를 보내고 싶어 하고, 아빠들은 반대한다. 엄마는 해줄 수 있을 때 하나라도 더 가르치자는 입장이고, 그래야 엄마 역할을 다하는 것이라고 여긴다. 하지만 아빠들의 입장에서는 어학연수가 조금 부담스럽다. 그 첫 번째 이유는 아무래도 경제적인 문제 때문이다. 아빠들은 '그 돈을 과연 내가 댈 수 있을까?' 하는 걱정과 '아내와 아이가 외국에 간 사이 내가 회사에서 잘리면 어쩌나' 하는 불안감에 시달린다. 또 한편으로는 남들도 많이 보내는데 내가 그럴 능력도 안 되나 하는 자괴감을 느끼기도 한다. 하지만 '무능한 아빠'라는 말을 들을까 봐 아내한테 섣불리 말하지 못한다. 두 번째 이유는 혼자 살 자신이 없기 때문이다. 아내와 아이를 외국으로 보내고 나면 의식주가 불편해지는 것도 걱정이다. 혼자 밥해 먹고 빨래하고 청소하면서 살아갈 자신이 없다. 세 번째 이유는 외롭기 때문이다. 혼자 남겨진 남편은 서운함과 소외감을 느낀다. 자신도 고민스럽고 힘들 때 가족으로부터 위로도 받고 아이들의 모습을 보면서 잊고 싶은데, 아내가 그런 것은 생각지도 않고 1~2년 떠나 있겠다고 하니 서럽고 외로워진다. 덜컥 화가 나기도 한다. 그럼에도 솔직하게 앞의 세 가지 이유 중 하나도 말하지 못한다. 아빠들은 "여보, 난 혼자 살 자신이 없어. 나 너무 외로워. 당신이 정말 필요하고, 아이들이 너무 보고 싶을 것 같아. 영어도 중요하지만 나는 가족이랑 떨어져 살고 싶지 않아"라고 말하는 대신, "가긴 어딜 가? 절대 못 보내"라고 말을 한다.

아빠들은 이런 다양한 심리적 이유를 가지고 있음에도 불구하고, 밖으로는 현실을 모른 채 무조건 고집부리고 툭하면 소리만 지르는 사람으로 비춰진다. 아이들 입장에서는 아빠가 돈을 번다는 이유로 모든 경제권을 쥐고 엄마랑 우리를 흔들려 한다고 생각한다. 나아가 '아빠가 나를 사랑한다면 당연히 그런 기회를 줘야 하는 것 아니야? 혼자 밥해 먹기 싫으니까 괜히 우리 걱정하는 척하면서 못 가게 하네'라고까지 생각한다. 아이들의 생각이 다소 충격적일지 몰라도 엄연한 사실이다. 따라서 아빠들은 조금은 쑥스럽더라도 자신의 감정을 솔직하게 말해야 한다. 아이들에게도 "너희들을 당분간 못 보고 산다고 생각하니, 아빠가 너무 힘들어서 안 되겠어"라고 말할 줄 알아야 한다. 그래야만 아내나 아이가 자신의 마음을 오해하지 않는다.

나는 해외 어학연수를 그렇게 찬성하지는 않는다. 얻는 것보다 잃는 것이 훨씬 많기 때문이다. 아이를 혼자 떨어뜨리는 어학연수는 아이들이 상처받을 확률이 높다. 한창 사춘기에 접어드는 아이들을 영어를 가르친답시고 너무 빨리 떨어뜨려 놓으면, 부모와 의논하고 의지하고 지지받아야 할 때 그럴 수 없어 혼란을 겪는다. 학습과 관련된 문제도 생길 수 있다. 보통 초등학교 5~6학년이나 중학생 때 어학연수를 많이 가는데, 이 시기에는 논리적이고 체계적인 학습 능력이 발달한다. 이 시기는 모국어를 기반으로 한 여러 가지 주제를 깊이 사고하고 추론하고 탐구하는 학습을 해야 한다. 그런데 이 학습을 잘 알아듣지도 못하는 외국어로 하게 되면, 학습의 깊이가 굉장히 얕아지고 '사고력 발달'이라는 큰 고기를 놓치게 된다. 결국 어학연수로 얻은 영어 실력에 비해 아이가 잃은 것이 너무 크다. 모든 학습에 기초가 되는 중요한 능력을 발달시킬 기회를 잃기 때문이다.

영어 하나만 두고 보아도 짧게 갔다 오는 어학연수는 비용대비 효과가 별로 없다. 나는 누군가 단기 어학연수에 대한 자문을 구하면 차라리 해외여행을 보내라고 조언한다. 3개월 해외 어학연수를 보낼 돈이면 여행을 통해 세계 유적지를 둘러보며 훨씬 더 많은 것을 배울 수 있다. 정말 영어가 목적이라면 그 돈으로 어학연수를 보내지 말고 우리나라에서 최고로 좋은 영어 선생님을 구해서 1~2년 동안 꾸준히 가르치는 것이 낫다. 3개월 보낼 돈이면 짧게는 1년, 길게는 3년까지도 가르칠 수 있을 것이다. 그 편이 영어 실력 향상에는 더 좋으리라 생각한다. 단기 어학연수를 간 아이들은 대부분 오전부터 오후 몇 시까지만 외국인과 공부를 하고, 이후부터는 줄곧 한국 아이들이랑 지낸다. 그런 환경은 한국에서도 얼마든지 찾아볼 수 있다.

영어는 외국에 몇 주 머문다고 느는 것이 아니다. 해외연수를 너무나 절실하게 보내고 싶은 부모라면, 남들이 다 보낸다니까 유행처럼 보내는 것은 아닌지 생각해봤으면 좋겠다. 다른 나라 언어를 제대로 배우려면 최소 1년 이상은 체류를 해야 한다. 하지만 그렇게 되면 앞서 말한 정서적·교육적인 문제가 발생할 수 있다. 그리고 영어는 언어다. 언어라는 것은 결국 모국어의 기반이 잘 다져져야만 잘할 수 있다. 영어로 의사소통을 잘한다는 것은 단순히 영어의 문자적인 의미

뿐 아니라 그 안에 내포된 의미까지 잘 알아듣고 그것에 대한 자기 생각을 말이 나 글로 표현할 줄 아는 것이다. 이러한 능력은 비단 영어 발음이 좋다고 생기는 능력이 아니다. 영어를 정말 잘하려면 우선 모국어를 정말 잘하는 사람이 되어 야 한다. 많은 부모가 그 사실을 간과한다.

엄마가 함께 가는 어학연수의 경우, 아이를 혼자 떨어뜨려 놓는 것보다는 낫 지만 이번에는 부부가 떨어져 지내는 문제가 발생한다. 부부간의 갈등이 심해 이혼 대신 떨어져 있는 것이라면 모르겠지만, 그렇지 않은 경우 나는 기러기 아 빠를 만드는 것을 반대한다. 무슨 부귀영화를 본다고 그렇게까지 해야 하는가. 아내와 아이를 해외연수 보낸 모든 가족이 그런 것은 아니지만, 나는 진료실에 서 해외연수를 가 있는 동안 사이가 나빠져 찾아오는 부부를 너무나 많이 봤다. 정말 화목한 가정에 성실한 남편이었는데, 아이와 어학연수를 갔다 오니 남편에 게 다른 여자가 생겼다며 상담하러 찾아오는 엄마들도 많았다. 남편이 바람난 가장 큰 원인은 혼자 지내는 시간이 너무 외롭고 힘들기 때문이었다. 그럴 때 누 군가 위로해주면 그 사람이 큰 의미가 되어버리는 경우가 종종 있었다. 물론 이 와 반대의 경우도 있었다.

교육의 참의미에 대해서 한번 생각해보자. 내게 진료를 받는 아이 중 잘 가르 친다고 정평이 난 대치동의 어느 영어 학원에 다니는 아이가 있었다. 그 학원은 자체 테스트를 통과한 일정 수준에 이른 학생들만 들어갈 수 있는데, 한 반의 정 원이 100명이라고 한다. 그 학원만의 특징은 무조건 '두 번' 걸리면 내쫓는다는 것이다. 그 '두 번'은, 시험을 잘 못 보거나 숙제를 안 해오는 것을 말한다. 그런 데 문제는 쫓겨날 때 100명이나 되는 반 아이들 앞에서 심한 욕지거리를 듣는다는 것이었다. 그렇게 한 아이가 쫓겨나면 금세 대기자로 있던 아이가 들어와 자리를 채우고, 한 번 쫓겨난 아이는 다시는 그 학원에 다닐 수 없었다. 나는 참 아이러니하다는 생각이 들었다. 몰라서 배우러 온 것인데, 시험을 못 봤다고 내쫓는 법이 어디 있는가. 아이가 윤리적으로 잘못한 것도 아니고 시험 못 본 게 뭐 그리 큰 죄라고 학원에서 공부하러 온 아이를 쫓아낸다는 것인지 이해가 되지 않는다. 공부 못하는 아이를 자꾸만 걸러내니 그 학원의 명성이 높아질 수밖에.

  교육의 목적은 단순히 지식을 머릿속에 넣어주거나 성적을 올려 좋은 대학에 보내기 위함이 아니다. 물론 교육과정을 통해 지식을 습득하면서 성적을 올리고 모르는 문제도 맞힐 수 있으며, 그것이 쌓여서 상급 학교로 진학할 수도 있다. 하지만 그것이 궁극적인 목적은 아니다. 교육의 최종 목적은 사람됨을 가르치는 것이다. 교육을 받은 사람이라면 모든 면에서 사람됨이 남달라야 한다. 단지 지식이 많은 것뿐 아니라 교양도 있어야 하고, 타인에 대한 배려도 할 줄 알아야 하고, 예의범절도 잘 지킬 줄 알아야 하고, 책임감도 있어야 한다. 때문에 교육이 효과적으로 이루어지려면 교사가 교사다워야 하고, 사제간의 기본적인 도리가 지켜져야 할 뿐만 아니라 좋은 감정적 교류가 있어야 하고, 학생이 교사를 존경할 수 있어야 한다. 혹 아이가 교사에게 혼이 나더라도 "재수 없어. 자기가 뭔데"라는 식이 아니라 교사의 지도에 감화되어 자신의 잘못된 생각을 고쳐나가는 식이 되어야 한다. 이렇게 다양한 교정 경험을 통해 더 나은 사람이 되어간다면 효과적인 교육이 이뤄지고 있는 것이다.
  이런 견해로 보면 그 대치동 영어 학원의 교육은 기본부터 잘못되어 있다. 아이의 인격을 모독했기 때문이다. 교육은 다른 사람을 존중하고 자신도 존중할 줄 아는 사람을 길러내는 것이다. 그 영어 학원에는 학생에 대한 기본적인 존중과 배려가 없다. 그런 식의 수업 방식이 아이들의 영어 성적은 높일 수 있을지 모르나, 진정한 사람됨은 가르칠 수 없다. 그곳은 교육을 하는 곳이 아니라 오히려 아이를 망치는 곳이다.

뜬금없이 대치동 영어 학원 이야기를 하면서 '교육'의 의미를 논한 이유는 해외 어학연수도 교육의 기본 개념에서 생각해보았으면 하는 마음 때문이다. 교육은 좋은 대학을 나온 교사가 학생에게 한 글자라도 더 가르쳐주는 것이 아니라, 안정되고 건강한 부모 밑에서 부모의 삶을 모델링하고, 문제가 있을 때는 부모와 의논하고 시행착오를 통해 사회에 적응하는 과정이다. 그런 면에서 가족이 멀리 떨어져 지내면서까지 영어를 배우는 것이 과연 얼마나 아이에게 교육적일까?

보통 아이들이 어학연수를 가는 시기는 사춘기를 맞이하는 때로 이때에는 부모의 역할이 절실하다. 아이에게 바른 시각으로 세상 돌아가는 이야기도 들려주고, 어떻게 행동하는 것이 옳은지, 어떤 가치관으로 살아가야 하는지를 부모가 알려주어야 하는 시기다. 이 시기의 아이는 자아정체성을 찾기 위해 끊임없이 방황한다. 부모는 아이에게 역할 모델이 되어서 아이가 건강한 가치관을 만들어가도록 도와주어야 한다. 그러한 시기에 2~3년 어학연수를 갔다 오면, 아이는 부모의 도움을 전혀 받지 못한 채 다른 나라에서 나름대로의 사춘기를 보내게 된다. 떠날 때는 아기 같았던 아이(초등 6학년)가 돌아올 때는 귀걸이에 화장까지 한 청소년(중등 2~3학년)이 되어 돌아온다. 이런 아이를 보면 부모는 내 자식이 낯설어진다. 사실 함께 있어도 부모가 아이를 서먹서먹하게 느끼는 때가 사춘기다. 그런데 이 시기 아이의 정신적, 신체적 변화를 곁에서 지켜보지 못했으니, 갑자기 나타난 아이가 더 낯설게 느껴질 수 있다. 그 낯섦은 비단 부모만 느끼는 것이 아니다. 아이도 부모를 낯설게 느낀다. 만약 엄마가 아이와 함께 어학연수를 간다면, 아빠가 아이에게 느끼게 될 서먹함에 대해서도 생각해봐야 한다.

또한 아이의 친구 관계도 생각해봐야 한다. 초등학교 고학년부터는 친구 관계가 굉장히 긴밀해진다. 또래 간의 상호작용이 강화되고 질적으로도 좋아진다. 이 시기 아이들은 친구를 무척 좋아한다. 이러한 변화는 아이의 성장 발달에서 꼭 필요한 변화이고, 꼭 겪어야 할 감정이다. 이런 감정을 제대로 겪어야 인간에 대한 친밀감도 가질 수 있다. 이 시기에 아이가 외국에 있다고 해도 발달과제는 달라지지 않는다. 그런데 외국에 간 아이는 생각만큼 언어가 잘 되지 않기 때문에 친구 사귀기가 쉽지 않다. 외국의 초등학교 1~2학년 아이들은 주로 몸으로 놀기 때문에 서로 말이 안 통하더라도 그냥 어울려서 놀 수 있다. 하지만 그들도 초등학교 고학년이 되면 친구와 끊임없이 생각을 주고받고 이야기하면서 놀고 싶어 하기 때문에, 그들의 말을 잘 못 알아듣는 다른 나라 아이와는 친구가 되려고 들지 않는다. 그래서 사춘기에 가져야 할 단짝을 갖지 못하게 된다. 거기에서 아이가 느끼게 될 상실감은 꽤 크다.

아이가 어학연수를 다녀와서 공부를 잘하냐 하면 그것도 아니다. 많은 경우 아이들은 어학연수를 다녀온 후 학교 공부를 따라가기 어려워한다. 모국어를 통해 학습에 기본이 되는 중요한 인지적 능력을 발달시켰어야 했는데, 그 부분이 뻥 뚫리듯 비어버렸기 때문이다. 따라서 아이는 영어 이외의 다른 과목은 잘 따라가지 못한다. 예를 들어 철학적인 내용의 외국영화를 보는데, 자막 없이 영어로만 들을 경우 문자적인 것은 알아듣지만 그 안에 내포된 심오한 의미는 이해하지 못한다. 한국어 자막으로 읽을 경우에도 역시 그 심오한 의미는 이해가 되지 않는다. 마치 한글을 빨리 깨친 아이가 중학교 국어 교과서를 읽을 때, 입으로 읽을 수는 있지만 도대체 무슨 뜻인지 모르는 것과 같다. 실제로 진료를 받던 한 중학생은 어학연수를 갔다온 후, 시험을 볼 때 문제가 해석이 안 돼서 풀 수가 없었다고 말했다. 다른 아이보다 영어 단어는 많이 알지만, 한글과 영어 그 어느 쪽도 깊이 있게 이해하지 못하고 모두 부족하게 되어버린 것이다. 그럼에도 불구하고 해외 어학연수를 결단코 보내야겠다면, 차라리 초등학교 입학 전이나 저학년 때가 낫다. 단, 부모 모두 함께 갈 수 있는 조건일 때다. 아이가 어리면 어릴수록 부모와 떨어져 지낼 때 발생하는 정서적인 문제가 무시무시하게 많이 발생하기 때문이다.

배우자를 육아 동지에서 적으로 만드는 말

Stop Daddy!

· 공부할 놈들은 여기서도 잘만 해.

· 우리 때는 학원 안 다녔어도 영어만 잘했어.

· 니들이 무슨 돈이 있어? 내가 돈 안 주면 못 가지.

Stop Mommy!

· 당신 불편하다고 애 앞날을 막아?

· 당신이 중요해, 애 미래가 중요해?

· 하나라도 더 해줄 수 있을 때 가르쳐야지 무슨 소리야?

· 남들은 다 보내. 당신 그럴 능력도 없어?

공부 안 할 때
내가 알아봤어!

open daddy's heart

내가 이럴 줄 알았어! 공부하는 꼴을 못 보겠더니…. 아니, 책을 읽을 때 는 소리를 내서 읽고 쓰기도 하고 그래야지, 매일 눈으로만 쓰윽 보니 머릿속에 뭐가 남겠어? 그나마 그 점수를 받아 오는 게 신기했다니까. 그런데 무슨 학원을 또 보내? 그나저나 나는 안 그랬는데 쟤는 누굴 닮 아서 저래?

갑자기 왜 그러지?
혹시 무슨 일 있나?

open mommy's heart

공부를 곧잘 하던 아이가 왜 갑자기 성적이 떨어진 거지? 혹시 무슨 말 못 할 걱정이 있는 것은 아닐까? 누가 괴롭히나? 이럴 아이가 아닌데…. 영수 엄마 말이 지금 성적을 만회하지 못하면 대학 갈 때까지 회복 못 할 수도 있다던데, 우리 애가 그러면 어쩌지? 정말 불안해. 학원이라도 하나 더 보내야 할까?

공부를 잘하던 아이의 성적이 갑자기 떨어졌을 때 부모는 많이 불안해한다. 이럴 때 배우자에게 상처를 주는 말도 서슴지 않아 아이의 문제가 정작 부모의 갈등으로 발전하는 경우도 종종 있다. 엄마는 아이가 떨어진 성적을 회복하지 못하면 어쩌지 하는 마음에 불안해진다. 이럴 때 다른 엄마들을 만나면 불안은 더욱 가중된다. 아이를 걱정해준답시고 불안을 더욱 부채질하기 때문이다. "이를 어째, 중학교 2학년 때의 성적이 정말 중요하다고 하던데. 유미 엄마 정신 바짝 차려야겠네. 그러다 미끄러지면 한순간이야" "맞아, 우리 형님네 아들도 그때 갑자기 미끄러지더니 헤어나지를 못하더라고" 등의 대화를 나누다 보면 엄마는 더욱 불안해진다. 몇몇 엄마들은 이유 없이 성적이 떨어졌을 때 아이를 병원에 데려오기도 한다. 아이에게 엄마한테 말 못 하는 어려움이 있는 것은 아닌지 걱정이 되기 때문이다. 보통은 선생님과의 관계가 안 좋은가, 친구랑 잘 못 어울리나, 무슨 사고를 쳤나 등을 걱정한다.

아빠들은 뭐 그런 것 가지고 병원까지 데려가냐면서 아이가 공부를 열심히 안 해서 성적이 떨어진 것이라고 생각한다. 그래서 아이에게 "내가 너 공부하는 꼴을 본 적이 없어!"라는 말을 하고, 아이를 볼 때마다 "너 왜 공부 안 해? 빨리 들어가서 공부해"라는 말을 입에 달고 산다. 아빠들은 아이의 성적이 떨어진 것을 단순히 '불성실'에 대한 결과로 생각한다. 그런데 재미있는 것은, 엄마나 아빠 중 한쪽 배우자가 가정에 충실하지 않을 때 아이 성적이 떨어지면 "당신이 그렇게 집안에 신경을 안 쓰니까 그렇지" 하면서 상대를 탓한다는 것이다. 부모가 합심을 해 아이가 실패를 딛고 나아가게 돕기보다는 은근히 배우자를 탓하는 기회로 활용하는 경우가 많다. 배우자에게 뭔가 쌓인 것이 많은 사람은 무의식적으로 이 문제가 빨리 해결되지 않기를 바라기도 한다.

엄마들은 아이의 성적이 떨어지면 이런저런 걱정을 하지만, 아빠들은 성적이 떨어진 이유를 마치 범인 잡는 형사처럼 찾아내려 한다. 공부를 곧잘 하는 아이임에도 불구하고 한 번의 실수에 공부법 자체를 의심하고 개입한다. "네가 암기 과목을 공부하는 것을 보니 방법이 잘못됐더라. 너는 외우라고 하면 눈으로만 보잖아. 쓰면서 해야지, 그렇게 하면 외워지겠어?"라고 지적을 한다. 그러고는 자신이 제시하는 방법을 따를 것을 요구한다. 아이가 그 방법을 따르지 않거나 저항하면 "그러니깐 성적이 그 모양이지!" 하는 식으로 나온다.

아빠의 이런 행동은 남자와 여자의 뇌의 차이점과도 관련이 있다. 남자의 뇌는 여자의 뇌보다 분석적이다. 문제가 발생하면 뭔가 똑 떨어지는 구체적인 원인을 찾고 싶어 한다. 그러다 보니 아빠들은 모든 문제를 수학 문제처럼 해결하려고 든다. 여자의 뇌를 가진 엄마는 분석보다는 감성적이다. 엄마는 아이의 생활 전반을 따져보고 아이의 성적이 갑자기 떨어진 이유를 찾으려고 한다. 아빠의 대응은 아이를 화나게 하고 공부를 더 안 하게 만든다. 아니, 안 하기보다는 무서워서 못 한다는 표현이 맞을 것이다. 아이는 열심히 공부했지만, 자신도 알 수 없는 이유로 성적이 떨어졌을 수도 있다. 아이 자신도 그 이유를 알지 못해 혼란스러운데, 아빠는 자신의 방식이 틀렸다고 한다. 아이는 아빠가 자신의 방식을 부정한 것에 반항심이 생겨 아빠의 방식을 따르고 싶어 하지 않는다. 하지만 자기 방식대로 계속 공부했다가 '또 떨어지면 어쩌나?' 하는 불안감이 생기고, 실패가 두려워서 결국 공부를 하지 않게 된다. 어떤 아이는 열심히 한다고 해도 언제나 좋은 결과가 나오는 것은 아닌데 성적이 조금만 떨어져도 아빠가 자신을 신뢰하지 않으니, 아예 공부하기가 싫어진다고 말하기도 한다.

아이의 성적이 떨어졌을 때 가장 좋은 대처 방법은 한두 번의 실패는 대범하게 넘어가는 것이다. 부모라면 호탕하게 "원래 실패하면서 배우는 거야. 떨어질 때도 있어"라고 말해줄 수 있어야 한다. 아빠처럼 아이의 공부 방법(공부하는 태도나 학습 방식)에서 원인을 찾아내거나 엄마처럼 정서적인 문제(공부를 방해하는 어떤 심리적인 어려움)에서 원인을 찾는 것이 무조건 나쁜 방법은 아니지만, 잘하던 아이가 성적이 떨어졌을 때는 부모가 최대한 예민하게 굴지 않아야 한다. 부모가 너무 예민하면 아이도 자신의 상황을 예민하게 받아들여 상황이 더 악화될 수 있다. 아이는 작은 실패를 습득의 한 과정으로 소화시키지 못하고, 그저 불편한 기억으로만 간직하게 된다. 성적이 떨어지고 실패할 때마다 그때의 불편한 기억이 떠올라 지나치게 긴장하고 무기력해질 수 있다.

인생에는 늘 굴곡이 있다. 자전거를 타고 가더라도 오르막길과 내리막길도 있다. 오르막길은 페달을 더 힘차게 밟아야 하므로 힘들다. 하지만 오르막길을 지나고 나면 반드시 내리막길이 나타난다. 내리막길은 페달을 밟지 않아도 자전거가 빠르게 내려간다. 아이들에게 인생이란 그런 것이라고 이야기해주었으면 좋겠다. 아이의 성적이 떨어져도 무조건 괜찮다고 생각하라는 말이 아니다. 원인을 분석하는 것도 필요하고 객관적으로 말해주는 것도 필요하다. 단, 너무 세밀한 것에 집착해 과민 반응하지 말라는 것이다. 이런 행동은 아이에게 전혀 도움이 되지 않는다. 과민 반응하지 않으려고 했는데 자꾸 과민 반응하게 된다면, 자신의 불안을 걱정해야 한다. 어쩌면 치료를 받아야 할 수도 있다. 불안하면 자꾸 넘치는 행동을 하게 되기 때문이다.

이럴 때는 아이에게 "왜 성적이 떨어졌는지 혹시 생각해봤니?" 하고 물어보

라. 그러면 아이가 "일단 공부를 좀 안 했고요"라면서 이야기를 시작할 것이다. 이때 "공부에는 왕도가 없어. 할애한 시간이 적으면 아무래도 그렇지"라고 말해주면 의외로 아이들은 순순히 인정한다. 하지만 "내 그럴 줄 알았어. 너 집에 오자마자 컴퓨터부터 켜더라"라고 비난하는 투로 말하면 아이도 "나 그전까지는 공부 엄청 많이 했거든요!"라고 반항하듯 대답한다. 아이가 이렇게 반항하면 부모는 "했는데 성적이 그렇게 떨어져?"라고 말하면서 아이의 감정을 더 자극한다. 성적이 떨어졌을 때는 아이가 한 발 물러서서 문제를 객관적으로 바라볼 수 있게 해주고, 스스로 답을 찾을 수 있게 도와주어야 한다. 괜히 아이의 자존심을 자극하여 주관적인 감정에 휩싸이게 해서는 안 된다. 먼저 답을 알려주거나 부모가 나서서 처리해주는 것은 전혀 도움이 되지 않는다.

아이가 "이번에는 좀 공부를 덜 했어요"라고 말하면, "왜 덜 하게 되었는데?"라고 물어봐준다. "기말고사는 범위가 좀 넓어서 4주 전부터 해야 했는데, 2주 전부터 공부를 시작했거든요"라고 대답하면, 부모는 "좋은 걸 배웠어. 다음부터는 4주 정도 전부터 시간을 가지고 공부를 하면 되겠네"라고 말해주면 된다. 그러면 아이도 금세 그 상황을 수긍한다. 혹은 아이가 "이번엔 유난히 실수가 많았어요"라고 말하면, "거봐, 엄마가 문제 똑바로 읽으라고 그랬지?"라고 말하지 말고, "왜 실수를 한 것 같은데?"라고 물어봐줘야 한다. 그리고 아이의 대답을 들은 후에는 "너 평소에도 실수를 잘하니?"라고 묻는다. "아니요"라고 말하면 "그러면 이번에는 왜 실수를 했을까?"라고 물어봐주면 아이도 그에 대해 곰곰이 생각해볼 것이다. "한 번 풀었던 문제와 똑같은 지문이 나와서 신경을 안 쓰고 똑같은 것이라고 생각했는데, 나중에 보니깐 좀 달랐어요"라고 대답할 수도 있다. 그러면 "아, 그랬구나. 같은 문제라도 똑같이 내면 출제자가 자존심이 좀 상하거든. 그래서 보통 바꿔서들 많이 내. 원래 그래. 너 이번에 좋은 거 배운 거야"라고 말해준다. "이번에 배웠으니까 다음번에는 확실히 문제 푸는 자세를 바꿔야 해. 다음번에도 똑같이 한다면 똑같은 결과가 나올 거야. 이번에 네가 바꿔야 할 방식이 꼭 이상적인 방식일지는 모르겠어. 하지만 바꾸긴 해야 하는 거야"라고 말해주면, 아이들은 대부분 부모의 말에 수긍한다.

아이가 어리다면 위의 이야기를 더 쉽게 풀어서 말해준다. 만약 아이가 받아쓰기에서 빵점을 맞았다면, "받아쓰기가 어렵니? 한글이 아직 어려워?"라고 묻고, 그러면 아이가 "아니에요. 저 한글 다 알아요"라고 대답할 수 있다. "한글 다 아는데, 왜 틀렸을까? 그 글자가 어려운 글자야?" 이런 식으로 아이의 수준에 맞고 아이 스스로 답을 찾아갈 수 있게 질문을 해주면 된다. 아이의 이야기를 듣고는 정말 안타까워하면서 "아휴, 왜 그랬을까? 들어보니깐 정말 이해된다. 그런데 엄마는 이런 점은 좀 궁금한데 그건 왜 그런 걸까?"라고 하면 아이들이 "그건요…" 하면서 자신의 문제에 대한 원인을 스스로 분석하고 해답을 찾는다.

그런데 대다수의 부모들은 아이에게 이렇게 물어봐주지 않는다. 아이를 무시해서가 아니라 아이를 너무 사랑해서 아이와 자신을 분리시키지 않기 때문이다. 대부분의 부모들은 아이를 임신하면 '이 아이를 엄청난 인물로 만들 것이다'라고 생각한다. 그런 생각이 너무 강한 나머지 아이를 객관적인 개체로 잘 보지 않는다. 내 생각이 아이 생각인 것 같고, 내가 이렇게 말하면 아이가 말하지 않은 부분까지 알 것이라고 오해한다. 아이와 나의 경계선이 없는 것이다. 옆집 아이에겐 "왜 그렇게 하는 건데?"라고 물어볼 수 있는 일도, 내 아이라면 다 생략하고 부모의 생각만 말하는 경우가 많다. 아이가 성적이 떨어졌다면 그것은 엄마 아빠의 문제가 아니라 아이 자신의 문제다. 부모가 아이 문제의 해답을 알고 있는 것이 핵심이 아니다. 아이 스스로 자신의 문제를 객관적으로 보고 해답을 찾을 수 있도록 해야 하고, 그럴 수 있도록 인도하는 것이 부모가 할 일이다.

배우자를 육아 동지에서 적으로 만드는 말

Stop Daddy!

· 내가 쟤 공부 안 할 때 알아봤어.

· 집에서 도대체 뭐 해? 애 공부 하나도 제대로 관리 못 해?

· 엄마나 애나 제대로 하는 게 하나도 없어. 이래서 내가 마음 편하게 돈 벌어오겠어?

Stop Mommy!

· 당신이 그렇게 집에 신경을 안 쓰는데, 애가 공부 잘하는 게 이상하지.

· 언제부터 당신이 애한테 신경 썼다고 그래?

· 내가 진짜 사는 낙이 없다니까. 애는 공부도 안 해, 남편은 신경도 안 써.

· 지 아빠처럼 밖으로 나돌기만 하더니….

애를 어떻게
가르쳤기에 이래?

open daddy's heart

죽어라 돈 벌어다 주는데 아이 하나 제대로 못 가르치나? 나는 저만 할 때 모든 걸 알아서 했는데, 학원 보내주고 해달라는 것 다 해주는데도 공부 하나 못 해? 너무 오냐오냐해서 애가 정신을 못 차리는 것은 아닐까? 저렇게 널브러져서 제 할 일도 안 하는 거 보면 꼭 내 자식 같지가 않단 말이야. 처가 쪽 피가 많이 흐르나?

도대체 왜
공부를 안 할까?

open mommy's heart

우리 애는 왜 공부에 관심이 없을까? 학원을 바꿔볼까? 뭐 아이가 좋아하는 것을 해줘볼까? 달래볼까? 혼내볼까? 무슨 일 있나? 이러다 대학도 못 가고 밥벌이도 못 하면 어쩌지? 그게 다 내가 잘못 기른 탓이잖아. 아, 불안해. 힘들어. 누가 좀 도와줬으면 좋겠어. 남편은 "공부도 하나 못 가르쳐?"라고 말하지만, 그게 정말 마음대로 안 된다고.

정말 공부하기 싫어하는 아이들도 있다. 시험 때라도 책상에 좀 앉아 있으면 좋으련만, 그조차도 안 하려 한다. 이런 아이의 모습을 지켜보는 엄마 아빠의 마음은 어떨까? 많은 아빠들이 이럴 때 아이를 미워한다. 아이를 보면 화를 내고 아내가 아이를 잘못 가르쳤다고 생각한다. 아빠는 '죽어라 돈 벌어다 주는데 아이 하나 제대로 못 가르치나?'라고 생각한다. 그런데 이런 생각을 하는 아빠들은 대부분 평소 아이의 가정교육에 관여를 하지 않는 사람들이다. '내가 신경을 못 써서 그런가'라고 생각하기보다, 어릴 때 장모님이 봐주셨는데 그때 버릇없게 키우셔서 아이가 저렇다고도 생각한다. 아이와 의사소통을 많이 하고 관심이 많은 아빠들은 대개 아이의 문제를 바라볼 때 엄마의 시각과 큰 차이가 없다. 그런 아빠들은 아이에게 무슨 걱정이 있는 것은 아닌지 염려하고 어떻게 지원을 해주어야 할지 고민한다.

엄마들은 아이가 공부를 안 하는 것을 자신의 탓으로 돌리는 남편을 보면, 그 무책임한 모습이 무책임하게 공부를 하지 않는 아이와 꼭 닮았다고 느낀다. 또 '돈만 벌어다 주지, 언제 아이한테 신경 한번 써봤어?'라고 생각한다. 그런데 외벌이를 하는 아빠들은 자신이 돈 버는 것을 어마어마한 일이라고 느끼기 때문에 종종 "돈 벌어다 주는데 그것도 못 해?"라는 말을 한다. 하지만 엄마들이 집에서 살림하고 아이를 키우는 일 역시 어마어마하게 힘든 일이다. 엄마들은 남편이 집안일을 폄하하면 "돈만 벌어다 주면 다야?"라며 날선 공격을 한다. 이렇게 한판 싸우고 나면, 엄마 아빠들은 '아이가 누굴 닮아서 공부를 안 할까? 우리 집안에는 이렇게 공부 못하는 아이가 없는데'에 집중하기 시작한다. 양쪽 집안 사돈의 팔촌까지 뒤져 어느 집안이 공부를 잘했는지를 따지기도 한다.

공부 안 하는 아이에 대응하는 방식 또한 다르다. 엄마는 아이가 공부를 너무 안 하면, 뭐라도 시켜야 불안하지 않으니까 학원을 늘리는 방법을 많이 쓴다. 학원 한 개 다니는 것을 두 개로 늘리고, 두 개 다니던 것을 세 개로 늘린다. 아빠는 엄마의 그런 방식이 마음에 들지 않는다. 이미 아이가 미워졌기 때문이다. 엄마들은 못난 자식을 더 애틋하게 보살피지만, 아빠들은 능력 없는 자식을 미워하는 경향이 있다. 아빠에게 아이의 공부는 잠재적으로 능력을 펼칠 수 있는 중요한 상징물의 하나다. 농경사회에서는 힘이 센 자식을 능력 있는 자식이라고 생각했다면, 지금은 공부 잘하는 자식을 능력 있는 자식이라 생각한다. 그래서 능력 없는 자식이 밉다. 아빠는 아이가 공부를 하지 않을수록 아이를 다그치거나 혼을 내는 일이 많아지고, 아이가 누리고 있는 권리들을 하나씩 뺏기 시작한다. 휴대폰을 정지시키거나 빼앗아버리고, 컴퓨터를 못 하게 하고, 인터넷을 끊어버리고, 귀가 시간을 제한하거나 외출을 금지한다. 아빠들은 아이가 마음에 들지 않는 행동을 하면 아이에 대한 규제를 강화한다. 엄마들은 반찬값까지 아껴가며 하나라도 더 지원해서 공부를 잘하게 하려는 반면, 아빠들은 하나씩 규제를 강화해서 '잔말 말고 내 말을 들어'식으로 분위기를 만들어간다.

둘의 대책 모두에 문제가 있다. 가뜩이나 공부하기 싫어 죽겠는데, 학원 수만 계속 늘리는 엄마나, 억지로라도 하지 않으면 너의 특권을 모두 박탈하겠다는 아빠 모두 잘못됐다. 아이는 엄마에게 거짓말이라도 해서 학원에 안 가려 할 것이고, 아빠에게는 더더욱 반발할 것이다. 사람에게는 누구나 억누르면 억누를수록 튕겨 나가고 싶어 하는 심리가 있다. 사춘기 아이는 그 심리가 더욱 강해, 규제가 강해질수록 아빠에게 반항하고 싶어 공부를 더 안 한다. 아빠의 요구에 수긍하면 왠지 자신이 굴복한 것 같아 자존심을 지키기 위해 끝까지 공부를 안 하고 버틴다. 문제를 해결하려면 엄마 아빠는 아이가 왜 공부를 안 하려고 하는지에 대한 본질을 고찰해야 한다. 아이에게 "빨리 공부 안 해! 공부 안 하면 어쩌려고 그래?"라고 말하지 말고, "왜 공부를 안 하려고 하니?"라고 진지하게 물어봐야 한다.

이번에는 '공부'의 의미에 대해서 생각해보자. '공부'의 사전적 의미는 '학문이나 기술을 배우고 익히는 것'이다. 학문이나 기술을 배우고 익히는 목적은 그저 점수나 등수를 높여서 좋은 학교, 회사에 가기 위한 것이 아니다. 그 과정을 통해 재미없고 힘든 과정을 이겨내고, 무언가 최선을 다해 열심히 하는 것을 배우기 위함이다. 현대사회에서는 그러한 경험을 가르치기 위해 교과과정을 공부하고 시험을 치르는 방법을 사용한다.

공부를 안 하려고 하는 아이에게 "너 이렇게 공부 안 하면 나중에 밥도 못 먹고 거지된다"라고 협박하지 말고, 공부의 의미를 가르쳐야 한다. "학교에서 하는 공부가 너에게 잘 맞지 않더라도, 그걸 통해 쉽게 포기하지 않고 최선을 다하고 힘든 것도 참아내는 것을 경험해야 하는 거야. 반드시 잘해야 하는 것은 아니지만, 하기 싫다고 무조건 안 하면 안 돼." 어떤 부모들은 아이가 공부를 못하면 이것저것 막 시켜본다. 뭐라도 아이가 잘하는 것을 찾기 위해서다. 하지만 이것은 별로 좋은 방법이 아니다. 학교 공부를 통해 배워가는 기쁨이나 하기 싫은 일이라도 최선을 다하는 것을 배우지 못한 아이는 요리를 시키든, 운동을 시키든, 음악을 시키든, 미술을 시키든, 열심히 하지 않는다. 그럴 때는 학원 수를 늘리는 대신 아이가 한 번이라도 열심히 배워가는 기쁨을 맛볼 수 있는 것이 무엇인지 찾아봐야 한다.

나는 아들이 공부를 죽어라 안 한다며 진료실을 찾은 어느 아빠에게 숙제를 하나 내주었다. 월드컵이 한창이던 때라 아이와 함께 월드컵 공인구에 대해 공부해오라고 했다. 월드컵 공인구란 국제축구연맹의 승인을 거쳐 지정된 FIFA 월드컵 공식 축구공을 말한다. 그다음 주, 아이는 진료실에 들어오자마자 월드컵 공인구에 대한 이야기를 신나게 풀어내기 시작했다. "2010년 남아공 월드컵 공인구 이름은 '자블라니'구요, 2006년 독일 월드컵 공인구 이름은 '팀가이스트'였어요. 2002년 한일 월드컵 공인구는 선생님도 아시죠? '피버노바'였고요." 아이는 공인구가 처음 생겼던 1970년 멕시코 월드컵부터 2010년 남아공 월드컵 공인구까지 줄줄 읊어댔다. "와, 그래? 그런데 공 이름만 다른 거야? 차이가 뭐니?"라고 물었더니 "선생님, 그거요, 매 대회마다 기능이 향상되고 디자인이 다른 공인구가 지정되는데요. 디자인이 다른 만큼 특징도 좀 달라요. 2006년 팀가이스트는, 보통 축구공이 32개의 가죽 조각으로 구성되는데, 가죽 조각을 14개로 줄여 조각이 만나는 이음새를 다른 공에 비해 적게 했더니 축구공이 완전한 구 형태에 가까워져 정확도가 다른 축구공보다 높았대요. 자블라니의 경우는, 3차원 곡선 형태로 된 가죽 조각 8개로 만들고 팀가이스트보다 더 원형으로 만들어 정확도를 더욱 높였고요. 공 표면에 미세한 특수 돌기를 배치해서 골키퍼가 공을 잡을 때 미끄러지는 사고를 방지했대요." 공부라는 것에는 도통 관심이 없던 이 아이는 마치 축구전문가처럼 유창하게 설명했다. 아이는 내가 내준 숙제를 통해서 무언가 탐색하고 호기심을 갖고 찾아보면서 알아가는 것에 대한 즐거움을 깨닫게 된 것이다. 그리고 그것을 남에게 설명해줄 때의 뿌듯함까지 느꼈다.

공부를 안 하는 아이를 공부하게 하려면, 이렇게 접근해야 한다. 부모는 슬며시 방향을 안내하는 역할만 되면 된다. 매일 1시간씩 누가 누구에게 공부를 시키는 것이 아니라 그 시간 동안 함께 무언가 찾고 알아가는 것을 즐기는 시간으로 정한다. "민국아, 2006년 월드컵은 어디서 열렸는지 너 알고 있니?" "글쎄요…." "너도 기억이 안 나는구나? 내가 한번 찾아볼게." 아빠가 먼저 인터넷을 검색해서 정보를 발견한 후 "아하, 독일이었군. 독일은 어디쯤 있나? 그 나라에는 공항이 어디 있을까? 시차는 얼마나 되지?" 이런 식으로 하나의 주제에 관해서 함께 탐색해나가는 것이다. 아이는 학교에서 강압적으로 하는 공부가 아니라 흔쾌히 부모의 질문을 곰곰이 생각하고 답을 찾는 행동을 할 것이다. 이것이 바로 공부다.

나는 아이가 공부를 못해서 밉다고 말하는 아빠들에게 종종 묻는다. "자동차 딜러 중 실력이 좋은 분들이 어느 대학 나왔는지 아세요?" 대부분 모른다. 그들은 비 오면 비 온다고 눈 오면 눈 온다고 안부 문자를 보내면서 열심히 고객을 관리한다. 그래서 다음 거래를 성사시키고, 최고의 딜러가 된다. 우리 아이들이 공부를 해야 하는 이유는 '그 열심히 하는 태도'를 배우기 위해서다. 어차피 공부로 먹고사는 사람은 소수다. 내 아이가 이다음에 무엇을 할지는 아무도 모른다. 아이는 요식업을 할 수도, 장사를 할 수도, 회사에 다닐 수도, 엔지니어가 될 수도 있다. 그때를 위해 필요한 것은 지금 배우는 지식의 양이 아니라 '열심히 하는 태도'다. 그러한 태도를 가르치기 위해 가장 많이 쓰는 방법이 학교 교과과정을 통한 시험이라는 것을 잊지 말았으면 좋겠다. 학교 공부를 절대로 못 따라가는 아이라면, 다른 방식으로라도 그것을 가르쳐주어야 한다.

다행스러운 것은 아이가 어떤 것이든 열심히 하는 태도, 즉 탐구하고 탐색하는 능력이 생기면 다른 것에도 '어, 이것은 왜 그렇지?' 하는 의문을 품게 되고, 그것을 알아보고 싶어 하는 마음이 생긴다는 것이다. 스스로 공부를 하고 싶은 욕구가 생기는 것이다. 때문에 어떤 것을 통해서든 열심히 하는 태도를 가르치면, 아이가 학교 공부를 대하는 자세도 달라진다. 사실 아이들이 공부를 하기 싫어하는 가장 큰 이유는 '공부 = 혼나는 것'이라는 공식을 가지고 있기 때문이다. 아이들이 항상 듣는 말이 "이번에 평균 85점 못 받으면 아무것도 없을 줄 알아"라는 말이다. 한 번도 공부를 즐겁게 해본 적이 없는 아이는 공부를 떠올리면 자동적으로 '싫다, 지겹다'라는 감정이 떠오른다. 공부가 의미하는 것은 절대 등수나 점수가 아니다. 기본적으로 삶을 열심히, 그리고 치열하게 사는 이치와 태도를 배우는 것이다. 공부는 충만한 정서적 만족감을 느끼고, 누군가에게 감화를 받으면 그것을 닮고 싶은 마음을 스스로 알고, 시행착오를 통한 교정을 경험하는 것이다. 영어 단어 몇 개를 더 외우는 것이 아니다. 부모가 주는 정서적인 안정과 편안한 경험은 공부의 토양이 된다. 때문에 부모 사이의 갈등이 심하거나 부모와 아이가 갈등하고 있는 상태에서 아이가 공부를 잘하기는 쉽지 않다.

공부를 안 하는 아이의 머릿속에는 안타까운 무기력감도 있다. 한 아이는 이런 말을 했다. "선생님, 제가 지난번에 공부를 하고 시험을 봤는데 53점 나왔거든요. 그런데 이번에는 공부를 하나도 안 했는데 60점이 나왔어요. 저는 공부 안 하고 시험 보는 것이 더 잘 나오는 것 같아요." 실소를 자아내는 아이의 말 속에는 사실 '무기력'이 숨어 있다. 자기는 공부에 관해서는 아무것도 할 수 없다고 생각하는 것이다. 부모들은 열심히 공부하라는 의미에서 신문이나 뉴스를 보다가 "야, 이것 좀 봐라. 미국에서 박사 학위까지 따와도 취업을 못 한단다. 너도 정신 바짝 차려. 그렇게 공부해서는 아무것도 못 해"라고 말한다. 세상은 정말 가혹한 곳이니 열심히 살아야 한다는 메시지를 주고 싶어서 하는 말이지만, 아이는 그 말을 듣고 '그래, 성공하려면 정말 열심히 해야겠군'이라고 절대 생각하지 않는다. '미국 유학까지 갔다 온 사람이 저렇다는데, 나 정도가 뭘 하겠어. 힘들게 공부해서 뭐해. 어차피 하나 마나일 텐데…' 하고 자포자기하고 만다. 자신의 미래에 대한 희망을 잃어버리는 것이다.

아이가 나름대로 열심히 한다면 부모가 원하는 성적을 받지 못하더라도 아이를 무시하거나 다그쳐서는 안 된다. 또 작은 변화에도 칭찬을 아끼지 말아야 한다. 앞서 예로 든, 월드컵 공인구에 대해 열심히 공부한 아이에게는 "야, 너 정말 잘 아는구나. 아빠는 월드컵 축구공들이 이름만 다르지 기능까지 차이가 나는지는 몰랐네. 거참 미묘한 차이다. 가죽 조각이나 모양에 따라 회전 효과와 정확도가 달라지는구나. 요즘은 정말 스포츠도 과학이네"라는 식으로 아주 구체적으로 칭찬해주고 격려해주어야 한다. 그래야 아이가 자신의 미래에 대해 가진 부정적인 생각이나 무기력감을 극복해낼 수 있는 힘을 얻는다.

배우자를 육아 동지에서 적으로 만드는 말

Stop Daddy!

· 죽어라 돈 벌어다 주는데, 아이 하나 제대로 못 가르쳐?

· 당신 닮아서 저 모양이야!

· 공부 안 하면 아무것도 해주지 마. 게임도 못 하게 해. 용돈도 주지 마.

· 어휴, 다 꼴 보기 싫어.

Stop Mommy!

· 돈만 벌어다 주면 다야?

· 우리 집안 사람들은 공부 다 잘했거든.

· 아빠가 집에 신경 안 쓰는 거나, 애가 공부에 신경 안 쓰는 거나 아주 똑같네.

· 당신이나 술 좀 작작 먹고, 애 공부 좀 가르쳐봐.

아이의
친구 관계

친구 관계에 대한 엄마 아빠의 생각은…

부모는 아이가 초등학생일 때는 친구 관계를 중요하게 생각한다. 초등학교에 입학하는 아이를 둔 부모들에게 아이의 학교생활 중 무엇이 가장 걱정인지 물으면 '공부'라고 할 것 같지만 의외로 '친구'라고 말하는 사람이 많다. 많은 부모들이 아이가 학교에서 친구들과 원만하게 지냈으면 좋겠다고 대답한다. 아이가 학교에서 외톨이가 되거나 괴롭힘을 당할까 봐 걱정을 많이 한다. 그런데 아이가 중·고등학교에 가면 부모의 생각이 좀 달라진다. 친구가 공부에 방해가 된다는 생각이 더 커지면서, 너무 친하게 지내는 것을 별로 좋아하지 않는다.

아이들에게 친구의 의미는 무척 크다. 인간은 사회적 발달이 이루어져야 다른 사람과 어울려 사는 사회화가 가능해진다. 이때 가장 중요한 것이 부모다.

부모와 얼마나 안정된 관계를 갖느냐가 건강한 사회적 발달에 결정적인 역할을 한다. 부모와의 관계가 단단해졌을 때 아이는 소아기, 그리고 청소년기에 들어서면서 나와 피가 섞이지 않고 의식주를 같이 해결하지 않는 타인, 즉 친구와 좋은 감정을 나누는 것을 경험하게 된다. 아이는 이 경험을 통해 사회화에 필요한 문제 해결 방식과 타인에 대한 공감, 배려, 우정 등을 배운다. 친구와 좋은 경험을 쌓아야 성인이 되었을 때 인간에 대해 친밀감을 느끼는 사람이 될 수 있다. 그래야 이성을 만나서 사랑도 하고, 결혼해서 아이도 낳을 수 있으며, 아이를 낳아 예쁘다는 생각도 할 수 있고, 시가나 처가 사람들과도 친밀감을 형성하게 된다. 친구 관계에서 가장 중요한 것은 '교환'이다. 우정과 마찬가지로 갈등도 교환해봐야 한다. 친구 관계는 부모와의 애착 다음으로 중요한 아이들의 발달 과제다.

아빠와 엄마가 아이의 친구에 부여하는 의미도 조금 차이가 있다. 아빠들은 사회생활을 하다 보니 인간관계가 무엇보다 중요하다고 여긴다(엄마들은 사회생활을 하더라도 아빠처럼 생각하지는 않는다). 아빠들은 아이가 다양한 친구를 사귀면 그만큼 인생을 경험하는 데 도움이 된다고 생각한다. 아이가 공부에는 탁월한 재능이 없더라도 다양한 친구와 잘 지내는 것을 보면 내심 '이다음에 어떤 일이라도 해서 먹고살겠지' 하고 흐뭇해한다. 아주 심각하게 질이 나쁜 친구가 아닌 이상, 아이가 문제가 있는 친구를 사귀어도 크게 걱정하지 않는다. 이에 비해 엄마들은 보살핌 본능 때문에 아이가 질이 좋지 않은 친구와 지내는 것을 무척 불안해한다. 나에게 상담을 받던 한 엄마는 자기 아이가 치료에 진전을 보이자 아이와 가장 친한 친구 두 명의 치료를 함께 의뢰했다. 친구들이 함께 좋아지지 않으면 우리 아이가 다시 나빠질 거라는 걱정 때문이었다.

잊을 만하면 한 번씩 사회면을 장식하는 기사가 있다. 친구들한테 왕따를 당하거나 집단 따돌림을 당한 아이가 스스로 목숨을 끊는 끔찍한 사건들이 매년 끊이지 않는다. 더구나 그 연령이 점점 낮아지고 있다. 얼마 전에는 초등학교 1학년 아이가 집단 괴롭힘을 당해 학교폭력위원회가 열렸다는 기사도 있었다. 상황이 이렇다 보니 어린 아이를 둔 부모들은 '혹시 우리 아이도?'라는 생각에 가슴이 철렁 내려앉는다. 물론 우리의 아이도 왕따를 당할 수 있다.

정말 왕따 맞아?
애들끼리 장난한 거 아니야?

open daddy's heart

우리 아이가 왕따를 당했다고? 누군가의 희생자였다고? 그렇다면 그 누군가에게 만만하게 보였다는 말이잖아. 그럴 리가 없어. 내 아이가 그렇게 나약할 리가 없어. 아마 아이들끼리 좀 심하게 장난한 걸 가지고 아내가 흥분해서 저러는 거겠지. 남들이 때리면 저도 좀 때려주고 그러지, 약해빠져서 엄마가 그런 오해나 하게 하냐!

우리 애가 왕따?
얼마나 힘들었을까!

open mommy's heart

다른 아이가 우리 아이를 괴롭혔다는데 어떻게 가만히 있지? 아빠 맞아? 당장 학교로 쫓아가서 가해 학생을 잡고 교사들에게 지금 일어난 문제를 명명백백히 밝혀내라고 해야 하는 거 아니야? 우리 애가 얼마나 억울하고 가슴 아팠겠냐고! 이럴 때 앞장서서 가족을 보호해주는 게 아빠의 역할 아니야? 그래야 우리가 아빠를 믿고 살지.

157

'왕따'라는 말이 나타난 것은 1990년대 중반부터다. 그전까지 우리나라에는 '왕따'라는 개념이 없었다. 영화 〈친구〉에서처럼 다른 학교의 아이들과 싸울지 언정 자기 반 아이를 괴롭히는 일은 거의 없었다. 같은 학교에서 선배가 후배를 집단 폭행하는 경우도 없었다. 우리나라 사람들은 '우리'라는 이름으로 똘똘 뭉 치는 관습이 5,000년 역사에 새겨져 있기 때문에, 여러 사람이 남을 따돌리는 일은 이처럼 공공연하게 행해지지 않았다. 우리나라의 '왕따'는 일본의 '왕따'를 이르는 말인 '이지메'가 나타난 이후로 시작된 것으로 보인다. 여러 가지로 일본 문화의 영향을(특히 애니메이션이나 만화) 받다 보니 아이들에게 모방 행동이 나 타난 것이다. 그런데 한번 시작된 '왕따' 문화는 해가 갈수록 그 피해가 심각해 졌다. 요즘에는 우리나라 스마트폰 보급률이 90%를 넘어서면서 '사이버 불링 (cyber bullying)'이라는 신종 왕따 문화까지 나타났다. 사이버 불링은 SNS를 이 용해 온라인상에서 피해자를 집단적으로 따돌리거나 괴롭히는 현상이다. 왕따 나 집단 괴롭힘은 물리적인 괴롭힘이나 폭력은 줄어드는 반면, 언어적·심리적 으로 상대를 괴롭히는 형태로 점점 교묘하게 진화하고 있다. 이로 인해 아이들 은 단순히 학교에 가기 싫어하고 정신과 치료를 받는 것을 넘어서, 폭력성이 점 점 짙어지고 자살까지 시도하기에 이르렀다.

진료실에도 왕따 때문에 많은 아이들이 찾아온다. 아이가 왕따를 당한다는 것 을 알았을 때, 엄마들은 너무나 안쓰럽고 속상해서 이성을 잃을 정도로 격분한 다. 피해 아이 엄마가 흥분해서 가해 아이 부모를 찾아갔을 때, 가해 아이 부모가 두 손을 싹싹 빌어도 속이 풀리지 않을 판에 사과하는 기색이 없으면 고소하겠다 는 말까지 나온다. 그런데 의외로 아빠들은 대개 차분하다. 그렇게 흥분할 일이 아니라며 이성적으로 나온다. 아내가 고소를 한다고 하면 "고소가 그렇게 쉬운 줄 알아? 좋게 해결하자구"라며 아내를 달랜다. 그러면 엄마는 "당신, 정말 아빠 맞아?" 하면서 아이의 문제가 다시 부모의 갈등을 심화시키는 주요인이 된다.

아빠들은 왜 그럴까? 사실 아빠들은 문제를 해결해야 한다는 생각과 함께 '우리 아이는 왜 이렇게 나약할까'라는 생각에 화도 나고 아이가 조금 미운 마음도 있다. 아빠들은 강인함을 중요하게 생각하기 때문에 자신의 아이가 다른 사람과의 힘겨루기에서 밀린 것 같아 아이를 변변치 못하게 여기는 측면도 있다. 내 아이가 안쓰럽고 왕따시킨 아이에게 화도 나지만, 한편으로는 '왜 다른 아이들은 괜찮은데 너만 당하냐?'라는 마음도 있다. 그러다 보니 "너도 덤벼. 아빠가 다 책임질게. 그 아이가 세 대 때리면 한 대라도 때려. 아빠가 치료비고 뭐고 다 물어줄게"라는 식의 조언을 많이 한다. 하지만 왕따를 당하는 아이는 그것이 안 되는 아이들이다. 힘으로 누르는 아이를 힘으로 맞서는 것이 안 된다. 그런데도 아빠가 자꾸 자신이 할 수 없는 것을 하라고 조언을 하니, 아이는 더 외로워진다. 자신을 제대로 이해하지 못한다는 생각이 들고, 아빠의 조언을 따르지 못하는 나를 아빠가 얼마나 못나게 여길까 걱정한다. 물론 왕따를 당한 자식이 딸이냐, 아들이냐에 따라 아빠의 반응이 좀 다르기는 하다. 딸이 왕따를 당하면 아빠들은 절대적으로 아이를 보호하려고 든다. 하지만 아들의 경우는 좀 못나게 보는 경향이 있다. 여자는 보호를 받아도 부끄럽지 않은데, 남자는 강인해야 하고 나약하면 창피하다고 생각하는 사회문화적인 고정관념도 이런 아빠들의 반응에 한몫하는 것 같다.

엄마 아빠의 갈등은 여기서 시작된다. 아빠들은 문제를 적극적으로 해결하려

하기보다는 아이한테 "그러기에 왜 맞아? 너도 좀 때리지"라는 말을 툭툭 던진다. 엄마들은 아빠의 이런 태도를, 아이를 충분히 이해하고 보호해주지도 못하면서 안쓰러운 내 자식만 탓하는 것으로 본다. "왜 아이한테 그런 소리를 해? 때린 놈이 나쁜 놈이지"라며 아빠에게 쏘아붙인다. 엄마들은 아빠가 학교에 가서 교사를 만나고 가해 아이의 부모를 만나 속 시원하고 따끔하게 혼내주기를 바란다. 엄마는 이 문제를 내 자식이 안전을 위협받는 상황인 동시에 가족의 위기라고 본다. 때문에 아빠가 가장으로서 가족의 든든한 울타리가 되어주기를 바란다. 그 생각에 아빠가 따라주면 문제가 없는데, 그렇지 않을 경우 엄마는 '내가 이런 사람을 어떻게 믿고 살아가지? 앞으로 아이를 키우다 보면 이보다 더한 일도 있을 텐데'라는 불신이 생긴다. 적극적으로 대처를 안 해주는 아빠가 방관자처럼 보이고 서운하고 배신감마저 느껴진다. 그렇다면 아빠들은 왜 이렇게 문제를 축소하려는 걸까? 아빠들은 사실 내 아이가 왕따를 당했다는 그 자체를 인정하기 싫어한다. 내 아이가 왕따를 당했다는 것을 인정하는 순간, 우리 아이가 누군가에게 만만한 대상이라는 것을 인정하는 것이라고 믿기 때문이다. 그래서 가해 아이가 한 행동을 따돌림이 아니라 장난이라고 축소해버린다. 가해 아이 편을 드는 것이 아니라 내 자식이 변변치 않다는 것을 인정하고 싶지 않은 것이다.

그렇다면 왕따를 당한 아이의 마음은 어떨까? 왕따의 피해 당사자인 아이들은, 자신의 상황을 절대 가족에게 알리고 싶지 않아 한다. 6개월 동안 왕따를 당해 상담을 받으러 온 고등학교 1학년 한 아이는 엄마에게 울면서 말했다. "아빠한테 절대로 얘기하지 마. 아빠가 알면 나는 죽어버릴 거야. 형한테도 말하면 안 돼. 엄마도 학교에 아는 척하지 마." 나는 아이가 원한다면 엄마만 알고 있고 주위 사람들은 모두 모르는 것으로 해주자고 했다. 그 아이의 아빠는 '전형적인 아빠'라고 할 만한 평범한 사람이었다. 그런데도 아이는, 엄마는 괜찮지만 절대 아빠한테는 자신의 문제를 노출시키지 않으려고 한다. 엄마는 나를 위해 희생하는 사람이라는 이미지가 있지만 아빠는 나의 약점을 노출하면 안 되는 사람이라고 생각한다. 아이와 아빠, 특히 아들과 아빠 사이에는 본능적으로 미묘한 '파워 개념'이 존재한다. 남자 대 남자로서 자신이 유약하고 힘이 없는 존재임이 드러나는 것을 굉장히 부끄럽고 수치스럽게 생각한다. 이것은 아이의 무의식에서 일어나는 반응이다. 이 아이의 경우도 아빠가 모르는 척은 했지만 엄마와 상의해서 가해 학생도 만나보고 나에게 상담도 받으면서 문제를 해결했다.

아이가 왕따를 당했을 때는 철저하게 아이 중심이 되어서 문제를 해결해야 한다. 어쨌건 아이는 희생자이고, 가장 힘든 건 아이이기 때문이다. 부모는 철저히 아이를 이해하고 보호해야 한다. 아이에게 '어떤 이유에서도 사람이 사람을 괴롭히는 것은 있을 수 없는 일이다'라는 명제를 이야기해주고, "네가 어떤 식으로든 나한테 신호를 보냈을 텐데, 내가 그것을 알아채지 못해 정말 미안하다. 이제라도 알았으니 앞으로 보호해줄게"라거나 "지금 마음이 많이 아플 텐데, 그럼에도 불구하고 나에게 말해준 것이 참 고맙다. 엄마 아빠는 어떤 방법을 동원해서라도 다시는 이런 사태가 재발되지 않도록 적극 대처할 거야"라고 말해야 한다. 왕따나 성폭행을 당한 아이와 그에 대처하는 부모의 반응은 굉장히 적극적이어야 한다. 창피하다고 숨기거나 그 문제 안에 혹시 내 아이의 책임이 있는지 추궁해서는 안 된다. 잘못은 반드시 가해자에게 있다. 부모도 그렇게 생각하고, 아이도 당연히 그렇게 생각하게 도와야 한다. 부모가 적극적으로 나서서 대처하는 모습을 보여야 아이의 상처도 치유된다. 따라서 아빠도 자기 자신의 체면보다는 아이의 마음을 헤아려 적극적으로 나서야 한다.

왕따가 가장 많이 일어나는 시기는 초등학교 6학년에서 중학교 1, 2학년 때다. 초등학교 저학년에도 간혹 왕따가 있기는 하지만, 왕따라기보다는 짓궂은 장난일 경우가 많다. 조직적인 왕따는 초등학교 고학년부터 나타난다. 중학교 3학년이 되면 좀 가라앉기 시작해서 고등학교 가면 대개 사라진다. 고등학생이 되면 아이들의 생각도 많이 자라기 때문이다. 왕따를 만드는 주동자는 대개 성격적으로 문제가 있는 아이들이다. 그런 아이들은 치료를 받지 않는 이상 고등학교에 가도 변하지 않는다. 생각이 자라는 것은 지금까지 침묵하고 방관하던 주변 아이들이다. 이전에는 반 아이가 왕따를 당해도 자신 역시 당할까 봐 그저 침묵하고 방관했다면, 고등학생 정도 되면 "야, 그만 좀 해라" 하는 아이들이 늘어나기 시작한다. 반 분위기가 이렇게 되면 주동자 아이도 친구들 눈치를 보느라 마음대로 하지 못해 왕따가 줄어든다.

왕따 문제로 자문을 구하는 부모에게 나는 부모가 나서서 가해 아이를 만나보라고 한다. 이때 만남의 목적은 그 아이를 우리 아이에게서 떨어뜨리기 위함이다. 지속적으로 왕따나 괴롭힘을 당하는 아이에게 가장 안 좋은 해결 방식이, 가해 아이에게 부모가 "친하게 지내" "우리 아이랑 잘 지내줄 수 없겠니?"라고 부탁하는 것이다. 가해 아이를 피해 아이에게 접근하지 못하도록 하는 것이 중요하다. 아주 어린 아이들의 경우 괴롭힘을 당하는 아이가 소극적이면, 괴롭히는 아이가 옆에 와주지 않는 것만으로도 일이 해결된다. 조심할 것은 그 아이를 직접 찾아가 "내 아이를 괴롭혔으니 너도 맛 좀 봐. 이 나쁜 놈!"이라고 말해서는 안 된다는 것이다. 절대로 그 아이를 혼내주려는 마음을 먹어서는 안 된다. 그 마음은 충분히 이해하지만, 우리 아이들은 모두 성장 중이다. 지금의 모습으로 계속 정지해 있지 않다. 어른은 아이가 잘못된 행동을 할 때, 올바른 행동을 가르쳐주는 사람이다. 잘잘못을 따져 벌을 주기보다 잘 가르쳐서 올바르게 자라도록 도와야 하는 사람인 것이다.

솔직히 이런 문제는 아이의 부모에게 먼저 상의하는 것이 가장 좋긴 하다. 그런데 많은 사례에서 그 부모에게 얘기를 했다가 아이한테는 전달도 되기 전에 어른들 싸움이 되어버리는 일이 부지기수였다. 담임교사에게 말하는 것도 교사를 곤란하게 만들 수 있다. 그래서 가해 아이한테 직접 말해야 하는 것이다. 만약 가해 아이의 부모를 잘 알고 대화가 잘 통한다면 부모에게 말해도 좋다. 어린 아이는 어른들이 분명하고 단호하게 얘기를 해주는 것만으로 행동을 멈춘다. 그렇게 되면 가해 아이는 남에게 상처 주는 일을 덜 하게 되고, 피해 아이도 상처를 덜 받게 된다. 그리고 더 이상 문제도 커지지 않을 것이다. 그런 선에서 가해 아이를 잘 지도해주어야 한다.

아이는 어른이 직접 찾아와 말하는 것만으로 겁먹을 수 있으므로 말할 때는 특별히 조심해야 한다. 무엇보다 아이를 으슥한 곳으로 데려가면 안 된다. 학교 안 다른 친구들이 많은 곳에서 얘기를 해도 안 된다. 학교나 학원 앞 등 사람들이 많이 다니는 밝은 곳에서 아이를 기다리고 있다가 이야기를 해야 한다. 아이가 겁을 먹거나 자존심 상해할 수도 있기 때문이다. 또한 절대 소리 지르지도, 화내지도, 협박을 하지도 말아야 한다. 중학생이라고 해도 어른들이 소리 지르고 화를 내면 굉장히 놀라고 무서워한다. 때문에 노여움을 빼고, 단호하면서도 좋게 말해야 한다. 말을 하기 전 되새겨야 할 것은, 말하는 목적이 그 아이가 앞으로 내 아이에게 접근하지 않도록 하기 위함이라는 점이다. 그 아이에게 주는 가르침은 "네가 우리 아이와 가까이 지내는 이유와 우리 아이가 그것을 받아들이는 것이 다르니, 자꾸 오해가 생기지 않겠니? 그러니 멈춰라. 우리 아이와 떨어져라. 접근하지 마라. 이렇게 오해가 생기는 일은 안 하는 거다"라는 것이다.

단호하면서도 좋게 말할 수 있는 방법은 뭘까? 우선 그 아이에게 누구의 엄마인지, 찾아온 이유를 말한다. 너의 행동으로 우리 아이가 무척 괴로워하고 있다는 사실을 담담하게 말한다. 그리고 "너는 친하게 지내려고 한 장난일 수 있어. 하지만 우리 아이는 그렇게 받아들이지 않으니 이제 그만 멈춰라. 계속 그러면 서로 더 오해가 생기고 상황이 나빠질 수 있어. 하지 마라"라고 말해준다. 그 아이가 "알았어요"라고 하면 "고맙다. 앞으로는 우리 아이도 네 옆에 가는 일은 절대 없게 할게. 너는 앞으로 너와 친한 친구하고 놀아라"라고 한다. 만약 그 아이가 "저 걔랑 친한데요?" 하면 "네가 친하게 지내고 싶어서 하는 행동을 다른 아이는 괜찮게 받아들이지만, 우리 아이가 싫어한다면 그건 당분간 친하게 지내면 안 된다는 뜻이야. 서로 친해질 준비가 안 되어 있는 거지. 만약 그 행동을 계속한다면 아줌마도 다음 단계의 도움을 받을 수밖에 없어. 학교나 경찰에 조사를 해달라고 할 거야. 그렇게 되면 너도 학교생활이 몹시 힘들어질 테니, 그만 해라"라고 말한다. 그리고 마지막으로 "아줌마는 너에게 '지금까지 한 행동을 이제는 멈춰달라'고 얘기하러 온 건데, 혹시 내 말이 기분 나빴다면 엄마한테 얘기해도 좋아"라고 해준다. 많은 경우 정말 내 아이를 괴롭힐 의도가 있었던 아이는, 자기 엄마한테 그 사실을 말하지 못한다. 만약 그 아이의 엄마한테 연락이 오면 있는 그대로 솔직하게 말하면 된다.

덧붙여서, 부모가 가해 아이를 잘 살펴보았더니 정말 그냥 장난이 심한 아이였을 수 있다. 그래도 내 아이에게 "걔는 그냥 장난이 심했던 거야. 네가 너무 예민했어"라고 얘기하는 것도 적절치 않다. 이처럼 우리 아이가 굉장히 예민한 아이이고, 상대방 아이가 의도적으로 잘못한 것이 아닐 경우에도 그 아이를 직접 만나 부탁하는 것이 좋다. "네가 잘못한 것은 아니지만, 내 아이에게 그냥 접근하지 말아줘"라고 해야 한다. 그 아이가 떨어져주면 우리 아이가 덜 힘들기 때문이다. 의도가 어떻든 간에 그 미묘한 장난과 괴롭힘의 아슬아슬한 줄타기는 자칫 잘못하면 우리 아이뿐 아니라 그 아이도 곤경에 빠뜨릴 수 있다. 때문에 그 아이도 그런 행동을 하지 않도록 해주는 것이 상당히 중요하다. 내 아이에게 "걔 너랑 친해지고 싶어서 장난치는 거야"라는 말도 해서는 안 된다. 부모가 이렇게 말하면 아이는 '친해지고 싶은데 괴롭혀?' 하는 생각에 더 혼란스럽다.

그 아이가 나쁜 아이이든 아니든 내 아이가 그 아이의 어떤 점을 다뤄내지 못하는 것은 맞다. 그렇다고 내 아이에게 "너만 왜 그래? 다른 애들은 괜찮은데. 잘 좀 지내봐"라고 하는 것은 옳지 않다. 아이가 노력한다고 할 수 있는 일이 아닌 경우가 많기 때문이다. 그리고 냉정히 말해서 아이가 반 아이들 모두와 친하게 지낼 필요는 없다. 어른들의 관계로 보면, 회사에 입사했는데 항상 비꼬는 것같이 말하는 동기나 상사가 있다고 치자. "아니야, 농담이었어"라고 사과하더라도 그 사람과 말하면 늘 기분이 별로다. 그런 사람이랑 꼭 친해질 필요는 없지 않은가. 아이도 그렇다. 반 아이들 모두와 친하게 지낼 필요는 없다. 모든 갈등을 풀고 용서를 구하고 사과를 하는 관계를 만들려고 하는 것은 좀 불가능할 수도 있다는 이야기다.

집단 괴롭힘이나 왕따에 대한 대처 방법을 말하다 보니, 한 가지 걱정되는 면이 있다. 이러한 대처는 괴롭힘이 동반되는 전형적이고 지속적인 왕따와 학교폭력일 때에만 해당된다. 누구나 성장하면서 겪을 수 있는 친구와의 오해와 갈등, 친구 사귐의 어려움(안 놀아주고, 안 끼워주고, 못 어울리고, 어떤 행동에 속상해하고, 기분 나쁜 말을 듣고, 삐지는 등)에는 절대 해당되지 않는다. 아이들의 소소한 다툼에는 절대 적용하지 않기를 바란다. 그럴 때는 우리가 어린 시절 그렇게 친구들과 투덕거리면서 잘 자랐던 것처럼 편안히 바라봐도 된다. 별 문제없는 아이들끼리 사소하게 다투었을 때는 그저 맛있는 것을 사주면서 "친하게 지내지 왜 그래? 화해해"라는 식으로 그냥 상식선에서 접근해야 한다.

배우자를 육아 동지에서 적으로 만드는 말

Stop Daddy!

· 창피하게 왜 그래? 조용조용 해결해.

· 그게 무슨 왕따야? 애들끼리 장난친 거지.

· 누가 왕따를 당했다고 그래?

· 쟤는 뭐가 모자라서 친구들이 놀아주지도 않는대?

Stop Mommy!

· 당신 내 남편 맞아? 애 아빠 맞아?

· 당신 도대체 누구 편이야?

· 내가 당신 같은 사람을 믿고 앞으로 어떻게 살까 걱정이다, 걱정이야.

· 당신이 안 하면 내가 해. 언제는 당신 믿고 살았는 줄 알아!

할 짓이 없어
남을 괴롭혀?

open daddy's heart

집에서는 애기 같은데 나가서는 아닌가 보네. 남들한테 당하고 오지는 않는 걸 보니. 그래도 그렇지, 내가 저한테 얼마나 공을 들이고 있는데 남을 괴롭힌다는 게 말이나 돼? 남들이 아빠인 나를 어떻게 보겠어!

절대
그럴 리가 없어!

open mommy's heart

우리 애처럼 착한 애가 다른 아이를 왜 괴롭히겠어? 뭔가 잘못된 거야. 만약 우리 애가 그랬다면 그럴 만한 이유가 있었겠지. 혹시 내가 뭘 잘못했나? 부모한테 무슨 불만이 있나? 뭔가 말 못 할 힘든 일이 있었나? 아이를 자극할 것 같아 직접 물어볼 수도 없고, 정말 답답하네.

'우리 아이가 설마 다른 아이를 괴롭히겠어?'라고 많이들 생각하지만, 진료실을 찾는 부모 중에는 "우리 아이가 다른 아이를 괴롭히는 것 같다"며 상담을 의뢰하는 경우도 무척 많다. 왕따를 당하는 아이 쪽이 더 많이 찾아오긴 하지만, 가해자 아이 쪽도 많이 찾아온다.

아이들이 왕따에 가담한 이유는 의외로 평범하다. 가장 흔한 이유가 '잘난 척'을 한다는 것이다. 예쁜 척, 돈 많은 척, 짱인 척, 공부 잘하는 척 등이었고, 친구가 하니까 그냥 따라했다, 재미로 했다는 아이도 꽤 있었다. 그리고 부모들은 대부분 상상도 못 하지만 왕따를 주동하는 아이가 의외로 한 집단의 리더인 경우가 많았다. 타의 모범이 되어야 할 아이가 집단에서 튀는 아이를 응징하기 위해 주동자가 되어버리는 것이다.

집단의 리더인 아이가 왕따 주동자가 되는 이유는 왕따의 메커니즘을 알면 쉽게 이해가 된다. 우리나라에서 나타나는 왕따의 형태에는 몇 가지 특징이 있다. 첫째, '일반성'을 가지고 있다. 왕따를 당하는 아이를 보면 대부분 그렇게 왕따를 당할 이유가 없다는 생각이 든다. 왕따를 하는 아이도 대부분 다른 사람을 왕따시킬 만큼 나쁜 아이가 아닌 경우가 많다.

둘째, '지속성'을 지닌다. 무슨 말인가 하면 '한번 왕따는 영원한 왕따'라는 이야기다. 그 이유가 합리적이든 그렇지 않든, 한번 왕따였던 아이는 끝까지 왕따가 되는 경우가 많다. 이것은 사고의 특성과 관련이 있다. 우리 문화의 많은 부분은 충분한 시간을 거치면서 발견되고, 논의하고, 발달한 것이 아니라 별 비판과 사고 없이 받아들여진 것이 많다. 긴 세월을 거치면서 각 주제들에 대한 합리적인 사고가 생겨나고 깊은 철학적인 이해가 있었어야 했는데, 일제 강점기와 6·25 전쟁을 겪으면서 그러지 못했다. 그러다 보니 눈에 보이는 발전만큼 사회, 문화, 철학의 발달은 그 속도를 못 따라가는 것 같다. 아이들 역시 생명 존중(친구를 괴롭히면 왜 안 되는 것인지)이나 다른 사람의 권리 존중(나의 권리가 중요하듯 타인의 권리도 얼마나 중요한지)에 대해 제대로 배우지 못해 이것이 내면의 가치관으로 자리 잡지 못했다. 그리고 한번 받아들인 정보가 잘못된 것이면 자기 안에서 그 오류를 수정하는 과정을 거쳐야 하는데 그런 기반이 없다. 예를 들어 '저 아이가 예전에는 왕따였지만, 생각해보니 우리가 좀 잘못한 것 같아. 이제는 그러면 안 될 것 같다'라고 생각하고 행동을 바꿀 수 있어야 하는데, 그럴 만한 자기 안의 철학이나 사상의 기반이 없다 보니 계속 똑같은 실수를 반복한다.

셋째, '집단 압력'이 있다. 우리 국민은 단일민족이라는 기본 바탕 아래 집단에서 추구하는 어떤 색깔이나 가치에서 벗어나는 것을 바라지 않는 의식이 강하다. 즉, 튀는 것을 허용하지 않고 획일화되어 틀 안으로 들어가는 것을 편하게 생각하는 특징이 있다. 시대가 바뀌면서 개인의 개성이나 창의성 등을 존중하는 시대가 되긴 했지만 여전히 가정, 학교, 사회, 국가에서 기본이 되는 것은 집단의 분위기를 따르는 것이다. 아이들의 집단도 각각의 분위기가 있다. 아이들은 그 분위기가 옳건 그르건 대부분 거기에 암묵적으로 따르려고 한다. 그중 튀는 사람은 리더가 되는 사람에게 서너 번 지적을 받고, 그래도 바뀌지 않으면 응징과 처벌로 왕따를 당한다. 보통 집단 안에는 적극적으로 주동하고 가담하는 아이가 있고 나머지 아이들은 침묵한다. 이때의 침묵은 무언의 동조로, 나도 그 아이가 튀는 것이 싫은 것이다. 왕따에 대한 설문 조사를 해보면, 다른 아이를 왕따시키는 가장 많은 이유로 '마음에 안 드는 것을 고쳐주려고'를 든다. 대부분의 아이들은 왕따를 당하는 아이의 성격이나 행동에 문제가 있다고 생각하는 것이다.

따라서 우리 아이에게 전혀 문제가 없어도 왕따나 집단 괴롭힘의 주동자가 될 수 있다. 그것이 우리나라 왕따의 메커니즘이다. 하지만 대부분의 부모들은 "당신의 아이가 주동자입니다"라고 말하면 "절대 그럴 리가 없다"며 믿고 싶어 하지 않으며, 특히 엄마들은 대부분 인정하지 않는다. 정말 믿을 수밖에 없는 상황이 되면 '왜 그랬을까, 혹시 부모한테 불만이 있어서 그랬나, 사춘기를 겪으면서 힘든 일이 있었나, 나한테 말 못할 고민이 있나' 등의 걱정을 한다. 그러면서 혹시 아이를 자극할까 봐 그 이유를 속 시원하게 물어보지도 못한다. 그래서 "선생님, 우리 아이 마음 좀 알아봐주세요"라며 전문가를 찾는다. 엄마들의 여기까지의 대응은 바람직하다.

그런데 엄마들의 억울하고 속상한 마음은 남편에 대한 불만으로 터진다. "당신이 매일 술 먹고 와서 소리나 지르니까 아이가 뭘 배우겠어? 당신이 일만 하고 아이한테는 신경을 안 쓰니까 이런 일이 생기지"부터 "사춘기 때는 아빠하고 많은 대화를 나눠야 한다던데, 우리 집은 아빠가 집에 아예 없으니 애가 잘 클 수 있겠어?"라며 아빠에게 화살을 쏘아댄다. 앞에서도 잠깐 언급했지만 부부간에 갈등이 있는 상태에서 아이에게 문제가 발생하면, 그것을 계기로 부부간의 문제가 불거져 나온다. 엄마는 무의식적으로 아이의 문제가 빨리 해결되지 않기를 바라기도 한다. 아이한테 문제가 있어야 남편한테 자신의 불만을 폭발시킬 수 있기 때문이다. 아이의 잘못된 행동에 단호하게 대처하기는커녕 아이에게 말 끝마다 "네 아빠가 조금만 잘했어도 네가 그러지 않았을 텐데…"라며 오히려 감싸주기까지 한다. 물론 실제로 아빠와의 관계를 통해 상처를 받아 그런 행동을 했을 수는 있지만, 지금 일어난 문제의 책임은 분명 아빠가 아닌 아이에게 있다. 엄마가 자꾸 아이의 잘못된 행동을 보고 아빠 탓을 하면 아이는 '내 잘못이 아니고 아빠 잘못인가?' 하며 혼란을 겪을 수도 있다. 엄마의 이런 행동은 아이의 문제 행동을 교정하는 데 전혀 도움이 되지 않는다. 간혹 아이를 붙들고 매일 빌었다가 울었다가 화냈다가 하는 엄마들도 있다. 이럴 때 아이는 엄마가 불쌍하기도 하고 미안하기도 한데, 짜증도 난다. 얼굴만 보면 울기 때문에, 엄마는 진지하게 이 문제를 의논할 대상이 못 된다고 생각하고 자신과 동급으로 여긴다. 이런 양육 태도도 주의해야 한다.

아빠들은 아이가 다른 아이를 괴롭힌다는 소식을 들으면 두 가지 마음이 든다. 하나는 아이가 미워진다. '내가 저한테 얼마나 잘해줬는데, 할 짓이 없어서 남을 괴롭혀'라는 마음 때문이다. 또 다른 하나는 '그래도 당하고 오지 않았으니 다행이네. 사나이라고 싸움도 할 줄 아네' 하는 마음이다. 전자의 마음이 있을 때, 아빠는 아이를 지나치게 감정적으로 대할 가능성이 크다. "내가 너를 어떻게 키웠는데, 그런 나쁜 짓을 하니?"라고 말하면 아이의 자존감은 떨어질 수밖에 없다. 아이에게 '그 행동은 나쁜 거야'라는 메시지가 아니라 '너는 나쁜 아이야'라는 메시지가 전달되기 때문이다. 이는 문제 행동을 고쳐주기는커녕 아이 자체를 비난하는 꼴이 되고 만다. 이로 인해 아이는 더 엇나갈 수 있다. 아이가 '우리 아빠는 나를 좋아하지 않는구나. 나에 대한 신뢰가 없구나'라고 생각해버린 결과 아빠와 아이의 사이는 나빠진다. 한편, 후자의 마음은 미묘하게 아이의 문제 행동을 강화시킨다. 아빠가 "사나이는 그럴 수 있어"라고 말하면 아이는 자신이 괴롭힌 아이를 더 무시한다. "사내 녀석이 그럴 수도 있어. 이런 일로 너무 기죽지 마. 하지만 앞으로는 그러면 안 돼"라고 말하면 아이는 '그러면 안 돼'보다 앞에 한 말에 훨씬 큰 비중을 두기 때문에 자신이 잘못했다고 생각하지 않는다. 그럼 문제 행동을 교정시키기는커녕 더 강화시키는 결과를 낳는다.

한 가지 재미있는 것은, 같은 훈계라도 평소 아이에게 관심을 가진 아빠와 그렇지 않은 아빠로부터 얻는 효과가 다르다는 것이다. 아이에게 관심이 전혀 없던 아빠가 이런저런 훈계를 하면 아이들은 사춘기만 돼도 '자기가 뭔데? 평소에는 모른 척하고 자기 하고 싶은 대로만 하다가 웬 참견이야'라고 느낀다. 이런 상태에서는 아무리 좋은 훈계도 먹히지 않는다. 나는 종종 아이의 이런 태도에 충격을 받은 아빠들에게 '훈계의 효과는 아빠가 아이에게 보인 관심, 보낸 시간과 비례한다'는 말을 해준다.

그렇다면 어떻게 해야 할까? 부모는 아이에게 그 문제에 대해 단호한 메시지를 전해야 한다. 분명 아이의 행동은 잘못된 것이고 고쳐져야 한다. 아이의 문제를 수정해줌으로써 좋은 교육의 기회로 삼아야 한다. 이런 중대한 문제일수록 아이와 대화를 하려면 환경을 갖춰야 한다. 아이와 앉을 때는 마주 앉는 것보다 'ㄱ'자로 앉는 것이 좋다. 마주 앉으면 약간의 적대감이 생길 수 있기 때문이다. 이야기를 하면서 중간중간 어깨를 감싸주면 대화의 효과를 더욱 높일 수 있다. 대화를 시작할 때는 아무 데서나 "야, 너 이리 와봐"라고 말하지 말고, 차분한 목소리로 "엄마랑 여기에 앉아서 얘기 좀 하자. 엄마가 너에게 할 얘기가 있어"라고 말을 꺼낸다. 그러면 아이는 대화를 하러 오면서 마음이 좀 진정된다. 아이가 의자에 앉으면 반드시 아이에게 오늘 이야기하는 목적을 먼저 말해야 한다. "엄마가 오늘 너하고 얘기를 좀 하려고 해. 혼내려는 것은 아니야. 네가 왜 그러는지 엄마도 알아야 너를 도와줄 수 있어서 물어보는 거야. 솔직하게 얘기해준다면 엄마가 정말 고맙겠다"라든가 "이것은 내가 너에게 꼭 가르쳐야 하는 거야. 너의 그런 행동은 그냥 넘어갈 수 없는 문제란다"라고 간단하게 이야기한다. 그래야 아이는 부모가 의도한 대로 듣는다. 그리고 "이것은 두 번 다시 일어나서는 안 되는 문제야. 어떤 경우라도 사람을 괴롭히거나 때리는 것은 안 돼. 네가 이번 기회에 그것을 꼭 배웠으면 좋겠다. 이번 일이 너에게 좋은 경험이 될거야. 하지만 두 번 다시 그런 행동을 반복해서는 안 돼"라고 말하면 된다. 부모가 소리를 지르지 않고 진지하게 얘기하면 아이들은 대부분 고분고분 이야기를 듣고 "네"라고 대답하며 수긍한다.

어떤 심각한 문제라도 그것은 아이에게 사회적 규칙을 가르쳐주는 교육의 기회로 삼을 수 있다. 그럴 때 너무 흥분하지 말고 차분하게 대처해야 하며 심각한 문제일수록 부모가 꼭 서로 의논해서 다루는 것이 좋다. 한 사람만 신경 쓰는 듯한 인상을 주어서는 안 된다. 두 사람이 모두 나서야 아이가 정말 중요한 문제라고 생각한다. 두 사람이 함께 아이와 대화를 나눌 때는 미리 만나서 합의를 하고 문제에 대한 정보와 생각을 공유해야 한다. 미리 이야기를 해봄으로써 "이놈의 새끼, 다리몽둥이를 부러뜨려버릴 거야"와 같은 아이를 향한 감정적인 말실수를 삼갈 수 있다. 감정을 가라앉히고, "이번 기회에 우리 아이에게 이런저런 것을 가르쳐줍시다. 그러니 이렇게 저렇게 말합시다"라고 미리 각본을 짠다. 엄마가 할 말, 아빠가 할 말을 서로 적어보고 고쳐주고 연습을 해야 한다. 나는 가끔 상담을 받으러 온 엄마 아빠들에게 각본을 써주기도 한다. 이렇게 미리 할 말을 생각해두어야 실수가 없다. 만약 두 사람이 함께 아이에게 말하기로 했는데 아빠가 참석하지 못한다면, 아이와 통화라도 할 수 있게 해야 한다. 아이와 대화를 할 때는 정화되지 않은 감정을 분출해서는 절대 안 된다. 그렇게 되면 문제를 가르치는 것이 아니라 '개인'에게 항의하는 것이 된다. 정화되지 않은 감정을 표출하면 문제의 핵심은 어디론가 사라져버리고, 나중에는 짜증과 불쾌한 감정만 남는다. 결국 제대로 된 교육이 이루어지지 않아 계속 비슷한 문제가 발생하게 된다.

내 아들이 초등학교 때 같은 반에 왕따를 당하는 아이가 있었다. 아들이 어느 날 나에게 그 아이 얘기를 했다. 아이는 전학 온 지 얼마 되지 않았는데, 전 학교에서 '일짱(반에서 싸움으로 일등)'을 했다며 잘난척을 했단다. 그러면서 괜히 아이들한테 싸움을 걸어댔다는 것이다. 그런데 싸움을 하면 아이는 일짱이라는 말이 무색하게 형편없이 나가떨어졌다. 그런 일이 반복되자 반 아이들은 점점 그 아이를 왕따시키기 시작했다. 내 아들도 주동자나 적극 가담자는 아니었지만 무언의 동조를 해주고 있는 상황이었다. 이때 아이에게 "그래도 친구를 사랑해야지"라는 말은 해봐야 먹히지 않는다. 한 아이를 왕따시키는 상황은 아이들이 봤을 때 적극적이든 소극적이든 그 아이가 문제가 있다고 보기 때문이다. 나는 아들에게 "그 아이도 분명히 고쳐야 할 점이 있어. 그런데 그 아이를 고쳐줄 사람이 누구지?"라고 물었다. 아들은 내 얼굴을 빤히 보며 곰곰이 생각하고 있었다. "너희야? 선생님이야? 그 아이 부모야?"라고 했더니 "선생님이나 부모님이요"라고 대답했다. "그렇지. 너희들이 그 친구를 직접 가르치려고 하면 안 돼. 물론 너희들도 스트레스받고 짜증도 날 거야. 인정해. 하지만 그 아이의 문제 행동을 고쳐줄 사람은 너희가 아니야"라고 말해주었다. "하지만 그러지 않으면 그 아이가 계속 그런 행동을 한단 말이에요"라고 하기에 "그러면 선생님께 얘기하렴. 절대로 이르는 것처럼 하지 말고, 몇몇이 가서 의논을 좀 하러 왔다고 말해라. 그리고 선생님께 '그 아이가 이런저런 행동을 해서 반 아이들이 다들 힘들어해요. 선생님께서 그 아이한테 얘기를 해주셨으면 좋겠어요'라고 말씀드리렴"이라고 조언했다.

만약 반 아이 전체가 어떤 한 아이를 왕따시키는 분위기라면, 우리 아이 하나로는 절대 해결할 수 없는 문제다. 엄마들은 아이가 "우리 반에 왕따당하는 아이가 있다"고 하면 "너라도 놀아줘" "잘 지내보렴"이라고 말한다. 그러나 그런 조언은 아이에게 굉장히 부담스럽고 비현실적인 말이다. 이럴 때는 아이의 입장에서 우선 이해해주고 나서 바람직한 방법을 알려주어야 한다. 누군가 주동해서 한 아이를 왕따시킬 때 옆에서 동조하거나 웃지 말아야 하고, 왕따를 당하는 아이와 친구가 되어주거나 편을 들어주기는 어렵겠지만(내 아이 혼자 전체 분위기를 거스르며 그렇게 하기는 어렵다) 다른 친구들이 그 아이를 때리거나 위험한 행동을 하면 "하지 마" 정도의 이야기는 할 수 있어야 한다고 말해주자. "이런 행동은 심한 거야. 이렇게까지 하는 것은 안 되지!"라고 말할 수 있는 용기는 있어야 한다고 조언하자.

왕따와 관련하여 여자아이를 키우는 부모들이 꼭 알고 있어야 하는 것이 있다. 왕따는 여자아이들 사이에서 훨씬 많이 일어난다. 당하는 아이도 시키는 아이도 여자아이가 남자아이보다 많다. 여자아이들은 단짝으로 놀거나 네다섯 명씩 집단으로 노는 것을 좋아한다. 어떤 아이는 그 집단에 들어가려고 집단 안의 한 명을 왕따시키기도 한다. 그 집단에 있는 아이 중 한 명이 사회적 기술이 떨어질 때, 다른 아이가 집단에 들어오기 위해 그 아이를 모함하거나 뒷담화하거나 헛소문을 퍼뜨려 왕따시킨다. 여자아이들은 왜 이렇게 단짝이나 서너 명의 집단으로 무리지어 노는 것을 좋아할까? 진화심리학자들은 생존을 위해 수천 년간 지니고 있는 유전자 프로그램 때문이라고 말한다. 남자에 비해 상대적으로 덩치가 작은 여자들은 남자들의 공격에 맞서기 위해 여럿이 모여있는 것이 유리했기 때문이다. 여자아이들은 두 돌만 지나도 대표적 여성호르몬인 에스트로

겐의 명령으로 단짝 혹은 무리를 지어 놀려는 본능이 강해진다. 하지만 현대사회에서 지나치게 내 편과 네 편을 나누는 독점은 원만한 친구 관계를 맺는 데 장애 요소가 된다. 때문에 딸을 가진 부모는 아이가 친구를 지나치게 독점하려는 마음을 잘 조절할 수 있도록 그때그때 도와주어야 한다.

여자아이들은 자신과 A가 친한 친구인데, A가 B와도 친할 수 있다는 것을 받아들이기 힘들어한다. A가 B와 친해지면서 자신에게 소홀해진 것도 아닌데 A를 독점하려고 신경이 날카로워진다. 그럴 때 이런 말을 해줘라. "평생 동안 그 친구와 함께하고 싶은 네 마음은 이해해. 서운할 수 있어. 하지만 엄마가 한 명을 더 낳으면 엄마의 사랑이 두 배로 늘어나는 것처럼, 네 친구도 다른 친구가 생겼다고 너에 대한 우정이 줄어드는 건 아니란다. 너에게도 그 친구가 다른 친구를 사귐으로 인해서 다른 색깔의 우정이 하나 더 생길 수 있는 거야. 아주 편하게 허용해주렴. 그래야 그 친구와 오랜 시간을 함께할 수 있어. 다른 형태의 감정이 생긴다고 그전에 있던 감정이 변하거나 없어지는 것은 절대 아니야. 편안하게 받아주는 연습을 해야 돼." 이런 감정 연습을 자주 시켜야 건강한 감정적·사회적인 발달을 할 수 있다.

교육 현장에 계신 분들께도 한 가지 당부하고 싶은 말이 있다. 보통 교실에서 왕따가 일어난 것을 알게 되면, '왕따 프로그램'을 한다며 반 전체 아이들에게 교육용 비디오를 보여주거나 교육전문가를 초빙해 강의를 듣도록 하는 경우가 있다. 아니면 왕따를 당한 아이는 따로 보건실에 가 있으라고 하고 담임교사가 종례 시간에 반 아이들에게 늘어지게 훈계를 한다. 그런데 이렇게 대응하면 왕따를 시킨 아이들은 절대 반성하지 않는다. 오히려 속으로 '걔 때문에 우리가 저

176

지루한 잔소리를 들어야 하는구나'라고 생각하며 그 아이를 더 미워한다. 왕따 주동자나 적극 가담자는 물론이고 중립적인 아이들까지 그 아이를 미워하게 된다. 왕따를 시킨 아이를 대상으로 교육하면 문제가 더 악화되고, 왕따를 당한 아이를 앉혀 놓고 교육하면 그 아이가 미숙했다는 것이 공표되기 때문에 둘 다 좋은 방법이 아니다. 왕따 문제를 해결하려면 적극 가담자가 아닌 미안한 마음을 조금은 가지고 있는 무언의 동조자를 잘 포섭해야 한다. 중립적인 아이들을 조용히 불러서, 주동자의 행동이 심할 때는 너무 심하다는 말을 좀 해달라고 부탁해야 한다. 그렇게 하면 주변 아이들의 분위기가 바뀌면서 반 분위기도 바뀌어간다. 왕따 문제는 그렇게 해결해야 한다.

배우자를 육아 동지에서 적으로 만드는 말

Stop Daddy!

· 애를 어떻게 키웠기에 깡패짓을 하고 돌아다녀?

· 창피하게 내가 학교에 왜 가?

· 사나이가 힘도 좀 쓸 수 있지. 웬 호들갑이야?

· 쟤 내일부터 학교 보내지 마.

Stop Mommy!

· 당신이 매일 술 먹고 소리나 지르는데 아이가 뭘 배우겠어?

· 아빠 역할이 그렇게 중요하다던데, 우리 집에는 아빠가 없는 거나 다름없으니 원.

· 당신이 한번 키워봐. 애 단속하는 게 어디 쉬운 줄 알아?

친구 많은 게 어때서?
괜찮아!

open daddy's heart

아내는 참, 걱정도 팔자야. 친구가 없는 것보다는 많은 것이 좋고, 아이들이 어디 갈 때 그래도 같이 가자고 하는 것이 낫지, 그걸 가지고 무슨 걱정이라고. 친구 때문에 공부를 안 한다고? 그거 단속하는 게 엄마가 하는 일 아닌가?

어울려놀기나하고
공부는안한다니깐.

open mommy's heart

친구가 없는 것보다는 많은 것이 고맙기야 하지만, 그 친구들이 다 어떤 아이인지 내가 알 수가 없어서 불안하다고. 우리 착한 애가 그 아이들에게 나쁜 영향이라도 받으면 내가 아이를 통제할 수가 없거든. 난 우리 애가 괜찮은 아이 몇 명만 사귀었으면 좋겠어. 그래야 내 마음이 편안하거든.

부부는 아이에게 친구가 많아서 갈등을 한다기보다 친구가 많아서 발생하는 2차적인 문제 때문에 갈등한다. 이런 경우 아이가 아들이냐, 딸이냐에 따라 문제를 바라보는 엄마 아빠의 생각도 달라진다. 아들일 경우, 아빠들은 기본적으로 가정에서 일어나는 잘못된 일은 엄마 탓이라고 생각하기 때문에 "집에서 하는 일이 뭐야? 아이 시간 관리도 제대로 못 해주고"라는 말로 핀잔을 준다. 하지만 내심 '친구가 없는 것보다는 많은 게 낫지. 애들이 안 놀아주는 것보단 어딜 가든 불러주는 것이 좋잖아'라고 생각한다. 친구가 많은 것을 다른 측면에서 아이의 능력이라고 본다. 엄마들은 아빠와 같은 생각을 하기도 하지만, 그보다는 아이에게 친구가 많으면 자신이 통제할 수 있는 선을 벗어나게 될까 봐 불안해한다. 아이가 친구를 만나 무슨 일을 하는지 알 수 없고, 아이의 친구를 모두 관리할 수도 없기 때문이다. 친구가 많다 보면 그중에 약간 문제가 있는 아이도 있게 마련이다. 엄마들은 내 아이가 그 아이에게 물들 것도 걱정한다. 그러다 아이가 친구로 인해 엄마가 정해놓은 지시나 규칙 등을 어기기라도 하면, 친구를 떼어놓으려고 무한 잔소리를 한다. 문제가 발생하면 엄마는 "당신이 친구 좋아해서 매일 술만 마시고 다니니까 당신 닮아서 그런가 보네"라며 아빠 탓을 한다. 그런데 아이가 딸일 경우에는 엄마와 아빠의 생각이 똑같다. 즉, 친구가 많은 것을 싫어한다. 정확히 말하면 친구가 많음으로써 파생되는 어떤 문제도, 딸일 경우에는 너그럽게 봐주지 않는다.

부모들은 대개 자신이 알고 있는 아이의 친구는 허용한다. 아이의 심성과 부모님, 그 집안에 대해 알고 있으면 만나도 안심한다. 한편 부모가 불안해하는 친구는 자신들이 잘 모르는 친구들이다. 부모들은 공부 잘하고 착한 친구를 선호

179

하기보다 아이가 내 통제권을 벗어났을 때 좋지 않은 영향을 끼쳐서 나쁜 행동을 하게 하는 친구를 싫어하는 것이 먼저다. 대개 욕하는 아이, 컴퓨터 게임을 너무 오래 하는 아이, 놀러 와서 시간 맞춰 안 가는 아이, 말을 거칠게 하는 아이, 학원 빼먹게 하는 아이, 늦게까지 돌아다니는 아이, 가족 관계가 평탄하지 않은 아이 등을 싫어한다. 그러다 보니 부모는 아이의 친구를 자꾸 관리하려 든다. 아이들은 이런 부모의 행동을 "우리 엄마는 내가 친구 만나는 것을 싫어해요"라든지 "공부가 친구보다 중요하대요"라고 오해한다.

앞서 말했듯이 부모들은 아이의 친구를 싫어하는 것이 아니라 친구로 인해 발생하는 2차적인 문제를 싫어할 뿐이다. 그런데 아이들은 부모가 자신의 친구를 싫어한다고 오해한다. 이런 오해는 반드시 풀어주어야 한다. 아이의 친구에 대해서 이야기할 때는, 친구는 굉장히 중요하고 필요하며, 친구와 노는 것은 좋은 것이고, 너희 나이에는 친구가 없는 것보다 많은 것이 좋다는 메시지를 반드시 전달해야 한다. 문제는 그 좋은 친구를 너무 자주 만난다거나 친구 때문에 엄마와 약속한 시간을 어기는 것이지, 친구 자체를 만나지 말라는 것은 절대 아니라는 부모의 의사를 명확하게 전달해야 한다.

내게 진료를 받던 한 아이가 "우리 엄마는요, 매일 공부도 안 하고 친구랑 어울려 다닌다고 뭐라고 하세요. 친구고 뭐고 다 필요 없고, 공부만 하래요"라고 말했다. "그래? 친구는 너희 나이에 아주 중요한 건데"라고 대답했더니, 아이는 신이 났다. 내가 "그런데 지섭아, 너희 부모님도 네 친구가 중요하다고는 생각하신대. 그런데 네가 친구를 만나면서 엄마 말을 안 듣게 되는 것이 싫으신 거래. 너는 어떤 말을 안 들었니?" 했더니 순순히 "늦게 들어왔죠"라고 대답을 했다.

"그래, 친구를 만나는 것이 잘못되었다는 것이 아니라 약속한 시간을 못 지키는 것이 문제인 거야. 그렇게 했을 때는 너뿐만 아니라 너와 잘 지냈던 네 친구들한테도 피해를 입히는 거야"라고 조언해주었다. 아이와 친구 문제를 이야기할 때는, 친구를 충분히 존중해주고 어울리는 데 있어서도 잘 조절해줄 것을 상기시켜야 한다.

아이가 어려서 아직 조절을 잘 못 한다면, 부모가 아이의 기분이 상하지 않게 조절을 도울 수도 있다. 피시방, 노래방 등 아이에게 친구를 주로 만나는 장소를 물어본 뒤, 여기저기 옮겨 다니지 말고 한 군데만 정해놓고 가라고 부탁한다. 그리고 엄마는 아이가 주로 가는 장소인 노래방이나 피시방 주인과 좀 친해져야 한다. 그들에게 우리 아이를 좀 조절해주기를 부탁하기 위해서다. 피시방 주인에게 몇 시가 되면 학원 가는 시간이니 그때까지 아이가 놀고 있으면 가라는 말을 좀 해달라고 부탁하거나, 아이들이 가져온 돈만큼만 시켜주고 시간이 되면 "다음에 또 와" 하고 보내달라고 미리 언질을 준다. 이렇게만 해도 아이들의 행동이 훨씬 좋아진다. 아니면 어울리는 친구 중에 좀 나은 아이한테 부탁을 해도 좋다. "지섭이가 9시까지 안 들어오면 아줌마가 전화를 할 거야. 그럼 네가 '얼른 가. 다음에 또 만나자'라고 얘기 좀 해주렴. 친구를 만날 때마다 늦게 들어오면 아줌마가 지섭이한테 친구를 만나라고 할 수 없거든"이라고 말해놓을 수도 있다.

결론적으로 말하자면 아이의 친구는 많을수록 좋다. 꼭 많아야 하는 것은 아니지만, 많은 것이 나쁜 것은 아니다. 아이에게 친구는 부모만큼이나 중요한 존재다. 만 2세 미만의 아이는 부모와의 안정된 애착을 통해 자존감을 높이고, 자신이 사랑받는 존재라는 것을 확인한 후 세상에 대한 안정감, 신뢰감을 얻는다. 또래는 그것이 확장된 형태다. 친구는 그저 심심한 시간을 때우는 존재가 아니라 친구와의 관계를 통해 자존감이 좋아지고, 자신의 존재도 확인하게 되며, 타인의 감정을 공감하는 능력과 타인과 공명하는 것도 배우며, 인내하는 것도 배운다. 부모와 아이는 동등한 관계가 아니기 때문에 부모가 아이에게 져주거나 참아주는 일이 많다. 하지만 친구는 동등한 관계로, 아이는 처음으로 동등한 관계에서 객관적으로 살아가는 방법을 배우게 된다. 그 나이 또래가 하는 일반적인 생각과 행동 양식도 배운다. 인간은 부모와 친구를 통해 사회적 동물로서 타인과 관계하는 양식을 배워간다. 이런 것들을 제대로 배우지 않으면 지식도 별의미가 없다. 좋은 지식이란 사회 안에서 타인을 이롭게 하는 것이어야 한다. 그런데 또래 관계가 없으면 그런 개념이 안 생긴다. 사람과 더불어 사는 삶을 배우지 못하는 것이다. 이렇게 되면 훗날 직장생활이나 사회생활에 문제가 생기는 것은 물론, 삶의 의미도 없어진다.

사회적 발달이 잘 안 되면, 사회적 동물로서 이 사회 안의 일원이라는 개념보다는 '나' 하나만 생각하는 사람이 된다. 사회적 발달이란, 내가 하는 행위나 말이 다른 사람에게 어떤 영향을 줄지 생각할 수 있는 것이다. 그 사회적 발달의 기본이 '친구 관계'이다. 그래서 친구는 꼭 좋은 친구만 있을 필요는 없다. 친구 관계는 늘 주고받는 것에서 생겨난다. 그 사이에서 우정이든, 배려든, 사랑이든, 갈등이든, 싸움이든 다양한 감정을 주고받아야 한다. 그래야 사람이 발전한다. 따라서 하루 종일 말 한마디 안 하고 친구가 한 명도 없는 아이보다는 친구와 싸우거나 맞고 들어오는 아이가 더 나으며 발전적이다. 이런 문제가 발생하면 부모나 전문가가 아이 안에서 그 문제를 찾아내게 하고 그로 인해 더 나은 사회적 발달을 가능하게 하기 때문이다. 친구 관계란 부모가 생각하는 것처럼 늘 모범적이고 아무 문제없는 것이 반드시 좋은 것만은 아니다.

아이에게 친구가 많아서 발생하는 2차적인 문제가 아니라, 아이에게 친구가 많은 사실만으로 부모가 스트레스를 받는다면 부모 자신의 '기질'을 생각해봐야 한다. 예를 들어 엄마가 소극적이고 내성적이면 아이의 친구들이 집에 들락거리며 떠들고 어지르는 것을 싫어할 수 있다. 아이는 친구를 너무 좋아하는데, 부모가 아이와 기질이 달라 친구를 못 사귀게 하는 것이다. 반대로 엄마는 너무 적극적인데 아이가 혼자 노는 것을 좋아하면, 엄마는 그 모습이 싫을 수도 있다. 그래서 자꾸 아이에게 나가 놀라고 하고 친구를 데려오라고 한다. 이런 상황에서도 부모와 아이 모두가 스트레스를 받는다. 부부의 기질이 달라도 아이의 친구 문제로 갈등할 수 있다. 아빠는 활동적으로 노는 것을 좋아해서 아이 친구가 오면 함께 총싸움을 하면서 시끄럽게 노는데, 엄마는 내성적이라 정신 사납다며 싫어할 수 있다. 반대로 아빠가 조용하고 내성적인 사람이고 엄마가 외향적인 사람이면, 아이가 친구를 데려올 때 자꾸 아빠 눈치를 보게 된다. 부모의 성격이나 기질적인 부분이 부부 사이에 문제가 될 수도 있고, 아이하고 안 맞을 수도 있다.

아이는 친구를 사귀어야 한다. 그런데 부모가 자신의 기질이나 성격 때문에 이것이 불편하다면, 자기 자신을 돌아보고 아이에게 어떤 것이 필요한지 생각해본 후 맞춰줘야 한다. 친구를 좋아하는 아이이고, 지나치게 많이 데려오는 것이 아니라면, 좀 시끄럽게 놀거나 집을 어지른다고 해도 부모가 참아야 한다. 아이가 시끄럽게 노는 것을 참는 게 너무 힘들다면, 약간의 간식을 준비해준 다음 잠시 외출하는 것도 방법이다. 아니면 문을 닫고 들어가 방 안에서 잠시 자신만의 시간을 보내는 것도 좋다. 대신 아이에게는 시간 제한을 준다.

부부 간의 기질이 다를 때는 부모가 각자 역할을 정해서 자신에게 맞는 것을 하면 된다. 아이와 기질이 맞지 않는 사람은 상황에 따라 잠시 빠져준다. 만약 둘 다 아이와 기질이 맞지 않는다면, 둘 다 양보하고 아이에게 맞춰주어야 한다. 진료를 받으러 오는 사람 중에는 아이 친구가 집에 오는 것도 싫고, 아이가 친구 집에 가는 것도 싫어하는 부모가 생각보다 많다. 아이의 친구를 외부 사람으로 생각해 집으로 들이는 것을 불편하게 생각하는 것이다. 하지만 아이의 사회적 발달에는 '친구'가 반드시 필요하다. 부모 자신의 해결되지 않은 특성, 갈등 요소, 불필요한 걱정들 때문에 아이의 발달을 방해하는 상황을 만들지 않도록 조심해야 한다.

배우자를 육아 동지에서 적으로 만드는 말

Stop Daddy!

· 당신 성격 참 이상해. 왜 아이 친구가 싫어?

· 집에서 하는 일이 뭐 있어?

· 내가 아이 친구 문제까지 신경 써야 해?

· 쟤 친구들 다 데려오라고 해. 내가 아주 혼꾸멍을 내주겠어.

Stop Mommy!

· 애 일에 관심이 있긴 해? 괜찮기는 뭐가 괜찮아?

· 당신 쟤 친구 이름 몇 명이나 알아? 몇 반인 줄도 모르지?

· 12시 넘은 줄도 모르고 친구 좋아서 술 먹는 아빠나, 학원 가는 시간 지난 줄도 모르고

친구 좋아서 피시방에서 노는 애나.

❹ 외톨이

외톨이?
그게 왜 문제가 되는데?

open daddy's heart

맞는 친구가 없나 보지. 혼자 지낸다고 그걸 꼭 외톨이라고까지 말하면서 걱정할 필요가 있을까? 혼자 논다고 무슨 문제를 일으키는 것도 아니고, 공부를 안 하는 것도 아니잖아. 가끔 보면 아내는 정말 긁어 부스럼 만들기 대장이야. 때 되면 친구를 사귀겠지. 부모가 친구 사귀는 것까지 챙겨야 하는 건가?

얼마나 외로울까?
내가 나서야겠어.

open mommy's heart

하루 종일 학교에서 혼자 밥 먹고, 혼자 공부하고, 혼자 놀았을 생각을 하면 정말 가슴이 찢어지는 듯해. 얼마나 외로웠을까? 도대체 왜 친구를 사귀지 못할까? 아이가 이렇게 힘든데 나는 도대체 뭘 하고 있는 거지? 내가 나서서 아이에게 친구를 만들어줘야겠어.

아이가 외톨이로 지내는 것을 좋아하는 부모는 없다. 문제는 아이가 외톨이란 것으로 인해 어떤 일이 발생하지 않으면 아빠들은 그것을 문제로 받아들이지 않는다는 점이다. 아이가 누군가에게 부당한 대우를 받거나 맞고 들어온 것이 아니면 아이가 외톨이일지라도 '조용히 있다가 온 것이 뭐가 문제냐'는 식이다. 그래서 아내가 "우리 애가 친구들이랑 말도 잘 못 하고 외톨이인 것 같아"라고 걱정스럽게 말하면, "선생님한테 물어봤어? 선생님이 문제 있대?"라는 식으로 되받아친다. 아내가 "학교에서는 그냥 잘 지낸대"라고 하면 "그럼 됐어. 별것도 아닌 것 가지고 문제 만들지 말고"라고 말한다. 아빠들은 문제가 밖으로 드러나지 않으면 심각하게 생각하지 않는다. 엄마들은 아빠의 이런 태도를 무책임하다고 받아들인다.

요즘 엄마들은 아이가 학교에서 공부를 잘하는 것보다는 친구들이랑 잘 지내는 것을 더 바란다. 그래서 아이가 그렇지 않은 것 같으면 굉장히 속상해한다. 아이가 하루 종일 얼마나 힘들었을까 생각하면 불쌍해서 눈물이 나기까지 한다. 혹시라도 본인의 어린 시절이 아이와 비슷한 상황이었다면 그 당시의 고통까지 가중되어 더 슬퍼진다. 적극적인 기질의 엄마들은 아이가 외톨이면 해결 방법을 찾아 나선다. 아이 생일날 카드를 만들어 반 아이들에게 보내고, 아파트 단지에서 또래 엄마들을 사귀어서 내 아이와 어울려 노는 자리를 만든다. 이에 비해 아이와 비슷하게 소극적인 기질을 가진 엄마들은 자신도 여리고 사람을 못 사귀니까 이 상황을 어떻게 해결해야 할지 몰라 전전긍긍한다. 이런 경우 아이가 엄마에게 다른 사람을 사귀는 법을 못 배워 친구를 못 사귀는 점도 어느 정도 있을 것이다.

소극적인 엄마는 보통 적극적인 기질의 남편과 결혼하는 경우가 많다. 이때 아빠가 보면 엄마와 아이의 행동이 잘 이해가 되지 않는다. 소극적으로 선뜻 못 나서는 모습을 보면 "왜 그러고 있어? 그냥 하면 되지" 한다. 아이가 맞고 들어온 것도 아니고 쭈뼛쭈뼛하는 정도는 심각하게 받아들이지도 않는다. "그걸 가지고 뭘 그래? 크면 나아지겠지"라고 말하며 대수롭지 않게 넘긴다. "우리 애가 다른 아이한테 말을 못 걸더라고"라고 말하면 그 상황을 이해하지 못한다. 아빠는 그 마음이 얼마나 불편하고 괴로운지 한 번도 경험한 적이 없기 때문이다. 그러니 엄마의 설명만으로는 절대 아이의 상태나 심각성을 알지 못한다. 아이의 상황을 촬영해서 보여주거나 직접 목격하게 해주어야만 아이에게 그 일이 얼마나 어려운지, 아이가 얼마나 힘들어하는지 알게 된다.

사람은 누구나 생각이 다르다. 기질이 다르다면 생각은 더 다를 수 있다. 아무리 사랑하는 부부 사이라도 서로 다른 개체이기 때문에 당연히 생각이 다르다. 배우자와 나의 생각이 다를 수밖에 없다는 전제를 잊지 말자. 하지만 함께 가정을 이루고 살아가는 동안 "모르는 소리 하지 마" "그게 말이 된다고 생각해?" "사서 걱정이야"라고 말해 상대편의 입을 막고 귀를 닫아버리면 안 된다. 나와는 다르다는 전제하에 "당신이 그렇게 생각할 수 있고, 나도 그런 줄 알았는데, 실상을 보니까 좀 다르더라고" 하면서 대화를 계속 이어나가야 한다. "중요한 건 우리 생각이 아니야. 아이가 지금 많이 힘들어해"라고 말할 수 있어야 한다. 아내가 그렇게 나오면 남편은 자기 사고방식으로는 이해가 되지 않더라도 "그래?"라고 하면서 관심을 보여야 한다. 부모의 의견은 서로 다를 수 있지만 아이의 문제를 도와주는 데에 있어서는 동지가 되어 같은 측면을 바라봐야 한다. 아이 문제만큼은 부부가 서로 맞서서는 안 된다는 생각을 두 사람 모두 가지고 있어야 한다.

내성적이고 소극적인 아이들을 다룰 때 가장 중요한 첫 단계는 아이 스스로가 내성적이고 소극적인 것을 인정하게 하고, 그것이 문제가 있거나 약한 것이 아니라는 것을 분명히 이야기해주는 것이다. 사람마다 기질이 다르고 저마다 장점이 있기 때문에 나름대로 해결해야 할 숙제가 있을 뿐이다. 소극적이면 소극적인 대로, 적극적이면 적극적인 대로 장점과 단점이 있다고 말해준다. 아이에게 "네가 사람을 싫어하는 것이 아니라면 그저 사람을 사귀는 데 시간이 걸리는 것뿐이야"라고 말하면서 그것을 인정한다. 더불어 엄마의 경험담을 들려주는 것도 좋다. "엄마도 어릴 때 너처럼 좀 그런 면이 있었는데, 이렇게 하니까 친구 사귀는 게 좀 낫더라"라며 자신의 성공적인 경험을 들려준다. 아이에게 왜 그렇게 친구를 빨리 못 사귀냐는 둥, 너의 그 소극적인 점이 문제니 반드시 개선해야 한다는 둥의 식으로 말해서는 절대 안 된다. 그 점이 너무 부각되면 아이는 노력한답시고 친구를 빨리 사귀기 위해 과한 행동을 해버린다. 원래는 굉장히 내성적이지만 명랑한 척하며 친구에게 다가가는 것이다. 자신의 문제점을 극복해보려고 하는 행동이지만 결국 자기에게 맞지 않은 옷을 입는 결과가 된다. 그렇게 며칠 만에 사귄 친구는 대개 적극적인 친구들이기 때문에 내성적이고 소극적인 아이와 며칠 만에 서먹해질 가능성이 높다. 같이 있어도 기질이 같지 않기 때문에 내성적이고 소극적인 아이는 오히려 더 외로워진다.

따라서 부모는 아이가 자신에게 맞는 방법으로 친구를 사귈 수 있도록 도와주어야 한다. 자신의 특성을 그대로 인정하고 자신과 맞는 친구를 만나도록 도와야 한다. 아이가 책을 좋아한다면, 독서 교실 같은 곳에서 기질이 비슷한 아이

두세 명을 모아 함께 책을 보면서 생각을 공유하게 해주어도 좋다. 혹은 아이의 반에서 비교적 친한 아이를 찾아 그 집 부모의 동의를 구한 다음, 두 아이를 함께 박물관 견학을 시켜준다거나 놀이동산에 데려가도 좋다. 그런 시간 속에서 아이의 친구 관계가 만들어질 수 있다. 하지만 이런 시간을 보낼 때도 아이가 친구를 사귀는 데 부담을 갖지 않도록 "너와 잘 맞는 친구를 찾기 위해 노력하는 건 좋지만 지나치게 애쓸 것까지는 없다"는 조언이 필요하다.

배우자를 육아 동지에서 적으로 만드는 말

Stop Daddy!

· 별것도 아닌 일 가지고 난리네.

· 그게 지금 말이 된다고 생각해?

· 또 극성떤다. 친구를 당신이 사귀는 거야? 아이가 사귀는 거지! 그냥 냅둬.

Stop Mommy!

· 당신은 아이가 하루 종일 어떻게 지낼지 생각해봤어?

· 정말 무책임해. 인정머리 없는 아빠 같으니.

· 모르는 소리 좀 하지 마.

한심하군.
저런 애랑 어울리다니!

open daddy's heart

아내는 사서 걱정하는 편이라 친구가 조금만 질이 나빠도 불안해하지만, 나는 다양한 친구를 사귀는 것이 좋다고 생각해. 하지만 내가 생각해도 질이 떨어지는 친구와 어울리는 모습을 보면 내 아이가 참 한심하고 실망스러워. 내 아이 수준이 저것밖에 안 되나 싶고. 만나지 말라고 해도 아이가 말을 안 듣네. 안 되겠어. 모든 지원을 끊어버려야지.

저러다 나쁜 물이 들면
어쩌지?

open mommy's heart

나는 내 아이를 결점 없이 완벽한 환경에서 키우고 싶어. 아이가 나쁜 환경에 물들지 않게 지키는 게 내 의무라고. 그래서 우리 아이가 조금이라도 질 나쁜 아이랑 어울리는 것은 불안해. 아무래도 내가 아이를 철저하게 관리해서 그 아이랑 놀지 못하게 해야겠어.

부모들이 생각하는 질이 나쁜 아이는 가출을 일삼는 아이, 담배나 술을 하는 아이, 문란한 성생활을 하는 아이, 입에 담을 수 없는 거친 말을 하는 아이, 학생답지 않은 복장을 하는 아이, 화장을 진하게 하는 아이, 집에 잘 들어가지 않는 아이, 학교를 무단으로 빠지는 아이, 거짓말을 잘하는 아이, 다른 아이를 꼬드겨서 안 좋은 행동을 일삼는 아이들이다. 내 아이가 질 나쁜 아이와 어울리는 것에 대해서는 엄마나 아빠 모두 이견 없이 걱정한다. 그런데 엄마와 아빠가 보는 '질이 나쁘다'의 수준에는 조금 차이가 있다. 엄마들은 조금만 그런 기미가 있어도 좋지 않은 아이라고 여겨 내 아이로부터 확실히 차단시키는 반면, 아빠들은 '뭐 그 정도 가지고 그러냐'는 입장이다. 물론 아들에 한해서지만 특히 담배나 술 같은 것에 많이 허용적이다. 아빠들은 자신도 어린 시절 해봤던 가벼운 일탈 정도는 별로 질이 나쁘다고 보지 않지만, 엄마들은 그런 점이 조금 보여도 과하게 생각한다. 엄마는 조금만 문제가 있어도 질 나쁜 아이라고 생각하고 아빠는 엄마의 그런 시각을 불편하게 생각하는 경향이 있다.

엄마는 머릿속이 온통 '내 아이가 나쁜 물이 들면 어쩌지?' 하는 걱정으로 가득 차고, 아빠들은 '저런 아이랑 어울리다니, 한심한 자식'이라고 생각한다. 엄마는 걱정이 앞서지만, 아빠는 실망을 먼저 한다. 엄마들은 질 나쁜 아이와 우리 아이를 떼어놓는 일에 급급해, 학교 앞에서 지키고 서 있다가 아이를 데려오고 학원에도 열심히 데려다주고 데려온다. 아빠들은 아이가 한심하다고 생각하기 때문에 징벌한다. 그 징벌은 바로 자신의 휘하에서 아이가 가졌던 특권을 모두 회수하는 것이다. 아빠는 아이에게 "너 이것밖에 안 돼? 실망했다, 머리를 박박 밀어버리겠다, 외출 금지야, 용돈 없어, 휴대폰도 정지야"라며 강하게 나온다.

그런데 인간은 본능적으로 상대가 너무 강하게 나오면 숙이고 들어가는 경우가 거의 없다. 마지못해 숙이고 들어갈 때는 내가 독립할 수 있을 때까지 당신을 이용하겠다는 마음을 품고 있는 경우다. 그렇다고 엄마가 하는 대응이 좋은 것도 아니다. 아이가 일정한 나이를 넘으면 부모는 한 발 물러나 보조를 맞추고 도와주는 조력자가 되어야 한다. 그 선을 넘게 되면 아이는 스스로를 돌보고 조절하는 법을 배우지 못한다. 문제는 친구가 나쁜 것이 아니라 아이가 상황 파악과 판단, 수위 조절을 못 했기 때문이다. 따라서 그 문제에 대해 아이와 충분히 대화를 나누고 아이 스스로 해결책을 찾도록 도와주어야 한다. 매번 옆에서 제어하고 차단하고 관리하면 아이는 자율적인 의지와 자기 조절 능력을 키우지 못한다. 엄마가 원하는 대로 질 나쁜 아이와 접촉을 잠시 끊을 수는 있지만, 아이는 언제든지 그 아이와 만날 기회만 노린다.

아빠들은 흔히 아이들이 말을 듣지 않으면 내 자식으로 인정하지 않겠다면서 아이가 누리고 있는 권리를 모두 박탈하고 아이를 보지 않겠다고까지 말한다. 하지만 아버지와 자식 관계는 말로 끊는다고 끊어지는 것이 아니다. 아빠들의 이런 강력한 대응은 어찌 보면 '나 몰라라' 하는 회피와 부인일 수 있다. 엄청난 걱정과 그 걱정 뒤에 따라오는 감당할 수 없는 감정 때문에 아예 그 문제에서 도망가 버리는 것이다. 아빠들의 이런 태도는 아이한테 절절 매며 걱정하는 엄마들보다도 나약한 모습으로, 가장 바람직하지 않은 대응 방법이다. 아빠는 아이에게 자신이 화가 난 것을 보여주고 있는 것이 아니라 무관심을 보여주고 있을 뿐이다.

아이와 대화를 할 때는 부모의 결론을 먼저 말해서는 안 된다. "네 친구는 문제가 있어. 걔는 질이 나쁜 애야. 이런 문제도 일으키고, 저런 짓도 했다더라" 하면 아이는 반론만 편다. "엄마가 몰라서 그래. 걔가 얼마나 좋은 앤데." 또 아이의 친구에 대해서 말할 때는 아이가 그 친구를 만나는 이유를 먼저 인정해줘야 한다. "네가 그 아이랑 친하게 지내는 것을 보니 그 아이한테 좋은 면이 있나 보구나. 어떤 면이 좋으니?"라고 물어본다. 그러면 아이는 자기가 생각하는 좋은 면을 신나게 이야기할 것이다. "그런데 냉정하게 봤을 때, 걔한테도 사실 조금 나쁜 점이 있지?"라고 슬며시 물으면 "네, 이런 점이 좀 문제이긴 해요"라고 아이가 대답하기도 한다. 그러면 "네가 알고 있어서 다행이구나. 그런 점은 절대 배우지 않았으면 좋겠어. 그것 말고 네가 그 아이와 친하게 지낼 때 염려되는 것이 또 있니?"라고 물어준다. 아이가 "엄마, 가끔요, 나는 절대로 하고 싶지 않은데 걔가 하자고 할 때가 있어요"라는 식의 말을 할 수도 있다. 이렇게 부모는 아이와 그 친구에 대해서 충분히 대화를 나눠봐야 한다. 그리고 아이 스스로 생각하게 해주어야 한다. 대화가 충분히 무르익었다고 생각하면 "사실 엄마는 네가 말한 그런 면들 때문에 네가 걔랑 시간을 많이 보내는 것이 걱정돼. 너는 어떻게 했으면 좋겠니?"라고 묻는다. 그러면 아이는 스스로 대안을 찾아 하나씩 이야기할 것이다.

아이들은 막으면 막을수록 자기들끼리 결속력이 좋아지고, 풀어놓으면 오히려 조금씩 문제가 생긴다. 아이와 충분히 대화를 한 후 어느 정도 가볍게 조절만 해주면 된다. 얼마 지나면 아이가 분명히 이런 말을 할 것이다. "엄마, 오늘 걔가 나한테 이랬어." 그때 "그래? 그것 큰 문제구나. 조금 더 거리를 두는 것이 어떻겠니?"라고 말하면 아이가 잘 받아들인다. 그런데 이런 식으로 대응하지 않고 엄마가 나서서 그 친구 흉만 보면, 아이는 친구와의 관계를 한 발 물러서서 객관적으로 보지 못하고 자꾸만 하나의 덩어리로 봐버린다. '친구 = 나'가 되는 것이다.

　아이들 문제는 항상 햇볕이 나그네의 옷을 벗기듯 스스로 하게 해야 한다. 강한 바람은 나그네의 옷을 더 여미게 할 뿐이라는 것을 잊지 말자.

배우자를 육아 동지에서 적으로 만드는 말

Stop Daddy!

· 아이고, 이 집구석. 엄마나 애나 다 한심해.

· 실망했어. 저런 자식한테는 돈 한 푼도 못 줘.

Stop mommy!

· 괜찮긴 뭐가 괜찮아. 당신도 그래서 지금 이 꼴이잖아!

· 애한테 그렇게 무섭게 하니까 밖으로만 도는 거지.

내 귀한 딸한테
남자친구라고? 안 돼!

open daddy's heart

내 딸에게 남자친구가 생겼다고? 어떤 놈이야! 그런데 믿을 만한 놈일까? 우리 딸을 꼬드겨서 내 영역을 침범하는 건 아닐까? 난 왜 알지도 못하면서 그 아이가 벌써부터 싫지? 그 아이 얘기만 들어도 화가 나지? 요즘 딸이 내 말을 통 듣지 않는 것이 그 아이 때문인 것 같아 불안하다. 아예 못 만나게 해야겠어.

내 귀한 아들을 오염시키는 건
아닐까?

open mommy's heart

내가 어떻게 키웠는데, 어떤 여우 같은 것이 우리 아들을 꾄 걸까? 진짜 우리 아들을 좋아하는 걸까? 집안이 어떨까? 공부는 잘하나? 어떤 생각을 가졌을까? 어떻게 자란 아이인지 알 수 없으니 불안해. 내 귀한 아들을 오염시킬 것 같아. 아무래도 그 아이 뒤를 캐봐야겠어.

아이에게 이성친구가 생겼다는 것을 알게 된 순간 부모는 어떤 생각이 들까? 일단 걱정이 될 것이다. 우리 아들에게 여자친구가 생겼다는데 어떤 아이인지 궁금하고 불안할 것이다. 그 마음은 아이가 질 나쁜 친구를 사귀는 것과는 또 다르다. 좀 더 원색적으로 이야기하면 어떤 여우 같은 것이 순진한 우리 아들을 꼬드긴 건 아닐까, 겉으로만 착한 척하는 건 아닐까, 그 아이가 우리 아이의 시간을 뺏고 괴롭히고 힘들게 하는 건 아닐까 하는 걱정이 생긴다. 이런 마음이 드는 엄마들이 있다.

과거 우리나라는 가부장적이고 보수적인 나라였다. 아들을 낳은 여자는 집안에서 위치나 입지가 든든해졌다. 엄마에게 아들은 파워였고, 보호를 보장받는 수단이었다. 이런 사고방식은 완전히 의식화되어 누구나 당연하게 여겼다. 옛날 설화만 해도 아들을 낳기 위해 정화수를 떠놓고 백일기도를 드리는 장면이 많이 나온다. 아들을 못 낳으면 '칠거지악'을 들먹거리며 내쫓기도 했고, 아들을 못 낳은 여자는 그렇게 내쫓김을 당해도 당연하게 받아들였다. 때문에 아들은 종종 엄마 인생의 상징이었다. 지금은 어떨까? 과거보다는 많이 나아지기는 했지만, 이런 사고방식이 지금의 엄마들에게도 분명 있다. 현대의 엄마들에게도 '아들'이란 여전히 나를 특별하게 만들어주는 존재다. 물론 이러한 심리적인 반응이 의식적인 것은 아니다. 반만년 역사 동안 유전자에 코딩되었기 때문에 무의식적 반응이라 할 수 있을 것이다.

이런 소중한 아들에게 여자친구가 생겼다. 그것도 내가 전혀 컨트롤할 수 없는 다른 집안 여자다. 어떤 교육을 받았는지 알 수 없고, 어떻게 자랐는지도 알 수 없고, 어떤 생각을 가졌는지도 알 수 없는 여자친구가 아들에게 생기면, 엄마들은 최선을 다해 키운 나의 신성하고 고귀한 아들을 그 여자가 오염시킬까 봐 불안해한다. 아들을 뺏길까 봐 불안한 것이 아니다. 오랫동안 한국 문화는 아들 중심이었고, 그 아들을 얻기 위해서는 딸 열 명을 낳아도 상관없다고 생각했다. 그런 아들을 낳아 '옥구슬'처럼 곱게 갈고 닦아놓았더니, 어느 낯선 여자가 나타나서 나쁜 물을 들이려고 하는 상황이 된 것이다. 그러니 불안한 것이다. 시어머니와 며느리의 갈등 중에 "너랑 결혼하기 전에는 우리 아들 안 그랬다" "너를 만나면서 쟤가 이상해졌다"라는 말이 가장 많이 나오는 것은, 어찌 보면 그런 맥락에서다. 아들의 이성친구를 대하는 엄마의 마음도 그와 비슷하다. 또한 엄마들의 불안은, 단일민족에 대한 자부심으로 다른 피가 섞이는 것에 대한 묘한 거부감이 있었던 우리나라 사람들의 특성과도 관련이 있다. 엄마들은 불안감을 해결하기 위해 아들에게 여자친구가 생겼다고 하면 눈으로 직접 확인하고 싶어 한다. 그런데 재미있는 것은, 확인하기 전까지는 의심스러운 눈초리지만, 일단 이것저것을 확인하고 나서(사람에 따라서는 정말 많은 것을 확인할 수도 있다) 아들의 여자친구가 똑똑하고 인성도 괜찮으면 아예 아들을 맡겨버리기도 한다.

그렇다면 딸은 어떨까? 아들만큼 심리적인 갈등이 심하고 괴롭지는 않다. 속된말로 '이 늑대 같은 놈이 내 딸을 잡아먹을까 봐' 걱정한다. 요즘은 2차 성징이 빨라져 부모들이 더 예민해질 수밖에 없다. 그래서 자꾸 통금 시간을 정해놓고 철저하게 시간을 관리한다.

한편 아빠들은 아들의 이성친구에 대해 비교적 허용적이다. 아들이 여자친구를 데려왔는데 날씬하고 예쁘게 생겼으면 더 좋아한다. 이런 아빠들이 민감한 것은 딸의 남자친구다. 아빠들은 딸한테 이성친구가 생기면 그 남자아이를 싫어한다. 아들의 이성친구는 좋아하면서 딸의 이성친구는 미워한다. 아빠는 딸의 이성친구를 나의 울타리 안으로 들어온 이방인으로 간주하는데, 동물의 세계로 보면 다른 무리에서 온 수컷으로 보고 경계하는 것과 같다. 그 수컷이 나의 자리를 위협하고 나의 파워에 지장을 줄 수 있기 때문이다. 그래서 아빠들은 딸의 남자친구를 본능적으로 싫어하고, 신뢰가 갈 때까지는 적으로 간주한다. 아빠들이 아들의 이성친구에게 허용적인 것은 아들의 여자친구가 힘이 센 존재라고 느끼지 않기 때문이다. 그 여자아이가 우리 집안으로 들어와도 나에게 해가 되지 않는다는 것을 본능적으로 안다. 하지만 딸의 남자친구는 다르다. 아빠들은 제법 긴 시간 동안 딸의 남자친구를 지켜본 후 그 친구가 위협적인 존재가 아니라 나의 파워에 힘을 보탤 수 있다는 확신이 들면 그제야 사귀는 것을 허락한다.

엄마들이 자식의 이성친구(특히 아들의 여자친구)에게 불안을 느끼는 이유가 순수한 혈통, 내가 만든 순수한 결정체, 내 보물이 오염될까 걱정하는 마음 때문이라면, 아빠들이 자식의 이성친구(특히 딸의 남자친구)에게 불안을 느끼는 것은 자신의 파워를 잃을까 봐 하는 걱정 때문이다. 하지만 엄마들은 워낙 불안하면 뭐든 나서서 알아보고 해결하는 것이 몸에 배어 있어 아들의 이성친구에 대해서도 괜찮은지 알아보고야 만다. 그 아이가 의젓하고 믿을 만하면 어떤 면에서는 내 아들을 맡기기도 한다. 딸의 남자친구도 괜찮으면 몇 가지 주의사항을 주고, 만나더라도 선을 지킬 것을 부탁한다. 이에 반해 아빠들은 철저하게 무관심으로 일관한다. 딸의 남자친구에 대해서 알아보기보다 그 아이로부터 내 딸을 지켜야겠다는 생각에 무조건 못 만나게 하고 통금을 정해 혼내기까지 한다. 아빠들은 딸이 마음에 들지 않는 이성친구를 만나서가 아니라, 이성친구의 존재만으로 화를 낸다.

　부부간의 생각이 이렇게 다르다보니, 이로 인한 갈등도 심심치 않게 벌어진다. 특히 딸에게 남자친구가 있을 때 심하다. 딸에게 남자친구가 생긴 것만으로 아빠들은 엄마를 크게 비난하고 책임을 묻는다. 딸 단속을 어떻게 했기에 남자친구가 생겼냐는 것인데, '단속'이란 쉽게 말해 자신의 울타리 문단속이라고 보면 된다. 아빠에게 이 상황은 엄마가 집안 문단속을 잘못해 도둑이 든 상황인 것이다. 아빠는 아내뿐 아니라 딸도 미워한다. 자기 울타리 안으로 파워를 가진 외부 세력을 들인 장본인이기 때문이다. 이런 이유로, 딸에게 남자친구가 생긴 경우 아내와 딸이 모두 죄인이 되는 경우가 많다. 하지만 엄마들이 불안해하는 아들의 여자친구로는 부부간의 갈등이 야기되지 않는다. 보통 엄마들은 아들이 탐탁지 않은 여자친구를 만난다고 해서 아빠에게 항의하지 않기 때문이다. 엄마들은 혼자 이것저것 알아보면서 문제를 풀어나간다.

　딸의 이성 문제로 광분하는 아빠들이 꼭 기억해야 할 것이 있다. 딸 앞에서 이성친구 문제로 아내와 절대 언성을 높이며 싸우지 말아라. 솔직히 중고등학교 시기의 이성친구는 그리 오래가지 않는다. 그런데 아이의 첫 이성친구에 너무 민감하게 반응하여 화를 내면, 아이가 본격적으로 이성친구를 만날 경우에는 절대 부모와 상의하지 않는다. 아이는 자신이 10대일 때 아빠가 보였던 모습으로 인해 이성친구가 생기면 일단 '숨겨야겠구나'라고 생각한다. 아빠가 또 화를 낼 것이 두렵기 때문이다. 또한 '남자친구를 사귀는 것이 혹시 나쁜 행동은 아닐까' 하는 마음도 있다. 자신의 남자친구 때문에 아빠와 엄마가 싸울 때, 아이는 '내가 남자친구를 만나는 것이 나쁜 짓인가?' 하는 죄책감을 학습했기 때문이다. 일정한 나이가 되면 건전한 이성 교제는 필요하다. 이성에 대한 아이의 불필요한 죄책감은, 정작 이성과의 교제가 필요할 때 올바른 조언을 받아들이고 좋은 배우자를 고르는 데 방해가 될 수 있다.

한 아빠가 고등학교 3학년인 딸을 데리고 진료실을 찾았다. 아이의 엄마는 동생을 데리고 외국으로 연수를 간 상황이었고, 아빠가 딸의 뒷바라지를 하고 있었다. 그런데 얼마 전 딸아이가 남자친구를 사귀기 시작했는데, 도통 공부를 하지 않는다는 것이다. 미술을 전공하는 아이라 학교가 끝나면 학원에 갔다 집에 10시쯤 돌아오는데 그때부터 12시까지 남자친구랑 통화만 한다는 것이다. 아빠는 딸아이가 남자친구를 사귀면서부터 자기 말을 도통 듣지 않는 것 같고, 성적도 말도 안 되게 떨어졌다고 걱정했다.

"너 걔 만나더니 성적 떨어진 것 좀 봐. 남자친구가 아빠 말 듣지 말라고 그래?" 아빠들은 남자친구가 생기고 난 이후 딸한테서 나타나는 문제를 모두 남자친구로 귀결시킨다(물론 엄마들도 그런 면은 있다). 부모들은 이런 행동을 가장 조심해야 한다. 아이가 보이는 아주 작은 문제도 모두 "걔랑 사귀어서 그런 거야" 하는 식으로 몰고 가서는 안 된다. 그렇게 되면 아이와 부모의 신뢰가 깨진다. 아이는 "아니에요. 왜 나를 못 믿어요?" 할 테고, 아빠는 "네가 그 따위로 행동하는데 내가 어떻게 너를 믿어!"라고 대답할 것이다. 아빠의 이런 말은 딸에게 '너를 믿지 못한다'는 메시지를 전달한다. 이럴 때는 "나는 너를 믿는데, 이런저런 것을 조심했으면 좋겠다"는 식으로 말하는 것이 좋다. 어떤 상황이라도 아이를 못 믿는다는 말을 해서는 안 된다. 걱정이 되면 딸의 남자친구가 어떤 아이인지 파악한 뒤 화내지 않고 차분하게 "네가 동성친구를 만나든 이성친구를 만나든 엄마 아빠하고 약속한 것은 꼭 지켜주면 좋겠다. 약속만 잘 지킨다면 나도 찬성이다"라고 이야기한다.

그 '약속'으로는 아이가 지킬 수 있는 최소한의 두세 가지를 제시한다. 첫 번째는 시간이다. 예를 들어 아빠는 "10시까지는 들어왔으면 좋겠다. 그 시간은 원래 네가 동성친구를 만나도 들어와야 하는 시간이었으니까, 남자친구를 만날 때도 이 시간을 지켜줬으면 좋겠다"라고 말한다. 절대로 "남자친구를 만날 때는 꼭 10시까지 들어와"라고 말해서는 안 된다. 그러면 아이는 "개랑 나랑 무슨 나쁜 짓을 한다고 그래?"라며 반발한다. 두 번째는 전화 통화다. 대개 아빠들은 딸이 시도 때도 없이 문자를 주고받고 밤새도록 통화하는 것을 가장 불편해한다. "통화는 누구와 하든지 10분을 넘지 않았으면 좋겠다. 남자친구도 마찬가지다. 문자도 자제했으면 좋겠다" 하는 식으로 제한한다. 마지막으로 어떤 말을 해도 딸의 남자친구에 대한 아빠의 불만으로 들리게 해서는 안 된다. 또 아빠가 갈등 상황에서 무언가 지시하는 듯한 분위기가 되어서도 안 된다.

부모들은 가끔 본질적인 질문을 한다. "이성친구가 꼭 필요합니까?" 요즘 아이들은 2차 성징이 빨라져 사춘기가 빨리 오기 때문에 부모 세대와 비교했을 때 일찍부터 이성에 관심을 갖는다. 사춘기 때는 누구나 성에 대해 궁금해지고, 이성친구에 대한 관심이 많아지는데, 빠르면 초등학생 때 사춘기가 오기도 한다. 아이들이 이성친구를 사귀는 연령 또한 초등학생으로 낮아졌다. 초등학생 남자아이가 100일 기념 커플링을 여자친구에게 선물하고, 중학교 1학년 여자아이가 "남친이 긴 머리를 좋아한다"는 표현을 쓴다. 부모들의 질문에 대한 대답은 사실 "반드시 필요하지는 않습니다"이다. 이성친구에 대한 관심은 당연하지만 그렇다고 성인처럼 이성친구를 반드시 정해서 사귈 필요는 아직 없다. 물론 이성친구에 대한 경험은 필요하다. 그러나 그것은 나와 성이 다른 친구들과 자연스럽게 '성과 관련된 것들을 경험하고 교환하는 것'이지, 한 명의 이성친구를 사귀는 것을 의미하진 않는다. 성과 관련된 것들에 대한 '경험'이란, 다른 성을 가진 또래는 어떻게 생각하고 행동하는지 배우는 것을 말한다. 또 '교환'이란 성이 다른 친구와의 생각의 교환이다. 이런 것들은 성행위가 아니라 나와 성이 다른 친구들과 어울려 운동도 하고, 토론도 하고, 교실 안에서 웃고 떠들면서 충분히 충족된다. 사춘기 때 급격히 많아지는 성적인 충동도 나와 성이 다른 친구들과 어울려 보내는 시간으로 모두 해소될 수 있다.

하지만 만약 아이가 이성친구를 사귄다면 가장 좋은 상황은 부모한테 솔직하게 얘기하고 상의하는 것이다. 그러려면 평소 아이에게 "네가 이성에 대해서 관심을 갖는다는 것은 네가 잘 자라고 있다는 의미이기 때문에 그것을 숨기거나 부끄러워할 필요는 없다"라는 메시지를 주어야 한다. 이성친구가 있다는 것을 알았을 때도 취조하듯이 캐묻거나 아이의 일기장이나 문자메시지를 뒤지지 말고 "너 혹시 좋아하는 이성친구 있니? 관심 가는 친구 있니?"라고 솔직히 물어보아야 한다. 대부분의 아이들은 "없어요. 엄마는 괜히…"라고 잡아뗀다. 아이들이 잡아떼는 이유는 부모가 알면 일이 커질까 하는 불안감 때문이다. 공부에 방해된다고 못 만나게 하든가, 지나치게 잔소리가 늘어나든가, 이성친구나 그 집에 전화를 하든가, 뭔가 사단이 날 것 같은 것이다. 이 외에도 우리나라 정서상 묘하게 이성친구에 관한 일에는 부끄러워하는 면도 있다. 아이가 이성친구가 없다고 하면 더 이상 다그치지 말고, "이성친구는 있어도 되는 거야. 네 나이는 한창 그런 관심이 생길 때거든. 엄마 아빠하고 얘기하면 너에게도 도움이 되니까 생기면 얘기해라"라고 해두는 것이 좋다. 또 있다고 얘기하면 언제 한번 집으로 데리고 오라고 해보자. 엄마가 맛있는 것을 사준다고 하면서 자연스럽게 만나보는 것도 나쁘지 않다.

아이가 이성친구를 사귄다는 것을 알았을 때, 부모로서 그 아이의 인성이 어떤지 정도는 알아야 한다. 아이에게 이성친구는 반드시 건전하게 사귀어야 한다는 말도 해준다. 당연히 성적인 조언도 해야 하는데, 이때는 에둘러 하지 말고 직접적으로 말하는 것이 좋다. "너희들 나이 때는 원래 충동이 강해지고 성호르몬도 굉장히 많이 나온단다. 그런데 너희는 아직 성장 발달상 그런 것을 조절할 능력이 미숙해서 참을 수 없을 정도로 성적인 본능이 올라갈 수도 있어. 그러다 보니 10대 때 성관계를 하면 임신이 상당히 잘되는 편이야. 왜냐하면 너희가 성적 접촉을 하고 싶을 때가 대부분 배란기거든. 여자는 배란기일 때 성적인 욕구가 본능적으로 많아져. 그래서 딱 한 번 성관계를 했는데도 임신이 되기도 하는 거야. 그러니 조심해야 한단다"라고 이야기를 해준다. "좋으면 만지고 싶고 그렇지? 하지만 생각해보렴. 네가 지금 아빠가 된다면 어떻겠어? 아빠가 되면 누구나 자식을 위해서 열심히 돈을 벌어야 하고, 우는 아기도 달래야 해." 이런 식으로 현실적인 이야기를 해주는 것이 좋다. 아이에게 절대로 협박하지 말고 "너희 몸이 그렇게 움직일 수밖에 없으니 조심해야 하고, 임신을 하게 되면 엄마 아빠가 되거나 불쌍한 한 생명을 죽이게 될 수도 있으니 정말 조심해야 한다"라고 조언한다. 중학교 2, 3학년만 돼도 이렇게 직설적으로 말해주는 게 더 효과적이다.

배우자를 육아 동지에서 적으로 만드는 말

Stop Daddy!

· 딸 단속을 어떻게 했기에 벌써 남자친구야?

· 애한테 무슨 일만 생겨봐. 다 당신 탓이야.

· 도대체 당신 하는 일이 뭐야?

· 절대 못 만나게 해. 절대 안 돼.

Stop Mommy!

· 내가 애를 어떻게 24시간 관리해?

· 당신은 무조건 예쁘면 좋아? 어떤 여자애인 줄도 모르면서 뭐가 괜찮아?

· 당신이 알기는 뭘 알아? 애들에 대해서 얼마나 알아? 관심은 있어?

애들 싸움인데
좋게 해결하지.

open daddy's heart

애들 싸움은 애들 싸움으로 해결해야지. 애들이 크면서 싸울 수도 있고 맞을 수도 있는 건데, 그럴 때마다 예민하게 굴면 되겠어? 그런데 우리 애는 왜 매일 맞기만 하는 거야? 내가 아주 창피해서…. 뭘 억울하다고 짜증이야.

아이 마음이 어떨까?
얼마나 속상할까?

open mommy's heart

가장이 되어서 집에 일이 생기면 당장 나서야지. 위로해줘야 할 애를 혼이나 내고, 무슨 남편이 이래? 내가 얼마나 속상한지, 우리 아이 마음이 얼마나 억울할지 전혀 모른다니까. 난 아이가 당한 일을 생각할 때마다 이렇게 화가 나는데….

덩치는 크지만 겁이 많고 마음이 굉장히 여린 초등학교 5학년 남자아이가 있었다. 아이는 친구를 좋아하지만 사회적 기술이 부족해 친구들의 장난을 능수능란하게 받아치지 못했다. 하루는 학교 화장실에서 대변을 보고 있는데, 아이들 세 명이 문 밖에서 깔깔거리면서 "거기 똥 싸고 있는 놈 누구냐?" 하면서 장난을 쳤다. 아이는 안에서 숨죽이고 있었다. 장난기가 발동한 아이들은 화장실 문을 기어오르기도 하고, 문을 툭툭 차거나 잡아당기면서 장난을 쳤다. 그러다 어떤 아이가 뜨거운 물을 화장실 칸 안으로 부어버렸다. 이 사고로 아이는 허벅지와 엉덩이에 경미한 화상을 입고 말았다. 아이는 그 뒤로 학교 화장실에 가지 못했고, 학교에서 화장실 갈 일이 생기면 집으로 가겠다며 소란을 피웠다. 이후 담임교사의 중재로 두 아이는 사과를 했다. 하지만 장난을 주도했던 아이는 교사 앞에서만 사과를 했을 뿐, 피해 아이에게 직접적인 사과를 하지 않았다. 그러던 중 피해 아이와 주동자 아이가 우연히 놀이터에서 마주쳤다. 주동자 아이는 그 장난 이후 자신에게 벌어진 일이 피해 아이 때문이라고 느꼈는지, 피해 아이를 향해 자신에게 사과를 하라며 싸움을 걸었다. 피해 아이는 억울하고 분한 마음에 주변에 떨어져 있던 각목을 주워 주동자 아이에게 달려드는 돌발 행동을 했다. 다행히 주동자 아이가 피해서 다치지 않고 상황은 수습되었다.

이런 일이 있고 나서 주동자 아이의 엄마 아빠는 적반하장의 자세를 취했다. 자신들이 피해자라고 나서기 시작한 것이다. 피해 아이의 아빠는 상황이 이 지경인데도 아내에게 좋게 좋게 넘어가자고만 했다. 어쨌든 아이들 싸움이지 않냐는 것이다. 엄마는 억울하기 짝이 없었다. 사고 해결이 지지부진하게 미뤄지고 있던 사이, 피해자인 아들이 점점 난폭해지기 시작했다. 억울하고 불안하고 화

207

가 나서 생긴 결과였다. 피해 아이는 조금만 건드려도 화를 내고, 누구에게든 난폭하게 굴었다. 그 반 다른 아이들이 피해 아이가 무서워서 학교를 못 다니겠다고 말할 정도였다. 피해 아이 엄마는 더 이상은 안 되겠다 싶어 화장실 사건을 경찰에 고발하겠다고 얘기했다. 그러자 주동자 아이 아빠가 피해 아이 엄마에게 전화해서 입에 담지 못할 욕지거리를 퍼부었고, 주동자 아이 엄마는 "얘기 좀 하자"며 엄마를 찾아왔다. 마침 일이 있어 나가봐야 했던 피해 아이의 엄마는 다음에 이야기하자고 했지만, 주동자 아이의 엄마가 거칠게 팔을 잡아끌며 계속 붙잡고 늘어졌다. 그러다가 피해 아이의 엄마가 그 팔을 세게 뿌리친 순간 주동자 아이 엄마가 나동그라지면서 그 길로 경찰서로 가 '폭행죄'로 고소해버렸다.

이 일을 겪으면서 피해 아이 엄마는 좋게만 해결하자고 한 남편의 태도에 심하게 화가 났다. 모든 갈등 상황에서 자신이 전면으로 나서 싸워야 했기 때문이다. 피해 아이의 아빠는 "아이들 싸움이니 기다려보자"는 유보적인 태도로 문제를 크게 만들지 말자는 입장이었고, 아이가 난폭해지자 오히려 아이를 나무랐다. 내 아이가 그 주동자 아이 때문에 상처를 받아 이렇게 된 것인데 주동자 아이는 혼내지도 않고 불쌍하고 안쓰러운 내 아이만 탓하는 남편이 미웠다. 엄마는 담임교사에게도 실망했다. 담임교사는 그야말로 딱 중립적인 자세로 누구의 편도 들지 않았다. 교사라도 아이와 자기 마음을 알아주었으면 했지만, 담임교사는 여전히 주동자 아이에게도 좋은 면이 있고, 피해자 아이에게도 문제 되는 면이 많다는 식으로만 설득하려 들었다. 그런데 이제는 고소까지 당했다. 엄마는 억울하고 의지할 데 없는 이 상황이 너무나 싫고, 주변 사람 모두가 미웠다. 다행스러운 일인지, 아내가 고소를 당하는 상황이 벌어지자 그제서야 남편이 전면에 나서기 시작했다.

물론 아이들은 싸울 수 있고, 아직 내면적으로 미숙해서 의외로 심각한 장난을 하기도 한다. 그럴 때 부모가 어떻게 나서서 해결하느냐에 따라 아이와 부모와의 관계, 부부간의 관계가 달라진다. 아이들끼리 벌어진 싸움에서 엄마 아빠들이 보이는 태도는 참 많이 다르다. 아이에게 문제만 생기면 점잖던 사람이 돌변해 "누가 내 새끼를 건드려?" 하면서 난폭하게 나오는 경우도 있다. 앞의 사례에서 주동자의 엄마 아빠 같은 경우다. 누가 봐도 사과를 했어야 하는 상황임에도 불구하고, 거의 가족 이기주의 수준으로 "뭘 그런 것 가지고 그러냐. 애들이 그럴 수도 있지"라고 나온다. 자기 자식한테 무슨 일이 생길까 봐 투사처럼 군다. 이런 엄마 아빠들이 자기 자식을 보호하기 위해서는 체면이고 뭐고 없다. 보호받는 아이 또한 그 순간만큼은 '부모가 내 편을 들어주는구나' 하고 기분이 좋을 수 있다. 하지만 이 아이가 자라 올바른 생각을 갖게 되면 부모의 비이성적인 행동을 창피해하고, 왜 그때 나에게 옳고 그른 것을 제대로 가르쳐주지 않았는지 항의할 수도 있다. 자신을 보호해준답시고 항상 이런 식으로 행동하는 부모가 존경스럽지 않을 수도 있다. 혹시 부부 중 남편이 투사이고 아내가 점잖은 편이라면, 아내는 남편의 이런 가벼운 행동이 반복될수록 존경하는 마음이 사라진다. 이런 부부의 경우 대부분 남편과 아내의 의견 차이가 있을 때 아내는 말리고 남편은 생각대로 밀고 나가는 경우가 많은데(이런 남편들은 아내가 말린다고 말을 듣지 않는다), 결국 아내는 자신의 의견을 존중하지 않는 남편에 대한 미움만 키우게 된다.

사례의 피해 아이의 아빠처럼 지나치게 유보적인 태도도 바람직하지 않다. 본인은 나름 이성적이고 점잖은 태도를 취한다고 생각하지만, 아이와 아내는 이런 아빠의 태도를 보면서 큰 피해 의식을 느낄 수 있다. 아내는 이런 남편에게 '가족을 전혀 돌보지 않는 사람이다. 남편을 믿고 살지 못하겠다. 우리를 보호해주는 가장이 아니다' 등의 불신감을 갖는다. 이 불신감은 서운함이 계속 쌓이고 쌓인 끝에 생긴 감정이다. 아이가 느끼는 감정 또한 이와 똑같다. 만약 아빠가 자신의 생각이 확고하여 유보적인 태도를 취하는 것이라면 아내와 아이에게 이런 입장을 취하는 이유를 정확하게 설명해야 한다. 이 과정이 빠지면 부부 사이와 부모와 아이 사이에 모두 문제가 생긴다. "내가 신중한 이유는 이 일이 가벼운 일이어서도 아니고, 너를 사랑하지 않아서도 아니야. 아빠도 굉장히 마음이 아픈데 이런 일일수록 너무 흥분하면 오히려 다른 문제가 생길 수 있어. 그 아이가 잘못한 것은 분명해. 하지만 아직 어린아이이기 때문에 어른들은 그 아이가 너에게 사과하고 다시는 그런 짓을 하지 않도록 교육을 시켜주어야 하는 거야. 모두 흥분해버리면 우리가 그런 것들을 제대로 못할 수 있으니 조금만 차분해지자"라는 말을 해주어야 한다.

아이를 키우다 보면 친구에게 맞고 오는 경우도 있고, 때리고 오는 경우도 있다. 또는 같이 잘 놀다가 실수로 다치기도 한다. 이럴 때 어떻게 해결하는 것이 좋을까? 아이가 맞거나 다쳐서 집에 왔을 때 가장 먼저 해야 할 일은 교사에게 이 상황에 대해 묻는 것이다. 교사가 상황을 아주 잘 알고 있고, 두 아이를 불러 적절한 대처를 했다면 그래도 괜찮다. 적절한 대처란, 피해 아이를 위로해주고 가해 아이에게 다시는 그런 행동을 하지 않도록 잘 가르치는 것을 말한다. 사실 학교와 유치원에서 때리거나 맞거나 다치는 일이 생기면, 교사는 부모가 묻기 전에 꼭 먼저 알려주어야 한다. 피해자나 가해자에게 모두 그렇다. 아이들끼리 상황 정리가 잘 되었다고 해도 먼저 부모에게 알리지 않으면 당한 아이 부모 입장에서는 기분이 나쁠 수 있다. 이렇게 먼저 감정이 상해버리면 일을 해결하기 어려워진다. 아이는 굉장히 아팠다고 하는데 교사는 일체 말이 없으면, 부모는 교사에 대한 불신이 생기기 쉽다.

교사는 두 아이의 이야기를 모두 충분히 들어 상황을 제대로 파악해야 한다. 취조하듯 하면 사실이 왜곡될 수 있으니 조심해야 한다. 상황이 파악이 되면, 부모들에게 알린다. 이때 피해자와 가해자를 분명히 구분짓고, 상황을 최대한 객관적으로 설명해야 한다. "상황이 여차여차했는데, 분명히 A가 B를 때린 것이 맞습니다. A를 불러다가 제가 잘 가르쳤고, A의 부모에게도 얘기를 했습니다. A의 부모도 잘 지도하겠다고 했습니다. B에게는 네가 잘못한 것은 없다고 하면서 잘 보듬어주었는데, 어머님께서 더 위로해주세요. 많이 다친 것 같이 보이지는 않았지만, 잘 지켜보세요. 혹시 상황이 제가 파악한 것과 다르면, 꼭 알려주세요"라고 하면 된다. 대부분의 부모들은 엄청난 사고가 아니면, 속은 상하지만 이해하려고 한다. 그런데 여기서 주의할 점은 피해 부모를 진정시킨답시고 "피해 아이도 사실 문제가 많았다, 가해 아이도 사실은 착한 아이다"라는 식으로 말하는 것이다. 이쪽한테는 저쪽을, 저쪽한테는 이쪽을 편들어 이야기하면 피해 아이 부모는 더 화가 난다. 그저 객관적으로 "이런 상황이 있었고, 이렇게 처리했습니다"라고 말하는 것이 좋다.

만약 우리 아이가 가해자 쪽이라면, 일단 다른 것은 차치하고 맞거나 혹은 다친 아이 부모에게 "죄송합니다. 아이를 잘 가르치겠습니다"라고 말한다. 모든 부모는 내 아이가 다른 아이를 때렸다는 것을 인정하고 싶지 않을 것이다. 내 아이에게도 억울한 면이 있을 수 있다. 그러나 부모는 어떠한 상황에서든 아이가 다른 사람을 때리는 방법으로 문제를 해결하는 것을 막아야 한다. 교사한테 상황을 들어보고, 어쨌든 내 아이가 때린 것이 맞다면 무조건 "죄송합니다" 해야 한다. "우리 애도 상처 있거든요" 하지 않는다. "정말 죄송합니다. 아이가 많이 안 다쳤는지 모르겠네요. 앞으로 아이를 잘 지도하겠습니다. 혹시 아이가 어디 아프다고 하면 병원에 다녀오셔서 말씀해주세요"라고 한다. 이쪽에서는 이렇게 정중히 하지만, 상대가 점잖게 받지 않을 수도 있다. 그래도 좀 참아야 한다. 참으면 분명 조금 더 좋게 해결된다. 그럴 때 "당신 애는 가만히 있었던 줄 알아? 우리 애도 다쳤어! 사과했으면 됐지, 뭘 더 어쩌라는 거야?"라는 식으로 대거리를 하면 상대편에서는 사과할 마음이 없는 것으로 간주한다. 대화하다가 감정이 상해버리면 좋게 해결하기가 힘들어진다.

아무리 장난이었더라도, 그냥 아이들 싸움이었더라도, 부모는 내 아이가 맞거나 다쳐서 오면 너무 속이 상한다. 그래서 제대로 된 사과를 받아야 마음이 풀린다. 상담을 온 피해자 부모는 가해자 부모가 '진정한 사과'를 하지 않아 기분이 나쁘다는 말들을 많이 한다. 마음은 너무나 이해가 되지만, 해줄 수 있는 조언은 상대의 사과를 있는 그대로 받아들이라는 것이다. 표현하는 방식은 사람마다 다를 수 있다. 무릎을 꿇고 석고대죄를 해야만 사과가 아니다. 미안하다는 내용이 들어가 있으면 그것대로 인정해주었으면 한다. 내 자식이라고 부모 마음대로 할 수 없는 것을 알지 않는가. 자꾸 따지면 그 부모도 속수무책이다.

"사과만 하면 다냐?"라는 말도 많이 한다. 분쟁이 생겼을 때 상대가 내 마음을 다 풀어주는 것은 절대 불가능하다. 기준이 '내 마음이 많이 상했으니, 충분히 만족스럽게 해줘'이면 문제는 절대 해결할 수 없다. 사회적인 보편성, 일반성에 기준하여 사과를 한 것이면, 속상함이 남아도 좀 받아들여줘야 한다. 마음에 완벽하게 들지 않더라도 사회적으로 받아들일 수 있는 선이면 해결을 본다. 나에게 남는 불편함은, 마음 아프지만 내가 감당해야 하고 스스로 풀어야 하는 나의 몫이다. 아이에게 상처가 남았고 계속 치료를 받아야 하는 상황이라면 더 마음이 아플 것이다. 하지만 문제는 해결되어야 한다. 매듭지어져야 한다. 그래야 아이도 나도 살 수 있다. 계속 이 일에만 매달려 있으면 다른 생활을 해나가기가 힘들기 때문이다.

배우자를 육아 동지에서 적으로 만드는 말

Stop Daddy!

· 애들 싸움이야. 조용히 해결해!

· 뭐 그런 일 가지고 그래?

· 당신이 유난을 떠니까 애까지 저러잖아.

· 얘는 뭐가 부족해서 맨날 당해!

Stop Mommy!

· 당신은 화도 안 나? 남의 집 일이야?

· 저 집 아빠는 나서서 저러는데, 당신은 뭐야!

· 안 그래도 억울한데, 왜 애한테 큰 소리야? 당신이나 잘해!

아이의 인성과 건강 그리고 안전 문제

인성, 건강, 안전에 대한 엄마 아빠의 생각은…

양육과 관련해서 우리나라 아빠들의 모습을 머릿속으로 그려보면, 약간 대문 밖에 나가 있는 느낌이다. 매일 밖에 나가 사회생활을 하면서 집안에 문제가 생기면 문밖에서 구경을 한다. "저 집 봐라, 저 집! 어이쿠, 저 집 아이 저렇게 되었네. 저 엄마 저러면 안 되는 거 아냐?" 이렇게 말하고 있는 듯한 느낌이다. 우리 아빠들은 문 안으로 직접 들어와서 하는 행동이 드물다. 가끔은 열어놓은 대문으로 한 발만 들여놓은 상태로 안을 들여다보면서, "저 집은 뒤주가 두 개네. 저 집은 아이가 세 명이구나" 한다. "쟤는 되게 뚱뚱하다. 왜 저렇게 먹이는 거야?" 딱 이런 느낌이다. 그러다가 자기 구미에 안 맞는 상황이 벌어지면 순식간에 집 안으로 들어와 난장판을 만들고는 다시 나가버린다.

그들은 대문 안으로 한 발만 넣고 있는 상황에서 단방향 미디어처럼 끊임없이 논리적이고 이론적인 얘기만 해댄다. 버릇없는 아이는 어쩌고저쩌고, 항생제는 이러쿵저러쿵, 면역력은 구시렁구시렁, 소아비만은 어쩌고저쩌고, 식사 예절은 이러쿵저러쿵 식이다. 이렇게 되면 엄마들은 대부분 서운해한다. "직접 해보고 말 좀 해. 나도 알아. 당신 말한 대로 당신이 좀 해보지" 이렇게 나온다. 아빠들은 내 아이를 속속들이 알고 있는 상태에서 자신이 알고 있는 이론이나 논리를 융통성 있게 적용하는 것이 아니라, 종종 제3자의 입장을 취한다. 크게 걱정하는 엄마들 뒤에서, 무심한 듯 판결을 내린다. 마치 중계석에 앉아 아내가 아이를 키우고 있는 것을 지켜보는 느낌이다. 엄마들이 더 답답해하는 이유는, 그 이론이나 논리라는 것이 그나마 요즘 것이라면 봐주겠는데 그조차 옛날 것이라는 사실이다. 아빠들이 생각하는 이상적인 양육 방식은 자신을 키웠던 어머니 세대의 방식인 경우가 많다. 옛날 자신이 자라온 양육 방식을 이상화시키고, 거기에 신문 기사를 가미시켜 아내의 양육 방식에 태클을 건다. 아빠들의 이런 태도는 분명 바뀌어야 한다. 아빠도 아이의 지금 모습에 대해 배워야 한다. 옛날 양육 방식이나 극단적인 이론으로는 아이와 좋은 유대 관계도, 아내와 좋은 부부 관계도 유지할 수 없다.

　　인성, 건강, 안전에 대해 엄마들은 지나치게 걱정하고, 과도하게 완벽하려고 든다. 아이와 자신을 분리하지 못해 자칫 과잉 개입이나 과잉 통제를 한다. 아빠들이 양육에서 제3자처럼 행동하는 것이 문제라면, 엄마들은 아이가 마치 자신인 것처럼 행동한다. 둘 다 문제다. 때문에 엄마들은 좀처럼 아빠들의 조언이나 참여를 달가워하지 않는다. 아빠들의 육아 참여를 바라기는 하지만, 엄마들이 바라는 방식으로 참여하기를 원한다. 말로는 "아이는 함께 키워야지"라고 하면서, 남편이 다른 의견을 내면 "내 일에 왜 참견이냐. 당신이 뭔데 내 자식을 혼내느냐"는 식이다. 아빠들은 이것을 '집착'이라고 말한다.

엄마가 아이를 자신과 분리하지 못하고 동일시하는 것은 생물학적인 현상이다. 아이는 엄마와 아빠에게 유전자를 반반씩 받고 태어났지만, 아빠는 이 아이가 내 아이가 아닐 수도 있다고 생각한다. 오해하지 말기를 바란다. 이것은 무의식적이긴 하지만 수컷의 오랜 본능이다. 그래서 아이가 못난 모습을 보이면 더 객관적으로 보고 야멸차게 대할 수 있는지도 모른다. 하지만 엄마는 아이가 내 아이라는 것을 확신한다. 내 뱃속에서 나왔기 때문에 자신의 분신이라는 느낌도 있다. 게다가 열 달 동안 함께 다니고, 출생 후 2~3년 동안은 어디든 짝이 되어 다녔기 때문에 아이를 자신과 분리해서 생각하는 것이 어렵다. 하지만 엄마도 변해야 하고 배워야 한다. 사랑해서 분리하지 못한다고 하지만, 아이를 한 사람의 개체로 인정하지 못해서 오는 폐해가 너무나 많다. 사랑해서 오히려 망칠 수도 있다.

때려서라도
가르쳐야지!

open daddy's heart

말로 해서 안 들으면 때려서라도 가르쳐야지. 귀한 자식일수록 제대로
가르치는 것이 부모의 의무라고. 자꾸 싸고돌기만 하면 아이를 제대로
키울 수 없는데 아내는 만날 오냐오냐하기만 해. 혼낼 때는 정말 따끔하
게 혼내야 하는데, 아내가 말리는 바람에 이도 저도 안 되네.

내가 애를 때리다니!
때리지 말걸….

open mommy's heart

미안해. 엄마가 아까 정신이 어떻게 되었었나 봐. 내가 너를 때리다니,
조금만 참을걸. 요즘 왜 이렇게 화를 조절하지 못하나 몰라. 나 엄마 맞
아? 어떻게 홧김이라도 자기 아이를 때릴 수 있어!

부모는 아이를 왜 때릴까? 아마도 "아이를 바르게 키우기 위해서"라고 대답할 것이다. 대부분 아이의 나쁜 행동은 '때려서라도' 반드시 고쳐야 된다고 생각한다. 때리는 부모에게는 이런 명제가 일종의 신념이다. 그들은 체벌을 교육이라고 생각한다. 일명 '가정교육'이다. 결론부터 말하자면, 나는 체벌하는 가정교육에 반대하며 체벌은 백해무익하다고 본다.

체벌을 반대하는 이유는 크게 세 가지다. 첫째, 체벌만큼 아이를 불안하고 공포스럽게 하는 것은 없다. 사람에게는 누구나 지켜져야 하는 안전의 경계선이 있다. 누구와 관계를 맺든 심리적인 경계선이 보호되어야 안정된 정서 상태에서 정상적인 상호작용이 가능하다. 그런데 이 경계선을 침범당하면 상상도 못 할 불안감과 공포감을 느낀다. 누군가 경계선을 넘어오면 적으로 인식하고 공격을 준비하는 것이 인간이다. 그런데 이 경계선을 아무렇지도 않게 침범하는 것이 바로 체벌이다. 게다가 부모나 교사가 체벌을 하면 더욱 문제가 심각해진다. 부모와 교사는 아이를 안전하게 보호하고 사랑해주어야 할 사람들이자, 아이가 믿고 의지해야 할 사람들이다. 그런데 부모와 교사가 체벌을 함으로써 안전을 위협하면 아이는 굉장히 혼란스러워진다. 왜냐하면 자신에게 사랑을 주는 인물과 공격하는 인물이 같기 때문이다. 아이는 안전 경계선이 침범당했다는 불안감에, 나를 지켜줘야 할 사람이 나를 공격했다는 불안감까지 겹쳐져 극도의 공포에 시달린다. 체벌은 누구든 해선 안 되지만, 교사나 부모가 하는 체벌은 더더욱 안 된다.

둘째, 체벌은 전혀 교육적이지 않다. 때려서라도 아이를 바르게 키우겠다는 생각으로 체벌을 한다지만 때려서는 아이를 절대 바르게 키울 수 없다. 왜냐하면 체벌이 반복될수록 아이들은 시쳇말로 매로 때우려 하기 때문이다. 때리는 사람이 아무리 '사랑의 매'라 해도 매를 맞는 아이 입장에서는 두렵고 아프다. 어린아이일수록 더 그렇다. 그래서 아이들은 그 아픈 것을 맞음으로써 자신이 한 잘못을 상쇄해버린다. 부모나 교사의 생각처럼 '아프니까 다시는 그런 행동을 하지 말아야지'라고 마음먹는 것이 아니라, '맞았으니 이제 계산 끝났지?' 하는 식으로 나온다. 잔소리 듣는 것보다 오히려 몇 대 맞는 것이 깔끔하다는 생각까지 하게 된다. 자신의 잘못된 행동을 고치기는커녕 되돌아보지도 않는다. 부모가 의도했던 것과는 아주 다른 효과가 나타나는 것이다. 그런데 이렇게 되면 부모는 체벌의 강도를 더 높인다. 양육이 상당히 위험한 방향으로 흘러가는 것이다. 더 심각한 것은, 체벌에 익숙해진 아이들은 누군가 자기 마음대로 해주지 않으면 일단 때리고 보는 심리가 생긴다는 것이다. 자신이 받은 체벌에서 폭력성을 배우는 것이다. 또한 그 아이가 부모가 되었을 때, 아이와 대화를 하기보다 매부터 드는 사람이 될 수도 있다.

셋째, 체벌은 아이와의 관계를 망친다. 아이가 잘 자라기 위해서는 무엇보다 부모와의 애착이 중요하다. 부모와의 좋은 경험은 아이가 살아가는 과정에 중요한 밑거름이 된다. 어떠한 위기도 어린 시절 부모가 보내준 미소와 웃음, 격려와 칭찬, 무한한 사랑으로 극복해나갈 수 있다. 그런데 체벌은 그것을 방해한다. 체벌을 할 때 부모들은 험악한 얼굴이 되어 소리를 지르고 무서운 분위기를 만든다. 아이는 성인이 될 때까지 어쩔 수 없이 부모의 보살핌을 받아야 하고 부모가 없으면 살 수가 없는데, 그 부모가 자신을 버릴 것 같은, 그리고 나에게 쏟아주었던 사랑을 회수할 것 같은 분위기를 만든다. 아이는 그 순간 상상도 못할 엄청난 공포를 경험하게 된다. 하지만 아이는 부모가 자신을 때리고 소리친 것을 계속 생각하면 무섭기 때문에 빨리 잊어버린다. 무의식적인 갈등은 남겨놓겠지만 일단은 너무 무섭기 때문에 빨리 잊는 것이다. 그러면서 그때 부모가 했던 교육적인 말들, 그때 부모가 매를 들었던 구체적인 이유는 깡그리 잊어버린다. 그 순간 부모에게 느꼈던 두려움과 기분 나쁜 느낌만 남긴다. 이러한 느낌은 아이가 부모와 좋은 관계를 맺는 것을 방해하고, 심한 경우 부모와 아이 사이의 유대 관계를 끊을 수도 있다.

이쯤에서 체벌을 찬성하는 부모나 교사에게 한 가지 물어보고 싶은 것이 있다. 체벌을 하는 순간, 자신이 지금 교육을 하고 있다고 느끼는가? 부모나 교사 자신의 공격성과 분노를 표현하는 것은 아닌가? 쉽게 말해 혹시 성질을 내고 있는 것은 아닌가? 때리는 순간 어떤 희열을 느끼는 것은 아닌가? 분명 "절대 아니다"라고 말하지 못할 것이다. 체벌을 하는 사람은 때리는 순간의 희열 때문에 자꾸 폭력을 쓴다. 자신이 그 순간 상대를 압도하는 것 같고 통제권을 가진 것 같고 힘이 있는 존재인 것 같아 희열을 느낀다. 자칫하면 그 희열에 중독될 수도 있다. 2002년 미국 컬럼비아대학의 엘리자베스 게르쇼프 박사의 연구에 따르면, 아동 학대를 범한 부모의 3분의 2가 처음에는 아이를 바르게 가르치기 위해 체벌을 시작했다고 대답했다고 한다. 아동 학대도 처음에는 사소한 체벌에서 시작되었다는 말이다.

그런데 체벌에 대한 엄마 아빠의 생각도 다르다. 엄마의 경우 아이를 가르치기 위해 체벌이 꼭 필요하다고 생각하는 경우는 드물다. 나 스스로를 조절하지 못해 아이를 때리기는 했지만, 때리고 나서 엄마들은 대부분 죄책감을 느끼고 미안해한다. 그러나 아빠들의 일부는 가르치기 위해 체벌이 꼭 필요하다고 생각한다. 아빠들도 체벌한 후에 후회를 하긴 하는데, 엄마처럼 미안해하며 '때리지 말걸'이 아니라 '그때 확실히 혼내줬어야 했는데, 마누라가 말리는 통에 하다 말아서 아이가 여전히 말을 안 듣는 거 아니야'라고 생각한다. 엄마들은 아이와 자신을 분리하는 것이 어렵기 때문에, 남편이 아이에게 가하는 체벌을 마치 자신에게 하는 것 같아서 못 보겠다고 말하는 경우가 많다. 그렇다면 엄마가 하는 체벌과 아빠가 하는 체벌을 아이는 어떻게 받아들일까? 부모가 하는 체벌은 누가 하든 아이에게 치명적인 상처를 주지만, 굳이 누가 더 심하냐고 묻는다면 아빠다. 아빠는 상대적으로 엄마보다 힘이 세기 때문에 훨씬 무섭다. 게다가 아빠와 사이가 좋지 않은 편이라면 어린 시절에 겨우(?) 한두 대 맞는 것도 그 상처를 극복하기 어렵다. 평소에는 대부분 아내한테 양육을 맡겨놓고 돈만 벌러 다니다, 어느 날 '짠' 하고 나타나서 체벌을 한 경우라면 정말 복구가 어렵다.

진료를 하다 보면, 초등학교 때 아빠로부터 한 대 맞은 이야기를 10년 넘게 서러워하면서 또 하고 또 하는 아이가 한둘이 아니다. 아빠의 체벌 후 아이는 아빠를 적으로 간주한다. 말이나 행동까지 그렇게 하는 것은 아니지만 무의식적으로 아이에게 아빠는 적이다. 그러다 보니 자꾸 아빠를 멀리하려고 한다. 자신이 안전하려면 적으로부터 어느 정도 거리를 두어야 하기 때문이다. 아빠에게 고민은 물론이고 자신의 어떤 것도 노출시키지 않는다. 아들의 경우는 아빠를 닮아가려고 들지 않는다. 아이는 동성의 부모를 보면서 자신과 동일화하여 닮아가야 건강한 사람으로 성장할 수 있는데, 체벌을 당한 아이는 그런 점이 어려워진다.

간혹 아빠들은 본때를 보여준다는 식으로 큰아이를 대표로 체벌하기도 한다. 큰아이가 아들인 경우는 더 심하다. 우리나라는 큰아들을 본보기로 삼아 심리적

221

인 압력을 주는 경향이 있다. 나중에 부모가 없어지면 큰아들이 엄마 아빠 역할을 대신해야 된다는 의미일 것이다. 그런데 이처럼 아이에게 굉장한 책임감을 부여하려면 그만큼 아이의 역할을 존중하고 인정해주어야 한다. 우리나라 아빠들은 큰아이를 존중하지는 않으면서 희생양으로 삼는 경우가 많다. 동생들이 '큰형도 저렇게 아빠를 무서워하는데, 우리들도 아빠 말 잘 들어야겠다'라는 생각을 하게 하려는 의도다. 그런데 동생들은 아빠의 예상과 달리 어떻게 하면 아빠한테 혼나지 않을까만 궁리하고, 형을 무시하는 분열까지 일어난다. 위계를 잡겠다고 한 행동이 오히려 위계를 무너뜨리는 결과를 낳는 것이다. 나는 부모들에게 종종 "지금까지 우리가 알고 있는 훈육 방법 중 90%가 잘못되었다"고 경고한다. 훈육의 방법에는 체벌이란 존재하지 않기 때문이다.

서양은 아이를 한 인간으로서 존중하는 사상이 동양보다 먼저 발달했다. 아이를 부모의 소유물이 아니라 독립된 개체로 인정하는 것이다. 때문에 아이가 가진 안전한 경계선도 함부로 침범하지 않는다. 어른들은 '너도 한 개체로서 이 정도의 안전한 거리를 유지하고 싶을 테니 함부로 들어가지 않겠다'고 생각한다. 아이를 최대한 존중해주는 것이다. 아이를 존중한다는 것은 내 자식이라도 내가 함부로 대하지 않겠다는 의미다. 그래서인지 서양 부모들은 아이를 체벌로 가르치지 않는다. 그런데 우리나라 어른들은 아이에 대한 체벌이 참 쉽다. 내 자식이니까 내가 마음대로 한다는 식이다. 하지만 잊지 말아야 할 것은, 역사적인 배경이 있든 없든 서양 아이나 한국 아이나 느끼는 것은 똑같다는 점이다. 아이는 체벌을, 나를 존중하지 않고 나를 함부로 대하고 나에게 아픔을 주고 나에게 공포감을 주는 것으로 느낀다. 때문에 체벌은 절대로 해선 안 되는 것이다.

나는 말년에 맹인 인도견을 기르는 것이 꿈이다. 그래서 시간이 나면 이따금 관련 자료들을 찾아보곤 한다. 며칠 전에는 맹인 인도견 훈련 매뉴얼을 보게 되었는데, 참 인상 깊은 구절이 있었다. 첫머리에 "절대 때리지 마라"라는 말이 아주 진하게 강조되어 있었다. 개를 훈련시킬 때 뭔가 잘못하면 단호하게 "안 돼!"라고 말해야지, 때려서는 어떤 훈련도 제대로 시킬 수 없다고 한다. 단 한 대도 때려서는 안 된다는 것이다. 하물며 인간이다. 교육이라는 핑계로 아이를 때려서는 절대 안 될 것이다.

배우자를 육아 동지에서 적으로 만드는 말

Stop Daddy!

· 당신이 오냐오냐 싸고도니까 애가 이 지경이야. 내가 이번 기회에 제대로 가르치겠어.

· 말로 안 되면 당연히 때려서라도 가르쳐야지.

· 그때 확실히 잡았어야 했는데, 당신이 말려서 이 모양이잖아!

Stop Mommy!

· 언제부터 그렇게 애한테 신경을 썼어?

· 말로 해. 무슨 자격으로 애를 때려?

· 왜 때려? 내 새끼야!

· 당신 한 번만 더 때려봐. 확 신고해버린다!

이렇게 키우면
자기 밥벌이도 못 해!

open daddy's heart

세상이 얼마나 무서운데, 내 아이는 이렇게 나약한지 몰라. 이런 것도 제대로 못 해서 이다음에 험난한 세상을 어떻게 헤쳐나가려고. 아내도 그렇지, 혼을 낼 거면 제대로 따끔하게 해야지 만날 쫓아다니면서 잔소리나 하니 아이가 말을 듣겠어? 뭔가 가르칠 때는 따끔하게 말해야 아이가 무서운 줄 알지.

잔소리를 안 하면
제대로 하는 게 없어!

open mommy's heart

아이를 생각하면 늘 불안해. 아프면 어쩌지? 나쁜 습관이 들면 어쩌지? 공부를 못하면 어쩌지? 숙제를 안 해가면 어쩌지? 학원을 빼먹으면 어쩌지? 나쁜 친구랑 어울리면 어쩌지? 그러다 보니 잔소리를 안 할 수가 없어. 내가 잔소리를 안 하면 집안은 물론 아이도 엉망진창이 되거든.

아이가 잘못된 행동을 할 때 부모는 올바른 행동을 알려주어야 한다. 아이가 문제 행동을 보일 때는 그것을 교육의 기회로 삼아 스스로 행동을 교정할 수 있게 해주어야 한다. 그것이 훈육이다. 훈육은 부모가 품성이나 도덕을 가르침으로써 아이의 바람직한 인격 형성을 돕는 것을 말한다. 때문에 아이가 올바른 사람됨을 갖추기 위해서는 부모의 훈육이 반드시 필요하다. 훈육은 아이의 생활 곳곳에서 이루어진다. 그런데 이 중요한 훈육이 종종 엄마 아빠가 가진 불안에 의해 왜곡된 형태로 나타나기도 한다. 아이를 잘 키워야겠다는 걱정으로 가득 찬 엄마는 '잔소리'로, 양육에 대한 불안을 숨기려고 대범한 척이나 힘 있는 척하는 아빠는 '협박'과 '화'로 아이를 훈육하곤 한다.

학교 가는 것을 싫어하는 초등학교 1학년 남자아이가 있었다. 엄마는 아이를 교실 복도까지 데리고 가서 엄청난 실랑이를 벌인 후에야 가까스로 교실로 들여보냈다. 학교는 가기 싫어도 가야 하는 곳, 아이가 가고 싶지 않다고 해도 보내지 않을 수 없는 곳이다. 이런 것을 가르쳐주어야 하는 것도 부모다. 이때 엄마는 "네가 교실에 들어가는 것이 뭔가 불편하다는 것은 엄마가 알겠어. 그래도 학교는 일단 가야 하지 않겠니? 힘들어도 노력해야 하지 않겠니? 엄마가 없는 게 불안하다면, 복도에서 너를 기다리면서 계속 앉아 있을게. 좀 시도해보자"라고 말해주면 된다. 아이가 선뜻 들어가지 않는다면 "시간을 좀 줄 테니 서두르지 않아도 돼"라면서 기다려줘도 좋다. 그런데 이 아이의 엄마는 그렇게 하지 못했다. "들어가, 얼른 들어가라니까. 아 그러니까 엄마가 여기 왔잖아. 너 왜 그래? 옆집에 사는 철수도 학교 가지, 네 동생도 유치원 가지, 너만 안 가면 나중에 커서 어떤 사람이 되려고 그래? 봐라. 선생님들도 다 지나가면서 너만 쳐다보잖아"라고 말했다. 이것이 잔소리다. 많은 엄마들은 보통 이렇게 말한다. 그런데 이런 식으로 잔소리를 하면 결국 핵심을 놓쳐버린다. 아이는 엄마가 지금 자기한테 무슨 말을 하고 싶은지 알아들을 수 없게 된다. 아이를 훈육할 때는 가르치고자 하는 말을 머릿속으로 정리한 후, 딱 그 말만 해야 한다.

엄마가 갖고 나가지 말라고 한 게임기를 아이가 몰래 옷 속에 숨겨서 나가다 들켰다고 하자. 그럴 때 이렇게 말하면 된다. "네가 게임 좋아하는 것 알아. 친구한테 자랑하고 싶은 마음도 이해해. 하지만 거짓말은 안 되는 거야. 내가 게임기를 가지고 나가지 말라고 했던 것은, 네가 오늘 게임을 너무 많이 했고, 가지고 나가면 잃어버리거나 고장이 날 수 있기 때문이야. 엄마와의 약속을 못 지킬 것 같았다면 다시 의논을 했어야지. 이렇게 속이는 행동은 옳지 않아." 이렇게 엄마가 하고 싶은 말을 모두 머릿속에 정리해서 딱 한 번만 해주면 된다. 아무리 좋은 훈계라도 여러 번 하면 잔소리가 될 뿐 더 이상 훈계가 아니다. 그저 '소음'이다.

엄마들은 아이의 모든 것을 보살펴야 하기 때문에 늘 불안하다. 불안을 해결하기 위해 많은 것을 점검하느라 잔소리가 많다. 어떻게 보면 잔소리는 엄마들에게 숙명인지도 모른다. 하지만 내 잔소리가 소음이 되지 않게 하려면 분명히 참아야 한다. 어떻게 참을까? 어떤 상황이든 '내가 뭘 가르치려고 하는 건지'를 생각해서 딱 한 가지만 가르쳐야 한다. 자신이 걱정하는 것을 다 말하면 말도 많아지고 자꾸 반복된다. 한 번에 한 가지만 말하고 나머지는 버려라. 예를 들어 숙제를 안 하려고 하면, "공부는 1등을 안 해도 되는데 숙제는 해야 되지 않겠니? 이것은 공부가 아니라 책임감이야. 그러니 꼭 연습해서 가져가야 돼"라고 얘기하고 숙제만 시키면 된다. 그런데 보통 엄마들은 이 말보다는 "너는 자세가 틀렸어. 봐라, 연필도 하나 없네” 식으로 말한다. 이런 말은 잔소리다. 한 가지를 가르치더라도 자신이 할 말을 기승전결로 요약해 간략하게 얘기하는 것이 좋다. 자신이 잔소리를 많이 하는 사람 같다면, 아이에게 할 말이 생겼을 때 ‘잠시’ 생각하는 시간을 가져라. ‘어떻게 얘기하면 좋을까?’ 생각한 후 정리해서 말하면 말투가 훨씬 부드러워진다. 생각하는 시간을 갖지 않으면 따다다다~ 말이 나간다. 이렇게 되면 에스컬레이터가 올라가듯 감정이 점점 고조되면서 말을 하는 동안 목소리도 커지고 더욱 흥분하게 된다. 그런데 정작 본인은 자신의 변화를 알지 못한다. 아이는 엄마가 흥분해서 따다다다~ 말을 시작하면 ‘아, 또 시작이네’ 하면서 귀를 닫아버린다. 딴생각을 하면서 건성으로 “아, 네” 하고 대답만 한다.

아빠들의 훈계는 ‘협박’이나 ‘화’의 형태를 띨 때가 많다. 그리고 예상할 수 없는 시점에서 충동적으로 이루어진다. 아빠들은 지친 몸을 이끌고 퇴근해서 돌아올 때 집 안 분위기가 평화롭고 안정적이기를 바란다. 그런데 현관문을 열자 엄마는 소리 지르고, 아이는 울고 있고, 집 안은 난장판이다. 아빠는 쉬고 싶은 마음에 화가 나고 짜증이 난다. 그래서 닥치는 대로 훈계를 하기 시작한다. “들어가서 공부 안 해? 하루 종일 TV만 봐서 뭐가 되려고 그래? 또 컴퓨터 앞에 앉아 있네. 매일 컴퓨터 붙들고 사냐?” 이런 식이다. 아빠는 아무리 자식이지만 자꾸 문제를 일으켜서 자신이 쉴 수 없는 상황을 만드는 것이 싫다. 아빠들은 아이가 인터넷이나 TV에 빠져 있는 것이 싫다기보다, 아내가 아이에게 그만하라고 잔소리하고 아이는 싫다며 반항하는 상황이 싫다. 그러면 아이의 버릇이고 뭐고를 떠나 눈에 보이는 대로 지적하고 야단친다. 그런데 이런 분위기에서 하는 아빠의 훈계는 아이에게 전혀 교육이 되지 않는다. 아이도 아빠가 자신을 가르치려고 하는 말이 아니라 아빠 자신이 불편해서 하는 말임을 알기 때문이다.

　게다가 아빠들의 훈계는 레퍼토리가 늘 정해져 있다. 무언가 훈계하기 시작해 마지막에는 "너 세상이 얼마나 살기 힘든 곳인지 알아? 네가 이렇게하면 제대로 된 대학 나와 밥 벌어먹을 수 있을 줄 알아?" 이런 식이다. 아이가 "아빠, 오늘 제가 짝꿍하고 안 좋은 일이 있었어요"라고 말해도 아이가 느끼는 감정을 대수롭지 않게 여긴다. "겨우 그까짓 거 때문에 고민하냐? 너 삶이 얼마나 험난한데 그런 일에 휘둘려서 기분 나빠해?"라고 말한다. 그다음은 "내가 얼마나 힘든 줄 알아? 일하고 들어왔는데 자식새끼는 공부도 안 하고 말도 안 듣고 마누라는 매일 앵앵대고 있고…. 너 이렇게 공부하다 나중에 변변치 못한 어른 돼서 나한테 손 벌릴 생각 하지도 마." 대부분 아빠들의 훈계는 이렇다. 하지만 이런 식의 훈계는 아이에게 적개심과 분노만 일으킬 뿐이다. 아빠는 자신의 훈계에 "사회에 나오면 힘드니까 네가 열심히 해서 좀 잘 살았으면 좋겠다"는 내용이 담겨 있다고 생각하지만, 아이는 아빠가 자신을 비난하고 우습게 생각하고 무시하고 협박한다고 여긴다. 아빠의 훈계는, 아빠의 의도와 아이가 받아들이는 의미에 큰 차이가 있다. 아이들은 아빠의 훈계를 들을 때마다 자꾸 화가 나고, 심지어 어떤 아이들은 아빠가 아예 자신한테 무관심했으면 좋겠다고까지 말한다.

　이렇게 각각의 훈육 방식도 문제지만, 아이를 훈육할 때 엄마 아빠가 갈등하게 되는 단골 상황이 있다. 어느 집이나 경험하게 되는 상황으로, 바로 '컴퓨터·TV·휴대폰 사용 시간 조절에 관한 것'과 '밥상 앞에서의 아빠의 훈계'다. 컴퓨터·TV·휴대폰 사용 시간 조절 문제는 부모와 아이 간의 갈등도 심하지만 부모 사이의 갈등도 심하다. 왜냐하면 대부분의 아빠들도 컴퓨터, TV, 휴대폰을 많이 쓰고 좋아하기 때문이다. 엄마들은 아이에게 시간을 조절하라고 잔소리를 하다가 화살을 아빠한테 돌린다. "당신이 매일 집에서 컴퓨터만 하고 있고 TV만 보고 휴대폰만 들고 사니까 아이도 배워서 저러잖아!" 하는 식이다. 이렇게 갈등이 심할 경우, 나는 TV를 아예 없애라고 조언한다. 그러면 대부분 엄마들은 수긍하는데, 아빠들의 저항이 세다. 엄마들은 아이를 위한 일인데 그것도 못하냐며 화를 낸다. 엄마들의 마음속에는 늘 '아이를 위한 희생'이라는 단어가 있다. 실제로 많은 엄마들은 아무리 좋은 것이라도 아이를 위해서라면 모두 뒷전으로 내려놓는다. 엄청나게 멋을 부리던 여자도 결혼을 하면 아이를 보살피고 관리하느라 평범한 모습으로 변해버린다. 아이 콧물이 옷에 묻어도, 머리를 질끈 묶고도 별로 신경 쓰지 않는다. 하지만 아빠들은 다르다. 결혼을 해도 놓지 않는 것이 많다. 그런 자신을 "나는 사회생활을 하는 사람이잖아"라고 말하며 합리화시킨다. "내가 전쟁터 같은 밖에서 치열하게 일하고 들어와서 좋아하는 프로그램 하나 못 본단 말이야?"라고 항의한다. 그러면서 같이 TV를 보는 아이한테는 "너는 들어가서 공부해"라고 훈계한다. 그러면 엄마들은 "당신이 모범을 보여야지. 당신은 마음대로 하면서 아이한테만 하지 말라고 하면 돼?"라고 말하며 싸운다. 컴퓨터나 휴대폰 문제도 이와 마찬가지 이유로 갈등하게 한다.

아이에게 훈육을 한답시고 식탁 앞에서 엄마 아빠가 싸우는 상황도 흔하다. 아빠들은 아이와 보내는 시간이 상대적으로 적다 보니 뭐든지 현장에서 가르치려 하고, 마주칠 때마다 퍼부으려고 한다. 그리고 그것이 이루어지는 장소는 바로 식탁이 된다. 예를 들어 밥을 먹으면서 아이가 편식을 하는 상황을 발견했다. 아빠들은 바로 훈계에 들어간다. "푹푹 떠 먹어라. 왜 흘리니?" "골고루 먹어. 이것도 먹어봐" "젓가락질 똑바로 못 해?" 등등이다. 심지어 아이가 안 먹는다고 하면 입안에 밀어넣기까지 한다. "너 이거 안 먹으면 여기서 절대 못 일어날 줄 알아!"라고 협박하기도 한다. 그러다 보니 아이는 식탁 앞에서 입에 무언가를 가득 넣은 채 삼키지도 못하고 눈물만 뚝뚝 흘리게 된다. 또 형제들끼리 매일 싸워서 '언제 기회가 되면 혼내줘야지'라고 생각하고 있던 아빠들은 대개 아이들이 식탁에 모여 밥을 먹고 있을 때를 기회로 잡는다. "이놈들, 그렇게 계속 싸우면 어쩌구저쩌구" 하면서 훈계를 늘어놓는다. 이럴 때 엄마들은 "밥 먹을 때는 개도 안 건드린대. 그만 좀 해" 하면서 아빠를 나무라고, 아빠는 "당신이 항상 싸고도니까 애들이 배워야 할 것도 못 배우고 엉망진창이잖아"라고 나온다. 부부 싸움이 시작되는 것이다. 사실 이 상황에서도 보살핌 본능을 가지고 있는 엄마는 눈치를 보면서 밥을 먹는 아이 모습도, 눈물 뚝뚝 흘리면서 밥을 씹는 아이 모습도 너무 안쓰럽다. 한 숟가락이라도 맛있게 더 먹이고 싶은 것이 엄마 심정인데, 아빠는 꼭 아이가 밥을 먹을 때 건드리는 것이다.

부모들이 하는 이러한 훈계에는 정말 중요한 사실이 간과되어 있다. 부모들이 아이를 훈계하는 상황은 대부분 생활 습관이나 예절과 관련된 것들이 많은데, 이것을 가르치는 가장 좋은 방법은 훈계가 아니라 모델링이다. 아이를 혼내는 것이 아니라 부모가 모범적인 행동을 보여주는 것이다. "영희야, 젓가락질은 이렇게 하는 것이 쉬워. 자, 아빠 손가락을 좀 볼래?" 식이 좋다. 편식을 하는 습관을 교정하고 싶다면 부모가 골고루 맛있게 먹는 모습을 보여주는 것이 가장 좋은 방법이다. 형제끼리 싸우는 것을 교정하고 싶다면 부모가 서로 배려하고 이해하는 모습을 보여주면 된다. 아이가 머리를 잘 안 감는다면, 아이와 함께 머리를 감으면서 가르쳐주면 된다. TV 시청을 적당히 하게 하고 싶다면 이 역시 아빠가 적당히 하는 모습을 보여주면 된다. 자신은 예외로 두고 아이만 다그치는 것은 아무런 교육 효과가 없다. 아빠들에게 강력하게 당부하건대, 절대 식탁에서 혼내지 말라. 우리의 원초적인 욕구를 해결하는 식탁에서 느끼는 불쾌한 감정은 다른 공간에서 이루어지는 훈계보다 몇십 배나 더 강하다. 식사 예절마저도 식탁에서 혼내서는 안 된다. 식사 예절은 부모가 그 자리에서 올바른 방법으로 식사하는 모습을 보여주는 것으로 만족해라. 만약 아이에게 문제가 있어서 꼭 말하고 싶다면, 잘 기억해두었다가 타이밍이 좋을 때 아이를 불러서 말해야 한다.

우리는 흔히 훈육은 아이가 잘못을 한 바로 그 순간 해야 한다고 알고 있다. 그런데 그것은 서너 살 아이들이 고집이나 떼를 부릴 때 해당하는 말이다. 아이들은 부모가 보기에 아무리 잘못된 행동이라 할지라도 분명 그 행동을 한 자기 의지가 있다. 그것을 존중해야 하기 때문에 그 자리에서 혼내면 안 된다. 그래야 아이가 부모의 훈계를 거부감 없이 받아들여 스스로 문제 행동을 고칠 수 있다. 아이의 잘못된 행동에 즉시 개입해야 하는 상황은 뜨거운 것을 만지려고 하거나 위험한 것에 노출되어 있는 긴급한 순간밖에 없다.

좋은 타이밍이란, 저녁식사를 마치고 과일 한 쪽씩 먹고 있는 그런 때다. 그런 시간은 일부러라도 만들어야 한다. 사춘기가 되면 아이들은 대개 부모와 이야기를 안 하려 든다. 아이가 어릴 때부터 의식적으로 집안 사람들이 모이는 시간을 만들어놓으면 여러모로 좋다. 평일이 어렵다면 주말이라도 식구들이 모두 모여 식사를 하는 시간을 만들고 평소 고쳤으면 하고 생각했던 점을 조심스럽고 진지하게 말한다. 아침에 아이의 행동에 문제가 보였다면, 퇴근 후 아이 방으로 가서 "아빠가 하루 종일 생각해봤는데, 아침에 네가 한 행동은…" 이라고 말해야 한다. 그래야 아이의 행동을 변화시키는 교육이 될 수 있다.

아이를 훈육할 때 다음의 여섯 가지는 꼭 기억하자.

첫째, 아이가 너무 몰입하고 있을 때는 그 즉시 혼내지 마라. 대표적인 것이 TV나 인터넷이다. 한참 몰입하고 있는 아이를 방해하면 부모가 하는 말에 짜증이나 화만 낼 뿐이다. 그럴 때 "그만해. 너무 많이 하고 있잖아" 하면 아이는 내내 대답을 안 하다가, "너 빨리 안 꺼?" 하며 부모의 목소리가 커질 때 "아, 알았다고요"라며 신경질적으로 대답한다. 이럴 경우 아이는 바로 그 행동을 중단하지만 그것은 부모의 훈계를 받아들인 것도, 잘못된 행동이 고쳐진 것도 아니다. 그저 잠시 강제로 중단시킨 것뿐이다. 그렇게 되면 말하는 사람이나 듣는 사람 모두 기분이 나빠지고 사이도 멀어진다. TV나 인터넷, 휴대폰 등을 사용할 때 아이가 너무 조절이 안 되는 것 같다면 그것을 사용하고 있는 그 순간 혼내지 말고, 시간을 기억해두었다가 다음 날 아이가 안 하고 있을 때 대화를 시도한다. "너 어제 컴퓨터 얼마나 했는지 아니?" "1시간쯤요?" "엄마가 지켜보니까 3시간 정도 하더라." 이렇게 말하면 자신도 몰랐다는 듯이 "그래요?" 하면서 부모의 얘기를 듣는다. 바로 이때 아이가 한 행동이 얼마나 문제가 있는지, 왜 조절해야 하는지를 조용하지만 단호하게 설명한다. 그러면 대부분의 아이들이 바로 고치지는 못하더라도 부모의 말을 호의적으로 받아들인다. 그리고 행동을 교정하려는 성의를 보인다.

둘째, 분명한 원칙과 잘못된 이유만 설명해라. 훈계의 강도를 높인다고 아이의 인격을 깎아내려서는 안 된다. 아이의 잘못된 행동을 교정할 때는 분명한 원칙을 주고, 아이가 그런 행동을 하면 안 되는 이유만 설명하면 된다. "너 그따위로~" 같은 표현을 쓰면서 감정적으로 혼내서는 안 된다. 그것은 아이의 행동이 아니라 아이 자체를 혼내는 것이다. "너 그따위로 해서 뭐가 되려고 그래?"가 아니라 "네가 그런 행동을 해서는 안 되는 거야" 식으로 말한다. 때문에 부모가 감정적으로 화가 나 있거나 불안정하다면, 그 순간은 아무 훈계도 해서는 안 된다. 훈계를 하려면 부모의 마음이 진정되어 있어야 한다. 만약 훈계 중 화가 난다면 "지금 엄마가 감정이 잘 안 다스려진다. 오늘은 그만하고 다음에 얘기하자"라고 하는 것이 낫다.

셋째, 혼낼 때는 반드시 사무적으로 해라. 젊은 엄마들 중에는, 아이가 하지 말아야 할 행동을 할 때 단호하게 제어를 못 하는 경우가 있다. "우리 예쁜 아들, 그러면 안 되지요"라고 아이에게 사정하듯 말한다. 혼낼 때는 사무적으로 해야 한다. 사무적이라는 것은 감정적으로 지나치게 과잉 반응하지 말라는 뜻이다. 아이가 위험한 곳에 올라갔다면 "얼른 내려와. 위험해"라고 단호하게 말해야 한다. "어머어머, 우리 아들 그런 데 올라가면 안 돼요. 얼른 내려와야 돼요"라고 말하면 안 된다. 간혹 요즘 엄마들 중 아이가 말썽을 부리고 있을 때 지나가던 어르신이 "얘야, 너 그러면 안 돼"라고 혼을 내면, "당신이 뭔데 우리 애 기를 죽이고 그래?"라고 항의하는 부모들이 있다. '기를 죽인다'라는 말에 쓰는 '기'는 건강한 형태의 자신감이다. 잘못된 행동까지 당당하게 하는 것이 기는 아니다. 잘못하면 아이가 기고만장 형태의 기를 가지게 될 수도 있다. 인간이 타인으로부터 가장 존중을 받을 때는, 그 사람이 사회적 질서를 지킬 때다. 사회의 틀 안에서 배려를 받고 싶다면 나도 남을 배려해주어야 한다. 그런 의미에서, 해야 할 것과 하지 말아야 할 것을 부모가 아이에게 분명히 가르쳐주어야 한다. 그래야 아이도 덜 불안해하고 남들에게 존중받는 사람으로 자란다.

넷째, 자기 편하자고 혼내는 것은 아닌지 돌아봐라. 부모들 중에 지나치게 도덕적이고 원칙적이고 남에게 피해주는 것을 극도로 싫어하는 사람들이 있다. 그런 부모는 아이를 너무 엄하게 다루어 힘들게 한다. 조금만 뛰어다녀도 못 하게 하거나 조금만 거친 말을 써도 야단을 친다. 아주 잘못된 훈육 방식은 아니지만, 너무 야단을 많이 치면 아이 마음속에 부모에 대한 분노와 화가 생긴다. 냉정하게 보면 이것은 가정교육이 아니라 부모 마음 편하자고 하는 행동이다. 너무 원칙적인 사람은 자신이 생각한 상황을 벗어나면 불편해한다. 아이는 당연히 뛰어다니는 것을 좋아하고, 일시적으로 또래들이 많이 쓰는 거친 말을 따라 쓰기를 좋아한다. 다른 사람에게 피해를 줄 만큼 지나치면 주의를 주어야 하지만, 그렇지 않을 때는 부모 자신을 뒤돌아봐야 한다. 너무 지나치면 어떠한 훈육도 제대로 된 교육적 힘을 잃는다. 아이가 거친 말을 지나치게 많이 쓴다면, "너희 나이 때는 그런 말을 많이 쓰기는 해. 하지만 가정교육을 잘 받은 사람은 그런 말을 순화해서 써야 돼. 너희들끼리 있을 때는 모르겠지만 공공장소에서는 다른 사람에게 불쾌감을 줄 수도 있어" 정도로만 얘기해준다. 너무 엄하지 않으면서 올바른 지침을 주는 것이다.

다섯째, 너무 단정적인 표현보다는 중립적이고 제안적인 표현을 써라. 예를 들어 "이게 문제다"가 아니라 "이런 것은 문제가 되지 않겠니" 식으로 말해야 한다. 만약 아이가 "저는 괜찮다고 생각하는데요"라고 하면 "괜찮긴 뭐가 괜찮아?"라고 말하지 말고, "너는 괜찮다고 생각하니? 그런데 그건 네가 좀 더 생각을 해봐야 할 것 같아"라고 중립적인 태도로 말하는 것이다.

여섯째, 상황을 일반화해서 표현해라. 예를 들어 형이 동생을 때렸다면, "동생을 때리면 안 돼"가 아니라 "동생을 포함해서 그 누구도 때리면 안 되는 거야"
식으로 부모가 누구의 편을 들어서 혼내는 것이 아니라 사회적으로 해서는 안
되는 행동을 알려주는 식으로 일반화시켜 말한다. 간혹 혼을 내다 보면 "엄마도
그렇잖아"라며 아이가 부모의 잘못을 지적하는 경우가 있다. 이때는 흥분하지
말고, "그래 맞아. 엄마도 잘못했어. 미안하다. 그런데 너는 엄마의 그런 점을 닮
지 않았으면 좋겠어. 그래서 이렇게 가르쳐주는 거야"라고 말해준다.

배우자를 육아 동지에서 적으로 만드는 말

Stop Daddy!

· 내가 얼마나 힘든 줄 알아?

· 자식새끼는 공부도 안 하고 말도 안 듣고 마누라는 매일 앵앵대고….

· 당신이 항상 싸고도니까 애들이 배워야 할 것도 못 배우고 엉망진창이잖아.

Stop Mommy!

· 당신이 매일 그러고 사니까 아이도 배워서 저러잖아?

· 아이를 위한 일인데, 그것도 못 참아?

· 당신이 딱 하루만 키워봐. 잔소리 안 하게 생겼나. 누군 잔소리하고 싶어서 하는 줄
  알아?

아이가 아플 수도 있지. 병원에 가봐!

open daddy's heart

아이가 아프면서 크는 거지, 그럴 때마다 웬 호들갑인지. 무슨 큰 병에 걸린 것도 아니고 조금만 이상하다 싶으면 난리니, 어떻게 그때마다 장단을 맞춰주나. 그리고 내가 같이 있다고 해서 상황이 달라지는 것도 아니잖아. 간호는 한 사람만 하면 되는 거 아닌가? 말만 하면 "서운해. 서운해" 하니, 무슨 말도 못 하겠고….

이러다 큰 병 되는 거 아니야?

open mommy's heart

아이가 아픈데 걱정도 안 되나? 왜 회사에 말을 못 해? 상사가 무서워서 말을 못 하는 게 아니라 아예 마음이 없는 거지. 잠깐 왔다 간다고 설마 회사에서 잘리기야 하겠어? 남편은 정말 냉정해. 자기 일밖에 모르는 것 같아. 그나저나 혹시 큰 병이면 어쩌지? 빨리 안 나으면 어쩌지? 내가 뭘 잘못했기에 아이가 아픈 걸까?

민정이가 열이 40℃ 가까이 오르자 민정 엄마는 회사에 있는 민정 아빠에게 전화를 했다. "여보, 어쩌지? 민정이가 열이 많이 나." 민정 엄마는 민정 아빠가 회사에서 조퇴하고 병원에 같이 가줄 줄 알았다. 그런데 민정 아빠는 "그러면 빨리 병원에 가"라고 시큰둥하게 대답하는 것이었다. 이럴 때 엄마들은, 아빠가 "정말?" 하면서 놀라고 걱정하기를 기대한다. 그런데 아빠들은 자기가 의사도 아니고 옆에 있다고 열이 내릴 것도 아니니 병원 가라는 말밖에 안 한다. 그러면 엄마들은 "어떻게 그렇게 냉정하게 말해?"라며 화를 낸다. 아빠들은 황당해하며 "그러면 내가 병원에 가라고 하지, 집에서 얼음찜질이나 하고 있으라고 하냐?" 하며 억울해한다. 엄마들은 아빠들도 자신과 똑같이 걱정하면서 얼른 달려와 그 자리에 동참해주기를 원한다. 그래서 회사에 있는 아빠들이 "지금 바쁘니까 못 가"라고 하는 말에 상처받는다. 밤에 응급실을 가야 하는 상황에서, 아빠들이 빨리 안 일어나는 것에도 엄마들은 상처를 받는다. 특히 외벌이인 경우, 엄마들은 아이가 아플 때 남편이 자신만큼 걱정하지 않으면 아이뿐 아니라 자신까지도 사랑하지 않는다고 느낀다. 엄마는 아이와 자신이 한 몸이라고 느끼기 때문이다.

아빠들은 "아이가 아프면서 크는 거지, 왜 그렇게 호들갑이야"라고 말하지만, 엄마들은 그 어느 때보다 불안하다. 엄마는 기본적으로 아이가 성인이 될 때까지 보살펴야 된다는 것이 유전자에 프로그래밍되어 있는 사람들이다. 아이가 아프다는 것은 자신의 역할에 빨간 경고등이 켜진 상태이다. 그래서 그 어느 순간보다 예민해진다. 일하는 엄마들도 마찬가지다. 아이가 아프다고 하면 윗사람한테 양해를 구하고 집으로 달려온다. 하지만 아빠들은 아이 일로 회사를 조퇴하는 것을 굉장히 창피하게 생각한다. 엄마들은 어떤 상황에서라도 양해를 구하고 달려오는 반면, 아빠들은 그저 "회사에 있는데 어떻게 가?"라고 말할 뿐이다. 엄마들은 아이를 아프지 않게 보살피는 것이 본인의 역할이라고 느끼는 반면, 아빠들은 그렇게 느끼기 않기 때문인지도 모른다.

옛날에는 엄마들도 아빠들의 이런 생각을 당연하게 여겼다. 그런데 요즘은 아이의 양육이 엄마 아빠 두 사람의 몫으로 인식되면서, 아이가 아플 때와 같은 긴급 상황에서 아빠가 엄마와 동일한 강도로 걱정하지 않으면 손가락질받는 세상이 되었다. 사실 아빠들이 이런 역할을 부여받은 것은 길어야 고작 100년이지만, 엄마들이 아이를 보살피는 역할은 인류가 생겼을 적부터 있었으니, 아빠들이 이 역할에 익숙하지 않을 수밖에 없다. 엄마들은 노력하지 않아도 웬만큼 보살핌의 역할을 잘해내지만, 아빠들은 노력하지 않으면 잘해낼 수 없다. 물론 엄마들처럼 그 즉시 회사일을 접고 달려가라는 말은 아니다. 그저 "내가 의사도 아니고 직접 간다고 뭐가 달라져? 한 사람만 있으면 됐지, 내가 꼭 가야 돼?"라고 말하지 말고, 엄마의 심정을 헤아리는 말이라도 해주는 최소한의 성의를 보이라는 것이다. 엄마들의 마음은 아빠가 달려오면 좋겠지만 반드시 그렇게 해야 한다고 생각하는 것은 아니다. 단지 위기 상황일 때 느끼는 아픔과 어려움을 아빠와 함께 공유하고 싶은 마음이 더 크다. "어쩌지? 민정이 열나는 것 말고 다른 이상 증상은 없어? 열이 너무 많이 나서 걱정이네. 내가 병원에 전화해서 좀 물어볼까?" 하는 식으로 같이 걱정해주기를 원하는 것이다.

아빠들에게 개인적으로 부탁하고 싶은 것은, 아이가 아픈 것을 무조건 제1순위로 다뤄달라는 것이다. 아이가 영유아기일 때는 특히 그렇다. 자주 걸리는 감기를 제외하고는 아이가 아프다고 하면 큰일이 아니더라도 웬만하면 같이 병원에 갔으면 좋겠다. 그것이 부모의 역할이다. 아이가 아프다고 상사에게 말하면 대개 이해해준다. 아빠들이 지레짐작으로 상사가 싫어할 것이라고 생각해 말을 안 할 뿐이다. 회사에 말을 못 하는 남편을 보면, 아내 입장에서는 아이의 일을 중요하게 생각하지 않는다고 여길 수밖에 없다. 아이가 아플 때 달려와서 옆을 지키고 걱정도 해야 아이를 함께 키운다는 공감대도 형성된다. 잠깐 와서 보고 가더라도 "여보, 미안한데 상황이 급해서 회사에 가봐야 하니까 갈 때는 택시 좀 타고 가"라고만 해도 남편의 노력하는 모습에 아내는 고마움을 느낀다.

엄마들은 아이를 뱃속에 품고 있으면서 아이가 건강하지 않으면 모두 자기 책임이라고 생각하여 임신 기간 동안 굉장히 몸을 조심한다. 하지만 아빠들은 아내의 뱃속에 아이가 생겨도 기본적으로 자유로운 상태다. 아이가 건강하게 태어나기를 바라지만 자기 몸 안에서 아이를 품고 있는 사람과는 그 깊이가 다르다. 아이가 자랄수록 조금씩 옅어지기는 하지만, 엄마들은 아이를 건강하게 지켜야 하는 것은 내 몫이고, 아프면 내가 잘 보살피지 못해 그런 것이라는 죄책감을 느낀다. 아이가 아플 때, 그 아픔을 마치 자신이 느끼는 듯 괴로워하는 것은 엄마의 본능이다. 때문에 아빠들은 엄마의 호들갑과 불안을 이해해주어야 한다.

단, 아이가 아플 때 엄마가 느끼는 불안은 충분히 이해되지만 그 불안한 모습을 아이 앞에서 보이는 것은 안 된다. 아이가 아픈 것을 숨길 수도 있고, 자신의 상태를 실제보다 더 심각한 것으로 오해할 수도 있다. 예를 들어, 변비로 병원을 찾은 아이가 관장을 하게 될 때 항문으로 뭔가 들어오는 것을 느끼며 굉장히 공포스러워한다. 이럴 때 엄마가 편안한 표정으로 대하면 아이는 '그렇게 걱정할 만한 상황은 아니구나'라고 생각한다. 반면 엄마가 아이보다 더 불안한 표정을 지으면, 아이는 본능적으로 '뭔가 굉장히 공포스러운 상황이구나'라고 생각해 엄마의 불안을 학습한다. 이렇게 엄마가 지나치게 불안한 모습을 보여주면, 아이는 아픈 것에 굉장히 예민한 사람으로 자란다. 살면서 열나고 기침 나는 감기는 얼마든지 겪을 수 있는 일인데, 그때마다 아이는 지나치게 예민해지고 불안해할 수 있다. 또 살아가면서 어려움이나 갈등이 생길 때마다 그것이 신체 증상으로 나타나는 경우도 많아진다. 어릴 적 자신이 아플 때 엄마가 보여준 불안이, '아픈 것 = 위기 = 스트레스 = 고비'로 각인되었기 때문이다. 이런 사람은 살면서 조금만 위기가 생겨도 몸이 아프다. 자신은 몸이 약하다고 생각하는데, 정작 병원에서 진찰을 받아보면 멀쩡하다는 소견을 받곤 한다.

내게 진료를 받는 고등학교 1학년 남자아이는 올 때마다 여기저기가 아프다고 했다. 그런데 병원을 가서 진단을 받아도 딱히 나쁜 곳은 없었다. 이 아이는 자신이 신체적으로 약하고 아프다는 것을 방어기제로 사용하는 아이였다. 삶의 고비가 생길 때마다 이 카드를 내밀어 자신을 방어하는 것이다. 아이가 이런 방어기제를 갖게 된 이유는 부모의 양육 태도와 관련이 깊었는데, 앞서 말한 대로 지나치게 걱정하는 부모의 양육 태도가 낳은 결과였다.

아이가 아플 때 걱정하는 것은 부모로서 당연하지만, 그 정도가 심할 때는 부모 스스로가 뒤돌아보아야 한다. 지나치게 불안할 때는 자신의 어떤 문제와 관련이 있을 가능성이 크다. 걱정이 많은 사람은 그 관심이 대부분 건강에 쏠려있다. 건강하지 않은 것은 곧 '죽음'을 의미하기 때문이다. 누구에게나 죽음은 굉장한 공포다. 하지만 매번 조금만 아파도 죽음까지 생각할 정도로 불안해하면서 양육하면 곤란하다. 그것은 아이에 대한 사랑이 아니라 단지 부모의 병이므로 적절한 치료를 받는 것이 필요하다. 그런데 반대로 아이가 아플 때 너무 아무렇지도 않게 이겨내기를 바라는 부모도 있다. 이런 경우는 아이가 기본적으로 자신의 몸을 너무 돌보지 않는 사람으로 자랄 수 있다. 몸이 아프면 아프다고 부모한테 말하는 것이 당연한데, 그런 이야기를 잘 못 할 수도 있다.

마지막으로 약에 대한 이야기를 좀 하겠다. 약과 관련해서는 엄마보다 아빠의 불안이 더 크다. 진료를 하다 보면 약에 대한 지나친 거부감을 보이는 아빠를 많이 만난다. 아빠들은 뭔가 자기 안으로 들어오는 것을 침입으로 인식해 불안해하고, 약에 의존하면 자신이 왠지 약한 사람 같다는 생각을 한다. 그래서 아빠들은 아파도 약을 잘 먹지 않으려 하고(그래도 이겨낼 수 있다고 생각하나 대부분 초동 대처가 늦어 호되게 고생하곤 한다), 아이한테 약을 먹이는 것도 싫어한다. 아빠가 이런 생각을 가지고 있으면 아픈 아이를 돌볼 때 여러 가지 문제가 생겨난다. 어린아이는 기침이 오래가면 모세기관지염도 많이 생기고, 감기에 걸리면 어른과는 달라 폐렴을 동반하는 경우도 많다. 또 열이 났다 하면 고열로 오르기도 한다. 이럴 때는 약을 잘 챙겨 먹여야 큰 병이 생기지 않는다.

아이들은 대부분 약을 싫어한다. 불안한 아이의 경우 알약을 잘 못 삼키기도 한다. 약을 먹으면 그것이 꼭 기도에 걸릴 것 같아 불안한데, 이것은 인간의 본능적인 두려움 때문이다. 제법 큰 아이들도 이런 경우가 있는데, 나는 이럴 때 인체해부도의 식도와 기도를 보여주면서 약은 식도로 넘어가기 때문에 절대 질식할 염려가 없다고 말해준다. 여하튼 아이들은 약에 대한 묘한 공포가 있다. 때문에 약을 먹일 때는 최대한 실랑이하는 시간을 줄여야 한다. "약 먹을래? 언제 먹을래?"라고 물어보는 것은 아이가 두려움에 떠는 시간만 늘릴 뿐 도움이 되지 않는다. 그보다 "약은 꼭 먹어야 하는 거야. 너무 걱정 마"라고 안심시킨 후 빨리 먹이는 것이 낫다. 그런데 이때 아빠가 등장해서 "그거 먹이지 마. 뭐 몸에 좋은 거라고"라고 말하면 아이는 굉장히 혼란스러워한다. 그렇지 않아도 먹기 싫은데 더 먹기 싫어진다. 아이가 치료를 받고 있는 경우, 아빠가 보이는 약에 대한 거부감은 아이의 치료 경과에 좋지 않은 영향을 줄 수도 있다. 약은 건강 결과에도 영향을 주지만, 약을 먹이는 과정 또한 하나의 훈육이기도 하다. '아플 때는 약을 먹어야 한다'는 것은 아이가 어렸을 때 꼭 가르쳐주어야 하는 가정교육이다. 이때 엄마 아빠의 의견이 다르면 아이에게 혼란을 주어 제대로 된 훈련을 하는 것이 어려워진다.

배우자를 육아 동지에서 적으로 만드는 말

Stop Daddy!

· 내가 의사야? 어쩌라고?

· 왜 사사건건 시비야? 억지 좀 쓰지 마!

· 내가 간다고 뭐가 달라져?

· 괜찮아. 그 정도는 혼자 이겨내도 돼!

Stop Mommy!

· 어떻게 그렇게 냉정하게 말해?

· 당신은 애 걱정도 안 되지?

· 당신처럼 냉정한 사람은 처음 봤어!

· 회사가 중요해, 애가 중요해?

다른 애들도 다 먹는데
그냥 먹여!

open daddy's heart

좋은 것만 먹이고 싶은 아내 마음은 알지만 좀 어지간히 했으면 좋겠다. 나쁜 것은 알지만 남들도 다 먹잖아. 그렇게 철저하게 관리하면 본인도 너무 힘들고, 나도 아이도 스트레스 받거든. 적당히 타협 좀 하면 안 될까?

안 돼! 그건 먹이면
안 된다니까!

open mommy's heart

패스트푸드나 가공식품은 절대 안 돼. 몸에 나쁜 첨가물이 얼마나 많이 들어 있는데 그걸 먹이겠어. 그건 엄마 된 의무를 저버리는 것이라고. 그거 먹이면 아토피 피부염도 생기고 소아비만도 될 수 있고 ADHD에 걸릴 수도 있다잖아.

부모들 중에는 몸에 좋지 않은 음식을 절대 안 먹이는 사람들이 있다. 과자, 사탕, 아이스크림, 초콜릿 등이 몸에 안 좋은 건 사실이다. 그리고 특정 음식에 대한 알레르기가 있거나, 먹으면 안 되는 의학적으로 명백한 이유가 있을 때는 절대 먹여서는 안 된다. 그런데 그렇지 않은 경우에도 '절대 못 먹게 하는 것'은 불안으로 인한 과잉 통제다. 아이의 건강이 나빠질 것 같아서 먹을거리만큼은 철저히 통제하겠다는 것은 어떻게 보면 강박적이고 과잉 통제의 측면이 많다. 근원은 엄마 자신의 불안이다. 어릴 때 식습관은 중요하지만 너무 철저하게 관리하는 것은 문제다. 주변 아이들이 다 먹는 음식이라면 내 아이도 먹고 싶은 마음이 강하다. 그런데 엄마가 그것을 엄격하게 먹지 못하게 하면 아이는 결핍을 느낀다. 가장 바람직한 것은, 조금은 경험하게 해주면서 "이게 몸에는 안 좋거든. 가능하면 먹지 말자"라고 말하는 것이다. 아이들이 단체로 모여 있을 때 사탕을 나눠주는 경우도 있고, 친구 생일 파티에 가면 치킨이나 피자를 먹을 기회도 있다. 그런 상황에서조차 먹지 못하게 하면 내 아이는 왕따가 될 수도 있다. 또한 먹고 싶은 욕구를 못 참고 혹시나 먹었을 때 자신이 나쁜 행동을 했다는 죄책감을 느끼기도 한다. 엄마에게 혼날까 봐 안 먹었다고 거짓말을 할 때 아이의 마음이 불편해진다.

'나는 아이에게 패스트푸드나 가공식품을 먹이는 것이 너무너무 싫다. 나는 아이가 나쁜 것을 먹고 건강을 해칠까 봐 너무너무 불안하다.' 이것은 엄마 내면의 문제로, 아이가 아닌 결국 엄마의 문제다. '절대로, 결단코'라는 말이 붙는 것은 자신이 해결하지 못한 문제일 가능성이 크다. 자신이 해결하지 못한 어떤 갈등 요소나 자신을 불편하게 하는 것이 그대로 표현되지 않고 모습을 바꿔 극대화되어 표현된다. 예를 들어 어릴 때 자신이 부모에게 제대로 보살핌을 못 받고 자란 사람이 있다고 하자. 그녀가 엄마가 되었을 때, 그녀 안에는 '아이를 잘 돌보지 못하면 어쩌지?' 하는 불안과 두려움이 그 모습을 바꿔서 아이에게 먹이는 음식 문제로 집약이 되고, 매우 극대화되어서 '절대로, 단 한 숟가락도 안 돼!'로 표현된다. 엄마는 자신이 최선을 다해 아이를 보살피고 있다고 생각하지만, 먹을거리 문제로 아이와 갈등을 겪으면서 오히려 더 중요한 아이의 정서적인 측면을 놓치는 어리석음을 범할 수 있다.

자신의 문제인 것을 알았을 때 가장 바람직한 대처 방법은 유연한 사고로 문제를 바라보는 것이다. 예를 들어, 아이가 친구네 집에 생일 초대를 받았다면 "너 가서 절대로 몸에 나쁜 것은 먹으면 안 돼"가 아니라 "오늘은 가서 마음껏 먹고 와"라고 말해주어야 한다. 뭐든 '절대 안 돼'라는 생각이 먼저 떠오른다면 엄마든 아빠든 '나한테 좀 문제가 있나?'라고 되짚어봐야 한다. 좋은 먹을거리로 아이를 건강하게 키우겠다는 마음은 좋은 엄마라는 모습으로 포장되어 있을지라도 실은 나의 불안이다. 내 불안으로 인해 문제가 너무 확대되어 보이는 것이다. 그것으로 피해를 입고 불편해지는 것은 내 아이와 배우자다.

몸에 좋지 않은 것은 적게 먹는 것이 옳고, 안 먹일 수 있으면 좋겠지만, 그렇게 되지 않는 것이 현실이다. 아이는 부모가 먹지 말라고 하면 할수록 더욱 원하게 된다. 욕구란 누르면 누를수록 튀어나온다. 일반적인 환경에서 접하는 것들은 과하지 않으면 문제가 되지 않으니 아이 자신이 판단할 기회를 줘라. 아이가 직접 접해보고, 경험의 과정에서 생겨나는 다양한 생각과 감정을 통합할 수 있는 기회를 주는 것이 좋다. 그 기준과 잣대를 아이가 경험하기 전에 미리 강요해서는 안 된다. 단, '입에는 좋지만 몸에는 나쁘다'라는 분명한 원칙은 미리 설명해준다. "너 이것 많이 먹은 날은 다음 날 배를 좀 아파하더라. 그러니 다음에는 안 먹는 것이 좋겠지?" 정도로 아이에게 일어난 일에 대해서도 설명해줄 필요는 있다. 기준은 제시해주되, 아이 스스로 판단할 수 있는 기회를 주라는 것이다.

만약 아이가 엄마 혹은 아빠가 먹지 말라고 하는 것을 모두 안 먹고 자랐다고 가정해보자. 과연 그 아이는 건강하고 튼튼하게 잘 자랐을까? 또래보다 뚱뚱한 아이들은 어린 시절부터 부모로부터 먹을거리에 대한 제한을 많이 받는다. 아이의 비만 정도가 당뇨 같은 소아성인병을 유발할 위험이 있다면 당연히 의사의 지시에 따라 철저하게 식이 조절을 해야 한다. 하지만 그런 정도는 아닌데 아이가 뚱뚱해질까 봐 못 먹게 하는 경우도 많다. 사실 체중을 빼기 위해 음식을 조절하는 것은 어른에게도 힘든 일이다. 이렇게 먹을 것을 제한하면, 살은 좀 뺄수는 있지만 그보다 잃는 것이 훨씬 많다. 나는 비만한 아이들에게는 운동량을 늘리라고 조언한다. 엄마들에게는 실컷 먹게 해서 포만감을 경험하게 해주되, 칼로리 높은 것은 식단에서 조금씩 빼라고 말한다.

음식을 철저하게 통제했을 때 아이들이 느끼는 결핍과 부모에게 느끼는 분노는 이루 말할 수 없다. 보통 부모들은 아이를 못 먹게 할 때 좋은 말로 하지 않는다. "그만 먹어, 저 배 좀 봐, 이 뚱뚱보야, 또 먹어? 저렇게 뚱뚱하면 친구들이 놀아주겠니" 식으로 비난하듯 말한다. 이런 방식은 아이로 하여금 부모에 대한 적대감과 자신에 대한 왜곡된 신체자아상을 갖게 한다. 당연히 부모와의 관계도 나빠진다. 또 키에 몰두해 있는 부모들도 있다. 자꾸 작다는 것을 강조하고 "너는 키가 더 커야 돼" 하면서 아이 성장에 관한 모든 면을 키에만 맞추면 아이는 자신에 대한 자아상을 나쁘게 인식한다. 설사 부모가 원하는 대로 키가 크더라도 아이는 자존감이 굉장히 낮은 사람이 된다. 아이의 가치를 평가하는 척도에는 여러 가지가 있다. 키나 몸무게는 그중 일부에 지나지 않는다. 그런데 그것을 극대화하면 더 중요한 아이의 자존감, 부모와의 좋은 관계 등을 잃을 수도 있다.

'아이가 이렇게 자랐으면 좋겠다'라는 것은 아이를 그만큼 완벽하게 잘 뒷바라지하겠다는 부모의 사랑이 아니라 부모의 욕심이고 요구이다. 부모가 불안해서 아이를 자기 통제하에 두고 자신이 원하는 아이로 만들어가는 것이다. 그래야 아이가 건강할 것 같고, 사람들에게도 인정받을 것 같고, 사회생활도 잘할 것 같다고 말하지만, 이렇게 만들어진 아이는 '아이 자신'이 아니라 부모의 불안이 만들어놓은 꼭두각시 인형일 뿐이다.

배우자를 육아 동지에서 적으로 만드는 말

Stop Daddy!

· 그냥 대충 먹고 살아. 유난 떨기는.

· 난 그거 다 먹었는데도 건강만 하거든.

· 또 억지 부린다. 왜 나한테까지 그래?

Stop Mommy!

· 아이가 독약이라도 달라고 하면 줄 거야?

· 내가 날 위해서 이래? 애 위해서 이러지.

· 시끄러워. 알지도 못하면서 웬 참견이야?

당신, 엄마 맞아?
애가 이게 뭐야?

open daddy's heart

집에서 애 먹는 것도 제대로 관리 못 해주고, 도대체 뭐 하는 거야? 저 살을 언제 다 빼! 키는 또 왜 이렇게 작아! 나 원, 창피해서. 아이 먹을거리 하나 제대로 못 챙겨서 저 지경을 만들다니. 내가 밖에 나가서 힘들게 돈 벌면서 이런 문제로 스트레스까지 받아야 돼?

적당히 먹이지도 못하고
난 엄마도 아니야.

open mommy's heart

남들은 척척 잘하는 것 같은데 난 왜 이렇게 아이를 잘 못 키우는 걸까? 공부는 둘째치고 먹이는 것도 제대로 못하니, 엄마 자격이 있긴 한 걸까? 우리 애를 보고 남들이 어떻게 생각할까? 얼마나 나를 한심하게 볼까?

누가 보아도 뚱뚱해 보이는 은호. 오랜만에 식탁에 '삼겹살'이 올라왔다. 정신 없이 먹기 시작하는 은호를 보며 은호 아빠가 한마디 한다. "얘 좀 봐! 고기만 먹잖아. 그러니까 살이 찌고 배가 나오지. 운동 좀 시켜." 은호의 젓가락 움직임이 순간 느려졌다. 은호 아빠가 "너 내일 학교 가면 친구들이 돼지라고 하겠다. 놀아주지도 않을 거야. 누가 돼지랑 놀겠어"라고 하자 듣다 못한 은호 엄마가 말한다. "그만 좀 해. 은호도 많이 조심하고 있어. 왜 먹는 애를 서럽게 해? 은호야, 오늘은 실컷 먹어." 은호 아빠는 은호가 먹고 있는 삼겹살 접시를 뺏으며 말한다. "당신, 엄마 맞아? 당신 지금 아이를 학대하는 거야. 왜 매일 생각 없이 이렇게 먹이는데?" "그렇게 걱정되면 당신이 데리고 나가서 운동 좀 시켜. 노는 날 리모컨만 끼고 살지 말고."

아빠들은 아이가 뚱뚱하면 그 책임을 아내에게 돌린다. '도대체 집에서 뭐 하기에 아이 하나 건사하지 못하고 이렇게 만드냐'고 생각한다. 아빠들은 먹는 것과 관련된 모든 책임을 엄마한테 묻는 경향이 있다. '아이가 마르고 뚱뚱하고 작은 것은 모두 아내 탓이다.' 아빠들이 그렇게 생각하지 않아도 많은 엄마들은 먹는 것으로 인해 일어나는 아이의 모든 문제를 자기 책임이라고 생각하는 경향이 강하다. 아이가 작거나 뚱뚱하면 자기가 아이를 잘못 키웠다고 생각한다. 주변 사람이 "얘는 키가 왜 이렇게 작아요? 왜 이렇게 뚱뚱해요? 왜 이렇게 말랐어요?"라고 말하면 엄마는 극도로 예민해진다. 자신이 아이의 건강을 해치고 있을지도 모른다는 죄책감을 자극하기 때문이다. 다른 사람이 내 아이를 바라보기만 해도 자신한테 뭐라고 하는 것 같아 마음이 불편해진다.

한편으로는 꾸역꾸역 먹어대는 아이도 밉다. 엄마가 어떻게 해도 아이가 말을 안 듣기 때문이다. 엄마는 엄마로서의 죄책감과 아이에 대한 미움이 합쳐져 아이가 먹는 것을 지나치게 통제하려고 든다. "먹어라, 먹지 마라, 이건 먹어라, 그만 먹어라"하면서 아이와 하루 종일 실랑이를 벌이고 모든 관심은 24시간 내내 '먹는 것'에만 몰두해 있다. 소아비만이 건강에 미치는 영향도 알려주고 운동도 함께 해보고 칼로리를 줄일 수 있는 연구도 해야 하는데, 현실적인 대책은 모두 사라지고 하루 종일 "먹지 마, 안 돼, 아까 많이 먹었잖아, 저 배 좀 봐…"라며 아이와 싸우기만 한다.

엄마는 먹는 것 말고도 아이와 학교에서 있었던 일에 대한 이야기도 하고, 재미있는 동화책도 읽어주고, 놀이를 함께 하면서 아이의 마음도 읽어보고, 엄마가 생각하는 여러 가지 가치관도 전해줘야 하는데, 아침에 눈을 떠서 저녁에 잠이 들 때까지 아이에게 음식을 먹이고 관리하는 데 시간을 다 보낸다. 엄마들은 '공부는 둘째치고 아이한테 먹이는 것조차 제대로 못 하고 있구나. 나는 엄마 노릇을 제대로 못 하는 것 같아. 나는 엄마도 아니야'라고 생각한다. 사람들의 시선도 부담스럽고 피하고 싶다. 자기는 손 하나 까딱 안 하면서 매일 비난하고 지적만 하는 남편도 너무 미워진다. 아이가 먹는 것에 대해 죄책감이 생기기 시작하면 엄마들은 정말 괴로워진다. 공부야 잠시 잊었다가 성적이 나올 때만 괴롭지만, 키가 작고 뚱뚱하고 마른 아이의 모습은 하루 종일 엄마 눈앞에 어른거리며 엄마의 죄책감을 자극하기 때문이다. 예상했겠지만, 지나친 책임감도 불안이다. 엄마는 그 불안을 해결하지 않으면 아이를 건강하게 키울 수 없다.

요즘에는 너무 뚱뚱해서 혹은 너무 말라서 진료실을 찾는 아이들도 있다. 진료실에 들어서자마자 아이의 엄마는 나를 보며 "선생님, 얘 좀 보세요. 너무 뚱뚱하죠?(혹은 너무 말랐죠?)"라고 말한다. 물론 엄마는 너무 걱정이 돼서 하는 말이겠지만, 엄마가 그런 말을 할 때 아이는 마치 죄인 같은 모습으로 앉아 있다. 고개를 숙이고 땅을 쳐다보거나 눈을 마주치지 못하고 멀리 창밖을 보고 있다. 이 아이들이 나를 찾은 이유는 체중을 늘리거나 줄이기 위해서가 아니다. 대부분 '사회 공포증'이라는 불안장애를 치료하기 위해서다. 우울하고, 자신이 없고, 다른 사람과 눈을 못 마주치고, 지나치게 부끄러워하고, 사람들 앞에서 자기 자신을 비하한다. 왜 이렇게 되었을까? 살이 찌거나 지나치게 마른 것, 혹은 키가 작은 것이 죄인가? 절대 아니다.

아이들은 자라면서 자신의 자아상을 만들어간다. 자아상에는 자신이 생각하는 신체 이미지가 굉장히 중요하다. 너무 뚱뚱하거나 마르거나 작은 아이들은 어린 시절 끊임없이 '넌 너무 작아. 너무 말랐어. 너무 뚱뚱해' 등 자신의 신체 이미지를 평가받는다. 아이는 당연히 왜곡된 자아상, 부정적인 신체 이미지를 갖게 된다. 긍정적인 신체 이미지를 가지려면 부모가 아이를 귀하게 여겨서 아이도 스스로를 귀하게 여기도록 해야 한다. 그런데 그 아이들은 그런 말을 들어본 적이 없고, 자신을 다른 사람보다 못났다고 생각한다. 그래서 남들 앞에 나서는 것이 겁나고 무엇을 하든 자신감이 생기지 않는다. '저 사람이 나를 어떻게 볼까, 저 사람은 나를 보고 어쩌면 저렇게 뚱뚱할까, 정말 못생겼어, 라고 생각할 거야' 하는 생각으로 위축되어 자신의 능력을 제대로 펼치지 못한다.

키가 작은 아이를 성인이 될 때까지 달달 볶는다면, 정해진 키보다 2~3cm는 더 자랄 수는 있다. 하지만 그 시간 동안 엄마가 만들어준 부정적인 자아상은 평생 간다. 내게 2~3cm 더 큰 키와 건강한 자아상 중 무엇을 고르겠는지 묻는다면 당연히 건강한 자아상을 택할 것이다. 좀 작으면 어떤가, 키높이 구두도 있는데. 그 몇 센티미터에 내 아이의 평생 행복을 망치고 싶은가? 살을 찌우거나 빼거나 키를 키우는 것에 집착하지 말고, 그럴 시간에 아이가 있는 그대로의 자기 모습을 긍정적으로 생각하고 자신 있게 살아가게 하는 방법을 연구하라고 말하고 싶다. 아이가 자신의 모습을 긍정적으로 바라보게 되면 오히려 살이 빠지고 키가 크고 통통해질 수 있다. 왜냐하면 아이가 자기 자신을 귀하게 여겨 스스로 노력하기 때문이다. 자존감이 높은 사람은 뭐든 어려운 위기가 닥쳐도 열심히 극복해낸다. 하지만 자존감이 없는 사람은 자신을 위해 노력하지 않는다. 자존감이 있는 사람, 자기 자신을 제대로 이해한 사람일수록 변화를 두려워하지 않는다.

간혹 아이의 체형이나 키가 부부간에 묘한 갈등을 낳기도 한다. 사실 아이의 체형이나 키는 아무리 노력해도 부모가 준 유전자에서 많이 달라지지 않는다. 예를 들어 키가 작은 남자와 키가 큰 여자가 결혼을 했는데, 아이가 작은 편이라고 하자. 엄마는 아이의 키가 작은 것이 싫어서 모든 수단과 방법을 동원해서 키 키우는 데 열중한다. 그런 아내를 바라보는 남편의 마음은 그리 편하지 않다. 마치 아내가 자신을 평가절하한 것 같고, 열등하게 생각하는 것처럼 느껴진다. 결국 남편은 자신도 모르게 아내에 대한 미움을 키울 수 있다. 아내가 하는 매사가 마음에 안 들고, 아내가 자신을 무시한다고 생각하여 자주 화를 낼 수도 있다.

나는 요즘 부모들이 체형이나 키에 집착하는 이유가 매스컴의 영향 때문이라고 생각한다. 매스컴에서는 각종 홍보를 목적으로 극단적인 사례를 들어가며,

지금 당장 아이의 살을 빼지 않으면, 살을 찌우지 않으면, 키를 키우지 않으면 큰일 날 것처럼 떠들어댄다. 매스컴을 통해 쏟아지는 수많은 정보는 우리의 말초신경을 자극하도록 대부분 과대 포장되어 있다. 모두 틀린 말은 아니지만, 그렇다고 내 아이에게 적용해도 되는 백 퍼센트 옳은 말도 아니다. 전문가의 검증이 필요한 정보도 너무나 많다. 그런데 그 검증되지도 않은 정보를 "어떻다고 하더라" 하면서 아이에게 적용하려고 든다. 또한 그 정보를 깊게 이해하여 버릴 것은 버리고 취할 것은 취해서 내 것으로 만드는 과정도 거치지 않고 아이에게 툭 던져 상처를 준다. 인터넷에서 떠도는 소아비만에 대한 정보를 본 아빠가 뚱뚱한 아이한테 "너 이러면 일찍 죽는대"라고 말한다. 물론 뚱뚱하면 소아비만에 걸릴 수 있고, 소아비만은 성인비만이 될 위험이 높으며, 성인비만이 되면 각종 성인병이 올 수 있어 오래 못 살 수도 있다. 아빠는 그 정보의 앞뒤를 자르고 "뚱뚱하면 죽는대"라고 아이한테 협박하듯 말해버린 것이다.

정보가 유용해지려면 그 정보를 바탕으로 나의 문제를 해결할 수 있는 현실 가능한 방법을 찾을 수 있어야 한다. 소아비만에 대한 정보 역시 '이럴 수도 있구나. 아이의 식습관을 조금씩 변화시켜야겠다'라고 이해해야 한다. 그리고 살을 뺄 수 있는 실천 가능한 방법을 찾아야 한다. 예를 들어 아이에게 "우리 연말까지 2킬로그램만 줄이는 노력을 해볼까?"라고 말하고 한 달에 빼야 할 목표 체중을 정한다. 1킬로그램도 좋고 500그램도 좋다. 목표는 아이가 하고 싶은 동기가 생기도록 낮게 정하는 것이 좋다. 그리고 한 달에 한 번 정해진 날 체중을 재보고 목표를 달성했는지 체크한다. 성공했다면 아이를 격려해주고, 실패했다면 '뭐가 문제였을까?'라며 원인을 분석해본다. 그러면 대부분의 아이들이 자기 나름대로 원인을 분석하여 답을 내놓는다.

우리는 흔히 아이의 부족하고 불편한 점에 대해 강하게 얘기해줘야 한다고 생각한다. 아이에게 제대로 각인시켜야 정신을 차리고 태도를 바꿀 것이라고 여긴다. 그런데 그렇지가 않다. 특히 성격, 외모, 공부, 이 세 가지는 절대 부족한 점에 대해 강하게 얘기해서는 안 된다. 왜냐하면 아이가 노력을 해도 단번에 바꿀 수 없는 요소들이기 때문이다. 부모가 강하게 지적할수록 아이는 자신에 대한 부정적인 자아상을 갖게 되고, 패배감을 맛보고, 자신의 있는 그대로를 인정하지 않는 부모에 대한 불신이 생긴다.

배우자를 육아 동지에서 적으로 만드는 말

Stop Daddy!

· 얘 좀 이렇게 먹이지 마.

· 애 운동도 안 시키고 집에서 뭐 해? 사육해?

· 애나 엄마나.

· 당신 엄마 맞아?

Stop Mommy!

· 누가 먹인다고 그래? 자기가 먹는 거지.

· 당신이 술자리 좀 줄이고 운동 좀 시켜봐. 나만 부모야?

· 지 아빠 닮아서 내 말은 도통 들어먹질 않는데 나보고 어쩌라고?

안 먹으면 주지 마.
우리 때는 없어서 못 먹었어!

open daddy's heart

얘는 누구 닮아서 편식이 저렇게 심해! 꽉꽉 좀 먹지. 애가 나중에 커서 회사에 갔을 때 "이것도 못 먹어요. 저것도 못 먹어요" 하고 앉아 있으면 사람들이 얼마나 덜떨어지게 볼까? 내가 따끔하게 혼내서라도 저 버릇은 꼭 고쳐줘야지.

어떻게 안 먹여?
안 먹으면 키도 안 큰단 말이야.

open mommy's heart

성장기 영양이 얼마나 중요한데, 우리 애는 왜 이렇게 싫어하는 것이 많을까? 편식하면 키도 잘 안 크고 두뇌 발달에도 안 좋다는데…. 좋은 것은 고사하고 골고루 먹이지도 못하니 남들이 뭐라고 생각할까?

아이의 편식 문제에 있어서는 엄마와 아빠 모두 예민하다. 그런데 그 예민한 이유가 서로 다르다. 엄마는 아이가 부족한 영양소 없이 음식을 골고루 먹고 건강하게 자랐으면 하는 마음이 강하다. 편식에 예민하기보다 5대 영양소를 골고루 먹여야겠다는 명제가 항상 머릿속에 있다. 아이를 먹이고 입히고 아프지 않게 키우는 것이 엄마의 역할인데, 아이가 편식을 하면 그 역할을 제대로 못 한 것 같아 죄책감을 느끼고 건강하게 못 크면 어쩌나 걱정한다. 아빠들에게도 이런 마음이 있지만, 이보다는 아이가 자라서 사회생활을 할 때 문제가 될까 봐 걱정하는 마음이 더 크다. 편식을 하는 사람은 남들이 보기에 까다롭고 까칠해 보여 윗사람이나 아랫사람을 불편하게 만든다고 생각한다. 또한 회사 구내식당이나 군대 사병식당에서 찍힐까 봐도 걱정한다. 즉, 편식이 사회생활의 결격사유가 될 수 있다고 여기는 것이다. 아빠들은 아이가 편식 때문에 손가락질을 받으면 그것이 곧 자기 얼굴에 흠집을 내는 것과 같다는 생각도 가지고 있다.

부모들은 아이의 성장 상태나 편식, 치아 관리, 정리 정돈, 키, 몸무게 같은 생활 습관 문제는 아이가 아니라 엄마 자신이 평가받는다고 생각한다. 이런 것들은 어린 시절 부모가 반드시 제대로 관리해주어야 하는 의무라고 생각하기 때문이다. 충치가 생기지 않게 치아 관리를 해주고, 성장이 끝나기 전 키가 잘 자랄 수 있는 환경을 만들어주고, 음식을 골고루 먹도록 해 편식 습관을 잡아주려고 한다. 이런 것들을 제대로 못 해 아이가 편식을 하고, 충치가 많고, 정리 정돈을 잘 못 하고, 키가 작다면, 부모 역할을 제대로 못 했다고 생각해 아이들에게 강하게 훈육하는 경우가 많다. 물론 그런 습관은 부모가 잘 가르쳐야 하는 것이 맞다. 아이가 싫어한다고 내버려둬서는 안 되는 사안들이긴 하지만, 아이마다 습득하는 속도가 다르고 그것을 받아들이는 의미가 다르다. 꼭 가르쳐야 하는 것도 아이가 어떻게 받아들이는지를 살피고 조심스럽게 가르쳐야 한다. 너무 강하게 몰아붙이면 오히려 아이가 그 습관을 습득하는 데 방해가 될 수도 있다.

나의 아버지는 30대 후반 젊은 나이에 틀니를 하셨다. 그래서 자식들의 치아 관리에 대해서는 거의 노이로제 수준이었다. 나는 어렸을 때 한 번도 이가 흔들려서 치과에 가본 적이 없었다. 미리 엑스레이를 찍어보고 이가 흔들리기 전에 뽑았다. 그 탓에 이가 아주 고른 편이다. 그리 잘 사는 편이 아니었음에도 아버지는 치과 치료에는 돈을 아끼지 않으셨다. 초등학교 가기 전부터 6개월마다 치과 검진을 받았고, 필요한 조치를 취해주셨다. 그렇게 아버지가 치아 관리를 중요하게 생각하시다 보니 단 한 번만 양치를 빼먹어도 집안이 난리가 났다.

추운 겨울날이었다. 초등학교를 가기 전인지 아닌지 기억나지 않지만 그날따라 피곤해 일찍 잠이 들었다. 늦게 들어오신 아버지는 내가 이를 닦지 않고 잠이 든 것을 아시고는 흔들어 깨워서 이을 닦으라고 하셨다. 그때는 다들 못살던 시절이라 집 안에 욕실이 없었으므로 꽁꽁 얼어 있는 마당 수돗가에 나가서 이를 닦아야 했다. 나는 엉엉 울면서 이를 닦았다. 그런데 신기한 것은 그 추억이 "우리 아버지가 이를 닦으라고 나를 참 괴롭혔었지"라는 기억으로 남지 않았다. 보통 이런 추억은 아버지와 자식 간의 유대 관계를 방해하는 안 좋은 기억이 된다. 하지만 나에게 그 기억이 나쁘게 남지 않은 것은 아버지께서 평소 왜 이를 잘 닦아야 하는지를 진솔하게 말씀해주셨기 때문이다. "이는 평생 가지고 살아야 하는 거야. 이가 건강하지 않으면 많은 고생을 할 수 있어. 아빠는 어렸을 적 치아 관리를 못해 틀니를 해서 생활하는 데 많이 불편하단다. 나는 네가 이런 불편을 겪지 않았으면 좋겠어. 좀 귀찮더라도 이를 잘 관리하도록 노력해주렴."

마찬가지로 아이의 편식 습관을 교정해줄 때도 왜 그렇게 해야 하는지 그 이유를 차근차근 설명해주어야 한다. 그런데 그 설명이 교과서적이어서는 효과가 별로 없다. 그보다는 부모가 편식 습관을 고쳐주고 싶은 솔직한 이유, 편식을 하면 어떤 것이 안 좋은지 등을 말해주는 것이 좋다. "아빠가 왜 이렇게 이 음식을 먹어보라고 하냐면, 네가 나중에 회사에 있는 구내식당에 가서 밥을 먹게 되었을 때 네 마음에 드는 반찬이 나오지 않을 수도 있거든. 그때는 네가 반찬을 골라 먹을 수가 없어. 그러니까 힘들더라고 지금 연습을 좀 해놔야 해." 이 정도로만 해야 한다. 이보다 과한 반응은 아빠 자신의 불안으로 일어나는 과잉 개입, 과잉 통제다. 사실 어른이 돼서도 아빠가 걱정하는 것처럼 편식을 하는 사람은 거의 없다. 혹 그때까지 편식하는 음식이 있더라도 정서적으로 안정된 사람은 분위기를 봐서 참고 먹는다. 자기가 못 먹는 음식이 나왔다고 지금처럼 안 먹는다고 하지 않는다. 또 아무리 참아도 먹을 수 없는 한두 가지의 음식은 사회생활을 하는 데 그렇게 문제가 되지 않는다. 누구나 한두 가지는 싫어하는 음식이 있다. 게다가 요즘은 먹을 수 있는 음식 종류도 다양하기 때문에 편식을 해도 큰 문제가 안 된다. 아이가 편식하는 것이 너무너무 싫다면 그것은 아빠 자신의 불안이 높기 때문이다. 아빠가 해결해야 할 본인의 문제이다.

부모의 불안으로 아이에게 골고루 먹을 것을 지나치게 강요하면, 아이는 그 분위기가 싫고 무서워서 음식에 대한 거부감이 더 커진다. 사람은 누구나 입으로 들어오는 것에 경계심이 높다. 생명을 위협할 수 있기 때문이다. 아이가 먹지 않겠다는 의사를 표명한 것은, 자기 안에 그 음식에 대한 불안이 있어서다. 거절하는 아이에게 "먹어!"라고 하면서 음식을 억지로 아이 입에 쑤셔넣으면, 아이는 굉장한 역겨움과 공포를 느낀다. 이런 경험을 한 아이가 다음번에 그 음식을 즐겁고 맛있게 먹을 수 있을까? 그 음식을 과연 먹을 만한 음식으로 기억할까? 아이가 그 음식을 거부했던 것은 음식의 맛, 냄새, 식감 중에 뭔가 싫은 것이 있었기 때문이다. 그런데 그 이유에 부모가 억지로 먹였던 공포스러운 기억까지 추가된다. 그러면 아이는 더 이상 그 음식을 먹을 수 없다. 아이가 편식한다고 억지로 먹이는 것은 편식을 교정하는 데 하나도 도움이 되지 않는다.

심리학 용어 중에 '네오포비아(Neophobia)'라는 말이 있다. 낯설거나 새로운 것에 대해 느끼는 공포를 말하는데, 보통 생후 6~7개월 무렵부터 나타난다. 이즈음 나타나는 낯가림도 네오포비아의 일환이다. 네오포비아가 음식에 나타나는 것을 '음식 네오포비아(Food Neophobia)'라고 말하고 '낯선 음식, 새로운 음식에 대한 공포증'이라는 의미로 쓰인다. 아이들이 보이는 편식 습관은 '음식 네오포비아'로, 어쩌면 당연한 현상이다. 아이에 따라 덜하기도, 더할 수도 있지만 발달 단계상 자신의 안전을 지키기 위해 프로그래밍된 반응이라는 것이다. 보통 음식 네오포비아는 생후 6개월부터 새로운 음식들을 집중적으로 접하게 되는 만 2~7세까지 심하게 나타나다가, 음식에 대한 친밀도가 늘어나는 청소년기 초기가 되면 서서히 줄어든다. 어릴 때 가지고 있던 편식 습관이 성인이 되어서도 같은 강도의 편식으로 이어지지 않는 것은 이런 이유 때문이기도 하다.

음식 네오포비아는 아이들의 미뢰 발달과도 관련이 있다. 우리 혀에는 맛을 느끼게 하는 돌기인 '미뢰'라는 것이 분포되어 있는데, 아이는 성인에 비해 이 미뢰가 세 배나 많아 맛을 더 민감하게 느낀다. 아이들의 미뢰 수가 성인의 그것과 비슷해지는 것은 8세 이후로, 그전까지는 성인보다 단맛은 더 달게, 쓴맛은 더 쓰게 느낀다. 문제는 아이들의 편식 단골 메뉴인 채소류의 기본 맛이 바로 쓴

맛이라는 데 있다. 아이들의 입에는 채소로 만든 김치나 나물이 무척 쓰게 느껴지기 때문에 먹기 힘들어한다. 엄마 아빠 입에는 쌉싸래해서 맛있다고 느끼는 음식도 아이 입에 넣어주면 너무 쓰다고 혀를 내두르면서 구역질을 하는 것도 이런 이유에서다. 그럼 왜 아이들은 쓴맛을 싫어할까? 이것은 진화론적인 측면에서 살펴볼 수 있다. 원시인류는 살기 위해서 자신에게 득이 되는 먹을거리와 해가 되는 먹을거리를 본능적으로 구분했다. 그런데 대부분 단맛을 가진 것은 먹으면 힘이 나고 기분도 좋아졌지만, 쓴맛을 가진 것은 열에 하나는 독초였다. 원시인류의 머릿속에는 '쓴맛 = 독'으로 남았던 것이다. 그 기록이 아이들의 유전자 속에 그대로 남아 있다. 그래서 부모가 입에 넣어준 채소를 아이가 못 먹을 것처럼 뱉어내는 것이다. 채소를 먹은 아이는 너무 써서 정말 죽을 것 같으니, 얼마나 공포스럽겠는가.

요즘 아이들은 김치를 잘 안 먹지만 크면 거의 다 먹게 된다. 라면을 먹을 때 가장 맛있는 반찬은 김치다. 아이가 친구들과 어울려 라면을 즐기는 나이가 되면 김치는 저절로 맛있게 먹게 된다. 옛날에는 김치 이외에 다른 반찬이 없어서 김치에 빨리 적응할 수밖에 없었지만, 지금은 그때보다 다양한 음식이 있어서 조금 늦게 먹게 될 수 있다. 아이 입에 김치 맛은 입이 화끈거릴 만큼 매우면서 쓰기까지 하다. 아이가 김치를 거부한다면 아이의 발달이 아직 이 맛을 받아들일 준비가 안 된 단계인 것이니 이해해주어야 한다. 그리고 엄마들은 5대 영양소에 너무 집착하지 말았으면 한다. 그것도 자신 안에 있는 불안이다. 영양소 한두 가지 빠진다고 엄마가 걱정하는 것처럼 극단적인 영양 결핍은 발생하지 않는다. 음식이 가지고 있는 대표적인 영양소는 대충 밝혀졌지만, 아직 누구도 한 가지 음식 안에 있는 모든 영양소를 밝혀내진 못했기 때문이다.

음식을 먹는 것은 인간에게 가장 행복한 일이고 음식을 먹는 시간은 가족간에 서로 정을 나눌 수 있는 시간이다. 아이와 눈 한 번 마주치치 않으면서 자꾸 "이것도 먹어" "저건 다 먹었어?" "어서 삼켜! 꿀떡!" 하는 시간에, 아이와 보낼 수 있는 행복한 시간이 손가락 사이로 다 빠져나간다.

배우자를 육아 동지에서 적으로 만드는 말

Stop Daddy!

· 그렇게 쩔쩔매면서 먹이니까 애가 그 모양이지. 안 먹으면 주지 마.

· 그렇게 잘 알면서 이렇게밖에 못 해?

· 애 밥도 못 먹이는 게 무슨 엄마냐?

Stop Mommy!

· 무슨 말을 그 따위로 해?

· 당신이 어디 하루만 먹여봐. 한번 해본 적도 없으면서 이래라저래라 하기는.

· 무식한 소리 좀 하지 마.

너무 과잉 보호하는 것
아니야?

open daddy's heart

애를 너무 오냐오냐 키우는 것 아니야? 어른들 심부름도 하고 그러는 거지. 세상이 얼마나 험난한데, 독립적으로 할 수 있는 것은 혼자 하게 해야지. 아내는 너무 불안해만 한단 말이야. 우리가 평생 끼고 살 수도 없는데…. 앞으로 어떻게 자랄지 걱정이야.

혼자 다니다
무슨 일이라도 당하면
어떡해?

open mommy's heart

길도 알고 집도 어딘지 다 아는 나이지만, 요즘 어떤 세상인데 혼자 다니다가 유괴를 당하거나 성폭행이라도 당하면 어떡해? 아이의 안전을 걱정하는 것은 부모로서 기본인데, 남편은 도와주지는 못할망정 심하다고만 하니 정말 섭섭해.

아이의 안전과 관련해 부모들이 부딪히는 문제는 심부름, 등·하교, 아직 어린데 휴대폰을 주는 것 등이다. 엄마들은 이런 얘기가 나오면 '우리 아이가 유괴, 납치, 성폭행을 당하면 어떡하지?' 하며 아이의 안전과 위험을 떠올리는 반면, 아빠들은 "너무 오냐오냐 키우는 거 아니야?"라며 아이의 버릇을 걱정한다. 엄마들은 아빠들이 아이의 안전에 대해 너무 걱정을 안 한다고 생각하고, 아빠들은 엄마들이 아이를 과잉 보호해서 아이가 이 험한 세상을 잘 헤쳐나갈 수 있을까 염려한다. 부부가 같은 사안을 두고 전혀 다른 관점을 보이는 것이다. 마치 두 사람이 같은 커피를 마시면서 한 사람은 향에 대해 이야기하고, 다른 사람은 가격에 대해 이야기하는 모양새다. 두 사람의 말은 모두 맞지만, 아무리 대화를 계속해도 두 사람 모두 만족할 만한 접점은 절대 찾을 수 없을 것이다. 대화를 나누면 나눌수록 상대가 자신의 말을 이해하지 못한다는 생각에 화만 날 뿐이다. 이런 갈등이 생기면 엄마 아빠 모두 불안해진다. 아빠는 엄마의 과잉보호로 인해 아이가 험난한 세상에서 적응하지 못할까 봐 불안하고, 엄마는 아이의 안전에 개의치 않는 아빠를 보면서 내가 저 사람 믿고 어떻게 살까 불안해진다.

그렇다면 아이는 어떻게 느낄까? 아이는 엄마 아빠가 보이는 두 가지 측면을 보면서 부모의 마음을 오해한다. 우선 엄마가 아빠를 보는 시각처럼 '아빠는 나를 보호할 생각이 없어'라며 서운해한다. 아이의 눈에 비친 아빠는 자신을 보호해주지 않는 나쁜 사람이다. 한편, 아빠가 엄마를 보는 시각처럼 '저 잔소리쟁이 엄마는 나를 꼼짝도 못 하게 하고 자유도 안 줘'라며 답답해한다. 두 사람 모두 아이를 사랑하기 때문에 하는 생각임에도 불구하고 아이는 두 사람 모두를 자신을 괴롭히는 존재라고 생각한다. 따라서 부모의 이런 갈등은 서로의 관계는 물론 아이와의 관계에도 전혀 도움이 되지 않는다.

엄마 아빠는 두 사람이 도저히 합의를 이루지 못하는 문제에 봉착했을 때, 각자 다른 측면을 바라보고 있는 것은 아닌지 생각해봐야 한다. 서로의 시각이 다름을 인정하고, 우선순위를 따지면서 싸우려 하지 말고 모두의 의견을 충족시킬 수 있는 방법을 찾는 것이다. 상대방의 시각에서 그 문제를 바라봤을 때 어떤 생각이 드는지 곰곰이 생각해보길 바란다. 대부분 상대의 말도 옳다는 생각이 들 것이다. 그렇다면 두 사람이 바라보는 두 가지 측면을 모두 가르칠 수 있다. 늦은 시간, 시어머니가 아이한테 집 앞 슈퍼마켓으로 심부름을 시켰다고 가정하자. 이런 경우 엄마들은 안전이 걱정돼서 말리고 싶고, 아빠들은 웃어른을 잘 돕는 아이로 키우려는 마음에 심부름을 시키고 싶다. 이런 경우 아빠와 아이와 함께 나가면 된다. "지금은 깜깜하고 늦어서 혼자 나가는 건 위험해. 아빠랑 같이 나가되, 심부름은 네가 하렴" 하고 아이한테 말한다.

부모가 서로 시각이 다르다고 해도 '아이의 안전 문제'는 실제로 일어날 수 있는 경우의 수를 생각하여 아이에게 알려야 한다. 부모가 할 수 있는 최선을 다하되, 아이도 스스로 자신의 안전을 지키는 방법을 알 필요가 있다. 아내에게 아이를 과잉보호한다고 잔소리만 하지 말고, 아이를 데리고 나가서 "이런 곳은 위험하니까 되도록 다니지 말고, 저 길로 다녀. 밖에서 화장실이 급할 때는 상가 화장실보다 문방구, 동네 마트 등 엄마도 잘 알고 있는 곳에 가서 부탁하렴" 하고 말해준다. 또 "누가 너를 잡아가려고 하면 소리를 지르거나 발로 차서 주변에 도움을 구해야 해" 하는 것도 가르쳐야 한다. "혼자 다니면 큰일 난다!"라고 아이한테 무조건 겁을 주지 말고 구체적인 해결 방법을 알려주어야 한다.

유아가 어린이집이나 유치원에 다닐 때는 부모가 반드시 데려오고 데려가야 한다. 통학 버스를 이용하는 경우라면 부모가 직접 아이를 태우고 마중해야 한다. 초등학교 저학년은 등하교 때 부모가 함께 다니는 것이 좋고, 고학년이 되면 혼자 다니게 하되, 위기 대처 방법을 일러주어야 한다. 하지만 밖이 어둑어둑해지는 시간에는 초등학교 고학년이라도 혼자 내보내지 말아야 한다. 만약 누가 납치하려고 하면 고학년은 몸집이 크기 때문에 길바닥에 벌러덩 누워버리는 것이 유리하다. 이 시기 아이들은 팔보다 다리 힘이 세기 때문에 다리로 상대편의 가슴이나 성기 같은 급소 부위를 뻥뻥 차야 한다. 그러면서 주위에 도움을 청하는 소리를 질러 누군가 나타날 때까지 버텨야 한다. 예전에는 체육 시간에 기초 체력을 단련했지만 요즘에는 체육 시간이 줄어 아이들의 체력이 많이 부실하다. 기초체력은 위기 상황에 정말 필요하다. 따라서 아이의 안전을 위해 부모가 시간을 내서 함께 운동하는 시간을 많이 갖는 것이 필요하다.

배우자를 육아 동지에서 적으로 만드는 말

Stop Daddy!

· 이렇게 키워서 뭐가 되겠어?

· 혼자 좀 하라고 해. 언제까지 그렇게 졸졸 따라다닐 거야?

Stop Mommy!

· 애 잘못되면 당신이 책임질 거야?

· 당신은 아이 걱정이 하나도 안 돼?

괜찮아,
설마 무슨 일이야 있겠어?

open daddy's heart

다들 보낸다는데 아내는 왜 저러지? 그렇게 위험하면 다른 부모들도 안
보내겠지. 학교에서도 괜찮다고 하잖아. 아이가 밖에 나가서 잠도 자보
고 불편한 거나 위험한 것도 이겨내야지. 만날 저렇게 과잉보호만 하면
어떡해!

혹시 우리 아이한테 일어나면?
난 절대 안 보내!

open mommy's heart

우리 아이가 그런 곳에 혼자 가서도 잘할 수 있을까? 불안해서 보내고
싶지 않은데, 혼자만 안 가서 친구들에게 따돌림이라도 당하면 어쩌지?
단체 사진에 자기만 빠져 있으면 아이가 너무 속상해하지 않을까?

세월호 참사가 나고 그해 겨울에 있었던 일이다. 진료를 받던 아이가 요즘 자기는 친구들 사이에서 '산사태'라고 불린다고 했다. 이유를 물으니, 학교에서 강원도 어느 곳으로 수련회를 가기로 했는데 자신만 못 갔단다. 당시 그 지역은 폭설이 예상돼 산사태 위험이 있다며 통행을 금지하라는 기상 특보가 내려진 곳이었다. 아이 부모는 학교에 전화를 걸어 이렇게 위험한 상황에서 행사를 계속 진행할 것인지 문의를 했었다. 학교에서는 무척 난감해하며 이미 예약이 끝난 상태라 취소하기가 어렵고, 특별히 더 안전에 만전을 기하겠다며 걱정하지 말라고 부모에게 당부했다. 하지만 부모는 그 말을 듣고도 안심할 수 없었으므로 결국 아이를 수련회에 보내지 않기로 결정했다. 수련회는 예정대로 진행되었고, 다행히 우려했던 산사태는 없어서 수련회를 갔던 친구들은 모두 무사히 돌아왔다. 친구들은 별일도 없었는데 산사태 때문에 안 갔다며, 그 아이를 잠시 '산사태'라고 부른 것이다. 부모가 아이에게 수련회에 보내지 않는 이유를 잘 설명해 주었기 때문인지, 아이는 친구들의 놀림에도 그다지 스트레스를 받지는 않았다. 자기에게도 그동안 재미있는 일화가 있었다는 식으로 가볍게 이야기했다.

이런 상황이라면 나는 어떻게 했을까? 나도 그 부모와 같은 결정을 내렸을 것이다. 그리고 다행히 아무 일이 없었더라도 보내지 않은 것을 후회하지 않았을 것이다. 안전에 있어서 '설마'라는 것은 없다. "거봐, 괜찮잖아. 괜히 유난이야!"라고 말할 수 없는 것이다. 나라에서 호우, 태풍, 산사태, 폭우, 폭설 등으로 안전 경보를 내렸을 때는 가지 않는 것이 맞다. 기상 정보는 그래도 우리가 접할 수 있는 가장 과학적인 데이터로, 그것을 가지고 판단해야 한다. 또한 다른 사람들이 어떻게 보든 누가 뭐라고 하든(아무리 학교라고 해도) 부모가 객관적으로 봤을 때 지금 상황이 너무 위험하다고 판단되면, 나는 아이를 보내지 않는 것이 맞다고 생각한다. 솔직히 학교와 학부모는 아이들 안전 문제에서만큼은 대치하면 안 된다고 본다. 그 자체만으로 아이들은 혼란스럽기 때문이다. 인간은 기본적으로 자연에 경외심을 좀 가져야 한다. 두려워하라는 것이 아니라 결코 만만하게 봐서는 안 된다는 것이다. 천재지변은 인간이 어찌해도 막을 수가 없다.

보통 수학여행이나 수련회 등 아이를 멀리 보내야 할 경우, 아빠들은 웬만하면 "학교에서 괜찮다고 하잖아" 하면서 보내라고 하고, 엄마들은 작은 불안 요소만 있어도 보내고 싶어 하지 않는다. 이럴 때 엄마와 아빠가 아이에게 주는 지침은 같은 방향이어야 한다. 지침의 기준은 언제나 아이의 안전이 최우선이어야 한다. 다른 가치는 일단 안전 아래에 둔다. 두 사람의 의견이 다르면 아이는 부모를 오해하고 불안이 가중될 수 있다. 아빠는 "가도 돼. 걱정 마. 사내 녀석이 뭐 그런 것 가지고 겁내. 까짓것, 산사태 나면 뛰어나와. 그런 것도 견딜 줄 알아야 돼" 하고, 엄마는 "안 돼. 절대 안 돼. 산사태 나면 죽을 수도 있어" 하면 아이는 혼란스럽다. 아빠 말을 듣자니 수련회에 가지 않는 자신이 굉장히 못난 것 같고, 엄마 말을 듣자니 어쩌다 가게 되더라도 2박 3일 동안 죽음의 공포에만 떨다 올 것 같다.

엄마들은 불안하다. 물가에 가면 물에 빠질까, 산에 가면 길을 잃거나 발을 헛디딜까, 선생님이 아이를 잘 돌봐주실까, 우리 아이가 가서 잘할 수 있을까, 혹시 눈이 너무 많이 오는 것은 아닐까, 운전기사가 안전 운전을 할까, 숙소는 믿을만한 곳일까, 보내지 않았다가 친구들에게 따돌림당하면 어쩔까, 단체 사진 속에 우리 아이만 빠져 있으면 나중에 상처받지 않을까… 이런 생각에 빠진 엄마들은 아이가 3박 4일 수련회에 가 있는 동안 초죽음 상태가 되기도 한다. 어떤 엄마는 아예 아이가 수련회에 갈 때마다 그 근처에 숙소를 잡기도 한단다. 먼 발치에서라도 봐야 마음이 놓이기 때문이다. 이런 엄마의 걱정은 당연히 지나친 것이다. 보통 학년마다 정해진 현장학습이나 수련회는 그 연령의 발달에 필요한 교육의 한 과정이다. 과학적인 데이터를 근거로 안심할 만한 상황이면 보내는 것이 맞다. 그런 상황에서조차 불안해서 미칠 것 같다면, 그것은 엄마 본인의 문제다. 본인의 문제로 아이의 발달을 그르치면 안 된다. 하지만 무조건 보내라는 아빠도 문제다. 부모라면 아이의 안전과 관련된 문제는 당연히 꼼꼼히 따져봐야 한다. 객관적으로 살피지도 않고 무조건 강하게 키우겠다며 보내는 것도 옳지 않다. 적당한 불안이 있어야 조심할 수 있고, 그래야 더 안전할 수 있다. 아무런 불안도 없는 아빠는 용감한 것이 아니라 대책이 없는 것이다. 대책 없이 덤비면 매우 위험한 상황이 될 수 있다.

아이들은 기상 상태가 안 좋거나, 조금 위험한 상황이라도 대부분 가고 싶어 한다. 세월호 참사가 일어난 해에도 의외로 많은 아이들이 갑자기 수련회에 못 가게 된 것을 억울해했다. 이유는 단순하다. 놀고 싶기 때문이다. 만약 수련회에 가서 발표회 같은 것을 하기로 했다면, 자신만 빠져야 하는 상황을 더 받아들이지 못한다. 안전 문제로 현장학습이나 수련회에 보내지 않게 되었을 때는, 아이에게 그 상황을 정말 잘 설명해주어야 한다. "이 지역은 기상청에서 그곳 주민들도 다 대피하라고 하는 위험한 곳이야. 이미 산사태 경보와 호우경보도 내려져 있어. 그래서 보낼 수 없는 거야. 선생님이라도 너희가 자는 동안 생기는 사고에 대처할 수는 없어. 불안해서 너를 과잉보호하는 것이 아니야. 지금은 누구든 가지 않는 것이 맞는 거야"라고 되도록 자세히 말해주어야 한다. 반대의 경우도 있다. 한참 떨어진 지역으로부터 사고나 천재지변 소식이 들려도 겁을 먹고는 안 간다고 버티는 아이들이 있다. 부모가 꼼꼼히 따져봤을 때 안전한 상황이고 그 정도의 경험은 필요하다고 판단되는데도 아이 스스로가 안 가겠다고 우기기도 한다. 이런 아이들에게도 상황을 잘 설명해서 가도록 해야 한다.

어릴 때부터 안전을 위해 조심해야 될 것과 지나치게 두려워하지 않고 극복해야 할 것을 구별시키는 것은 매우 중요하다. 하지만 이것을 구별하기는 참 어렵다. 잘못하면 안전을 위해 다 차단하거나, 극복시키겠다며 위험한 상황임에도 하게 하는 일이 벌어질 수 있다. 그 나이 대부분의 아이들이 시도하는 것은 경험하게 하는 것이 맞다. 아이가 두려워하면 단계를 여러 번으로 나눠 조금이라도 안심할 수 있는 상황을 만든 뒤 결국은 극복할 수 있도록 도와줘야 한다. 그네를 무서워해서 못 탄다면 발이 땅에 닿는 낮은 그네부터 시도를 해서 천천히 단계를 높여나가는 식이다. 그러나 놀이동산에 갔을 때 나이와 키 제한이 있다면 꼭 지켜야 한다. 아이가 아무리 탈 자신이 있다고 해도, 너무너무 타고 싶어 해도, 그 지침은 꼭 지켜야 한다고 가르쳐야 한다.

지난 몇 년 동안 우리 사회에는 국가의 안전이 흔들리고 국민 전체를 불안에 떨게 하는 무서운 사고들이 유난히 많았다. 세월호 참사, 가습기 살균제 사건, 온갖 전염병 사태…. 아직까지도 그 아픔이 언제 끝날지 모르는 사고들이다. 그런데 이 엄청난 사고들의 시작은 우리 사회에 만연한 '안전 불감증'이었다. 이제라도 사회 전체가 안전에 대해 뼈저리게 되새기고 다시 기본부터 하나하나 바로잡아야 한다고 생각한다. 빨리빨리보다는 안전, 조금 귀찮고 불편하더라도 안전, 효율성이 좀 떨어지더라도 안전, 비용 절감보다는 안전이 최우선의 가치가 되어야 한다.

　우리 부모들이 평소 예절 교육을 중요시하듯 안전 교육도 중요시했으면 한다. 부모가 할 수 있는 안전 교육의 첫 번째는 매뉴얼을 준수하는 태도다. 안전 교육은 예절과 마찬가지로 평소 부모가 매뉴얼을 잘 지키는 모습을 보여주는 것이 가장 효과가 좋다. 가전제품을 사면 매뉴얼부터 꼼꼼하게 읽고 안전하게 사용하는 모습, 횡단보도의 신호등을 잘 지키는 모습, 교통법규를 잘 지키는 모습, 차에 탔을 때는 안전벨트부터 하는 모습 등이 모두 안전 교육이다. 또한 산이나 바다, 수영장, 놀이동산, 박물관 등 어디를 가든지 붙어 있는 '기대지 마시오, 손대지 마시오, 들어가지 마시오, 뛰지 마시오, 수영하지 마시오, 올라서지 마시오' 등과 같은 안전 규칙도 가볍게 넘기지 않고 지키는 모습을 보여준다. "위험할까 봐 써놓은 건데, 아빠가 보니까 괜찮아. 아빠가 잡고 있으니까 잠깐은 올라서도 돼" 식이어서는 안 된다. 안전 규칙을 지키는 것은 절대 약해서도, 용기가 없어서도 아니다. 또 그것을 어기는 것이 강하고 용감한 것은 절대 아니다. 이런 것을 어렸을 때부터 가르쳐야 한다.

　두 번째는 안전 훈련을 중요시하는 것이다. 각종 안전 체험관을 찾아 지진 체험, 화재 체험, 태풍 체험, 해상안전 체험 등의 재난 체험을 아이와 함께 꼭 받아본다. 아이들은 학교에서 몇 가지 안전 훈련을 정기적으로 받고 있지만, 의외로 부모들은 모르는 경우가 많다. 이런 경우 실제로 사고가 났을 때 신속한 대피가 어려울 수 있다. 아이와 함께 실제처럼 꾸며놓은 재난 상황을 체험해보고 안전 교육을 받는 것이 매우 요긴할 것이다. 이 외에도 비행기, 배, 기차, 극장 등을 이용할 때 사고가 난다면 어떻게 대피해야 할지도 시나리오를 작성해 예행 연습

271

을 해보는 것이 필요하다. 머리로는 알고 있어도 몸으로 익힌 매뉴얼이 없으면 실제 사고가 났을 때 당황할 수 있다. 현장학습이나 수련회를 갈 때도 사고가 났을 때 어떻게 행동해야 할지 아이에게 알려주는 것이 좋을 것이다.

얼마 전 부산의 한 터널에서 유치원 버스가 전복되는 아찔한 사고가 일어났었다. 다행히 아이들이 모두 안전벨트를 하고 있어서 사망자가 발생하지는 않았다. 광주의 한 고층 아파트에서는 여섯 살 난 여자아이가 잠깐 집 안에 혼자 있는 동안 전열제품에서 불이 났다. 그러자 아이는 유치원에서 배운 대로 대피했고, 심지어 현관문을 꼭 닫고 계단으로 내려오면서 "불이야!"라고 외쳐서 큰 인명 피해까지 막았다. 또 여수의 한 버스 회사에서는 매달 1회 이상 비상시 대처 요령에 대한 교육을 해왔다고 한다. 몇 달 전 이 회사의 버스에서 방화로 인한 불이 났을 때 버스기사가 신속하고 침착하게 대처해 승객들은 모두 무사할 수 있었다.

부모가 스스로 안전에 대한 확고한 생각을 갖고 있다면, 아이가 어딜 가든 좀 더 안심이 될 것이다. 그러기 위해서는 부모가 늘 생활 속에서 '어떤 것보다 안전이 최우선이다'라는 인식을 끊임없이 상기시켜줘야 한다. 당연히 안전 문제로 부모가 다투는 모습을 보이는 것은 좋지 않다. 예를 들어 카 시트에 앉아 있는 둘째 아이가 불편하다며 격렬하게 운다 치자. 첫째 아이가 "엄마, 수민이가 계속 울어. 벨트 풀어주면 안 돼?" 하며 묻는다. 이런 상황에 부모가 해주는 말들이 중요하다. "카 시트에 앉아 있는 것은 생명과 관련된 것이기 때문에 중요해. 지금 동생이 운다고 카 시트에서 꺼내주는 것은 아주 위험한 행동이야. 우리는 수민이를 사랑하기 때문에 지금 울더라도 견뎌줘야 해. 그런데 걱정하지 마. 다음번에는 덜 울 거야. 그 다음번에는 훨씬 덜 울지 않겠니?" 부모가 다정하면서도 차분하게 분명한 지침을 가지고 대하면, 아이도 안전에 대한 단단한 지침을 배우게 된다.

만약 이럴 때 부부가 싸움을 한다면 어떨까? 운전을 하던 남편이 작은 애가 울자 "애 좀 조용히 시켜봐!" 하고 되레 소리를 지른다. 아내도 "애가 우는 걸 나보고 어떻게 하라고!" 하며 맞받아친다. 남편은 "걔 뻔히 울 걸 알면서 거기에는 왜 앉혀?" 하고, 아내는 "그럼 위험한데 안 앉혀?" 하면서 옥신각신한다. 이런 상황에서는 아이가 확고한 안전 지침을 배우지 못한다. 나아가 아이가 꼭 배워야 하는 중요한 가치를 두고 엄마 아빠의 생각이 자주 부딪친다거나 논쟁을 하다가 싸움으로 끝나는 것을 경험하면, 아이는 의견이 서로 충돌하는 상황에서 어떤 기준을 가지고 결정을 내려야 하는지 배우지 못한다. 이렇게 자란 아이는 상대와 약간만 의견이 달라도 그 상황을 잘 못 견딘다. 상대에게 지나치게 맞추려고 하거나 과도하게 중재해서 모든 것을 화해의 모드로 만들려고 한다. 그래야만 자신이 편해지기 때문이다.

배우자를 육아 동지에서 적으로 만드는 말

Stop Daddy!

· 왜 당신만 유난이야!

· 하늘은 안 무너진대? 무서워서 밖에는 어떻게 나가니?

· 재수 없는 소리하지 마. 사고가 왜 나!

Stop Mommy!

· 이건 아이 목숨이 달린 문제야.

· 당신은 아이가 죽어도 괜찮아?

생활 전반의
다양한 문제들

생활 전반에 대한 엄마 아빠의 생각은…

얼마 전 외국에서 같이 연구를 하던 동료 외국인 의사가 업무 때문에 우리나라를 잠깐 방문했다. 그는 우리나라 남자들의 밤 문화, 술 문화를 보더니 깜짝 놀랐다. "여기는 남자들의 천국이군요. 남자라면 누구나 이 나라에 살면 좋아하겠어요"라고 말했다. 서양 아빠들도 회사에 다니고 사회생활을 한다. 그들은 아내가 전업주부라도 양육에서 일정한 역할을 담당한다. 서양 아빠들은 회사일이 끝나면 집으로 달려가고, 아이를 학교나 유치원에 바래다주고 데려오는 것을 자기 일로 생각한다. 그에 비해 우리나라 아빠들은 퇴근 시간을 정확하게 지키지 못할 뿐더러 일찍 끝나도 술자리를 찾아 두리번거린다. 그러면서도 "나도 스트레스 좀 풀어야지. 이렇게 안 하면 돈 벌어올 수 있는 줄 알아?"라며 자신의 행동을 당연하고 당당하게 여긴다. 우리나라처럼 양육에서 아빠의 역할이 빠지는 것을 당연시하고 퇴근 후의 밤문화를 인정해주는 나라는 세계 어디에도 없다. 서양 아빠들은 1년에 한두 번 하는 공식적인 술자리에도 아내의 허락을 받아 가족과 함께 참석하고, 어쩌다 오랜만에 친구와 술자리를 하더라도 꼭 부부 동반으로 간다.

이 시대의 아빠들이 스트레스를 많이 받는 것은 인정한다. 하지만 분명히 말해두고 싶은 것은, 아빠들의 존재의 출발지는 가정이고 가족이다. 그것을 잊어서는 안 된다. 술자리에서 정치와 경제를 비판하고, 사회 현실을 논하고 술값을 내면서 선심 쓰면 잠시나마 자존감이 높아진 것 같겠지만, 이것은 술자리에서 잠깐 느낄 수 있는 거짓된 모습이다. 즉, 다시 술을 부르는 덫이다. 술자리에서 일상의 스트레스가 잠시 해소되는 것도 같지만, 술이 깨면 아이 학교도 보내야 하고 공부도 가르쳐야 하고 대출금도 갚아야 하는 것이 현실이다. 나는 아빠들이 그토록 말하듯 정말 필요한 사회적인 술자리에만 참석한다면 술자리 횟수가 반의 반으로 줄 것이라고 확신한다. 그 나머지는 일찍 들어와서 아내를 돕고 아이와 놀아주는 것이 좋다. 그것이 아빠의 진짜 자리이고, 그 자리에서 편안함을 느낄 수 있어야 한다. 삶의 비중을 어디에 두느냐에 따라 삶의 모습도 많이 달라진다. 아빠들은 결혼한 이상 가정이 자신의 뿌리임을, 내 삶에서 가장 중요한 것임을 인정해야 한다. 따라서 어떤 일보다 나의 가족 구성원들의 문제를 최우선으로 해결하고, 내 가정을 위해 필요한 행동을 하고, 불필요한 행동을 줄여야 한다. 이것은 선택이 아니라 의무이다.

아빠들을 집안의 진정한 구성원으로 우뚝 서게 하려면 엄마들에게도 고칠 점이 있다. 우리나라 엄마들은 양육이나 집안일을 본인이 알아서 미리 처리해버리는 것이 너무 많다. 아빠들은 그런 일이 있었는지조차 모르게 엄마가 알아서 해결한다. 엄마의 이런 행동 패턴도 바꾸어야 한다. 아빠들에게 양육이나 가사는 익숙한 일이 아니기 때문에 그때그때 가르쳐주어야 한다. 그런데 엄마들이 미리 알아서 해버리면 아빠들은 배울 기회가 없다. 아빠들이 가정으로 돌아왔을 때 발 뻗을 자리가 없는 것이다. 엄마들은 아빠들이 가사에 서툴고, 아이에 대해 잘 모르고, 또한 자기 마음을 잘 몰라주더라도, 화내지 말고 도움을 요청하는 법을 배워야 한다. 아빠들이 잘할 수 있도록 방법을 알려주어야 하고, 아이에 대한 정보를 주어야 하고, 자신의 마음을 차분히 설명해야 한다. 알아서 해주기를 바라면 절대 안 된다. 예를 들어, 아이가 아파서 병원에 가야 할 상황이면 "여보, 아이가 열이 많이 나. 어쩌지?" 하지 말고, "여보, 지금 아이가 열이 많이 나는데, 병원에 가봐야 할 것 같아. 그런데 내가 아이를 혼자 데려가는 것은 너무 힘들어. 당신이 나를 좀 태워다주고 갔으면 좋겠어. 올 때는 내가 알아서 할게"라고 엄마의 사정과 생각을 설명하고 타협할 줄 알아야 한다. 엄마들은 너무 불안해서 자신이 미리 알아서 다 처리해버리고, 아빠들이 그 속도를 못 쫓아온다며 화를 내기도 한다. 이럴 때 아빠들은 자기가 해야 되는 행동이 정확히 무엇인지 알지 못한다. 양육을 아빠와 함께 하고 싶다면, 엄마들은 이 점을 절대 잊지 말아야 한다.

답도 안 나오는 얘기를
해봤자 뭐해.

open daddy's heart

아내가 그런 상황에서 속이 상한다는 것은 알고 있지만, 안다고 내가 어떻게 할 수 있는 문제도 아니잖아. 싫다고 얼굴을 보지 않을 수도 없고, 본가에 안 갈 수도 없잖아. 아내 편을 들어주기에는 내 입장도 좀 곤란한데…. 일 년에 몇 번밖에 안 가는데 아내가 좀 참으면 안 될까?

내가 이런 대접을 받다니….

open mommy's heart

아들만 사람이고 며느리는 사람도 아니야? 집안일은 몽땅 시키면서 어머님은 나에 대한 배려는 한번도 해준 적이 없어. 이럴 때 남편이라도 나서서 한마디 하면 좋을 텐데, 그런 생각도 못 하니 내가 서운한 거야. 저 사람이 과연 나와 아이들을 든든하게 지켜줄 수 있을까?

한 젊은 아내가 이런 감정 상태로는 남편과 더 이상 못 살겠다며 찾아왔다. 결단코 이 사람과 이혼을 하겠다는 것은 아니었지만, 남편의 매번 반복된 행동에 너무나 속이 상한다는 것이었다. 남편은 삼형제 중의 막내였다. 그들은 분가를 해서 용인에 살고 있었는데 본가는 대구였다. 평상시 두 사람은 아무 문제가 없었는데, 문제는 명절 때나 집안 행사 때 시가에 다녀온 후 발생했다. 시가만 다녀왔다 하면 아내는 화가 나서 남편이랑 말도 안했다. 사정은 이러했다. 시가에 가면 이틀 잠을 자야 하는데, 시가에는 어린 아이를 데리고 잘 만한 곳이 마땅치 않았다. 방이 많지 않아 골방 같은 데서 아이를 데리고 자야 했는데, 시어머니는 그리 다정한 스타일이 아니어서 방에 미리 보일러를 틀어놓는다든지 등의 배려가 없으셨다. 아이는 시가만 다녀왔다 하면 감기에 걸려서 몇 주 고생하곤 했다. 다행히 가까운 곳에 사는 윗동서들이 그런 사정을 알아줘서 명절 음식 준비가 끝나면 "어머님, 오늘 동서 저희 집에서 재우고 내일 아침 일찍 같이 올게요"라고 바람을 잡아주었다. 그런데 시어머니는 그때마다 "뭘 거기 가서 자려고 해. 그냥 여기서 자"라고 딱 잘라 말하셨다. 이럴 때 남편은 동서들 편을 들어주는 것이 아니라 주저주저하다가 "그래, 번거롭게 뭘 가려고 해. 여기서 자자"라고 말해버리곤 했다.

시가에 다녀온 후 남편에게 "내가 시가에 안 가겠다는 것도 아니고, 눈치껏 형님네 집에 가서 자고 오겠다는데, 한 번이라도 눈감아주면 안 돼?"라고 항의하면, 매번 돌아오는 말은 "일 년에 딱 몇 번 가는 데 불편하더라도 그냥 자면 안 돼? 당신이 평소 시어머니를 모시고 사는 것도 아닌데, 그것도 못 참아?"였다. 아내는 남편의 이런 태도 때문에 명절만 다가오면 미치겠다고 말했다.

이런 일들은 그 순간에는 아무것도 아닌 것처럼 보이지만 매번 반복되면 아내에게는 남편을 믿지 못하는 마음이 생긴다. 단순히 시가에서 자고 자지 않고의 문제가 아니라 남편에 대한 신뢰에 문제가 생기는 것이다. '이 사람이 과연 나와 내 아이에게 중요한 일이 있을 때, 적절한 판단을 내릴 수 있을까? 저렇게 우유부단하고 합리적이지도 않은 사람이 우리를 든든하게 지켜줄 수 있을까?'라는 생각을 하게 된다.

내가 만나본 남편은 그다지 고지식하고 가부장적인 사람은 아니었다. 그는 자기 어머니가 옳다고 생각하지도 않았고, 아내가 무슨 말을 하는지도 충분히 이해하고 있었다. 문제는 그런 위기 상황에서 자신이 어떻게 대처해야 할지 모르고 있다가, 어머니의 기에 그냥 밀려버리고 마는 것이었다. 사실 시어머니가 "얘야, 뭘 가서 자고 오려고 하냐. 그냥 자라"라고 말씀하실 때, 남편의 지원이 없으면 며느리 입장에서는 어찌할 수가 없다. 그때 남편이 "애도 감기에 자꾸 걸리고 하니 가서 자고 와"라고 말해버리면, 시어머니는 잠깐 서운해도 못 이기는 척 "그래, 그럼 그래라"라고 하실 수도 있다. 나는 남편에게 아내가 지금 무엇 때문에 마음이 상했는지를 정확하게 짚어주었다. 아내는 시어머니가 싫어서가 아니라 자신이 인간으로서 받아야 할 가장 기본적인 배려와 존중을 못 받았다고 느낀다. 아들만 자식으로서 인정받고 자신은 단지 노동 인력으로 취급받는다고 생각한다. 그런 감정을 느끼는 사람에게, 1년에 몇 번 다녀가는지는 별로 중요하지 않다고 남편에게 말해줬다.

나는 두 사람에게 대구에 내려가기 전 반드시 합의를 하라고 조언했다. 남편은 시어머니의 배려가 바뀌지 않는 한, 아내가 동서네 가서 자고 올 수 있게 도와주라고 했다. 시어머니가 이런 말을 할 때 남편은 이런 말을 하고, 아내는 저런 말을 하는 등 내려가기 전에 미리 각본도 짜두라고 했다. 시어머니 앞에서는 며느리가 자기 의견을 말하기 어려우므로 이것은 남편이 해줘야 할 몫이라고 강조했다. 또 아내에게는 남편의 이 정도 역할에 만족하라고 했다. 그리고 시어머니에게 다른 것은 기대하지 말라고 일렀다. 그 방을 개조한다거나 그들이 도착하기 전에 불을 지펴놓는 것은 기대도 하지 말고, 남편이 그 상황에서 구렁이 담 넘어가듯 행동해주는 것만으로 만족하라고 말이다.

남편들은 이런 문제를 그리 심각하게 받아들이지 않는다. 시가에서 매일 사는 것도 아닌데 하룻저녁 눈 딱 감고 자면 될 것을 아내가 너무 복잡하게 생각한다고 말한다. 하지만 아내들은 그 사건 하나에 많은 심리적인 의미를 부여하고 있기에 절대 눈 딱 감고 자줄 수가 없다. 아무리 간단해 보이는 불만이나 갈등이라도 반복되면 골이 생기고 상대방에 대한 믿음이 깨지는 법이다. 게다가 둘 중 한 사람이 참을 수 없이 괴로운 상황이라면 더욱 그렇다. 그럴 경우 배우자는 최선을 다해 그 사람의 고통을 이해하고 해결하려는 행동을 해야 한다. 그것이 양가 어른들 때문이라면 더더욱 그렇다. 왜냐하면 우리나라 정서상 당사자는 절대 나서서 해결하기 어렵기 때문이다.

아내들이 시가 어른들을 어려워하는 것처럼 남편들도 처가 어른들을 어려워한다. 특히 장인과 장모가 우리 집 살림살이에 개입하는 것, 끊임없이 자신에게 잔소리하는 것을 불편해한다. 이 상황에서 아내는 친정에 가 있는 날이 많고, 처가 식구들이 뭉쳐서 만날 때마다 딸 고생시킨다는 소리를 하면, 남편들은 정말 힘들어한다. 처가에서 지나치게 참견을 하면, 남편들은 자신의 삶이 독립적이고 자발적이고 자기주도적이지 못하다고 생각해 무력감을 느낀다. 그럴 때 나는 아내들에게 조언한다. "당신은 결혼을 했고, 이제 당신 인생에 가장 중심이 되는 인간관계의 동심원은 아이와 남편이다. 아무리 부모가 당신을 낳았고 너무나 사랑하는 사이더라도 그들은 동심원 밖에 있는 사람들이다. 이것을 분명히 구별해라. 내 가정을 지키기 위해서 친정에 가는 횟수를 줄여야 한다. 매일 가고 있다면 주말에만 가고, 주말마다 가고 있다면 격주로 가라." 친정어머니가 많이 도와주고 계시더라도 이제는 좀 혼자 감당해야 한다. 집안일이 많으면 두 사람이 나눠서 해결하고, 경제적 여유가 있다면 차라리 일주일에 한두 번 도우미를 부르는 것도 낫다. 두 사람의 삶을 다른 사람의 도움 없이 그들 스스로가 알아서 바꾸려는 노력을 해야 한다.

시가 혹은 친정으로 인해 부부간의 갈등을 겪게 되는 상황은 또 있다. 바로 아이를 맡겼을 때다. 평소 남편의 어떤 점에 대해 문제가 많다고 생각했는데, 시어머니가 남편을 키운 방식으로 내 아이를 키우는 것 같을 때 아내들은 스트레스를 받는다. 내 아이에게도 남편과 같은 문제가 나타날까 봐 불안하기 때문이다. 친정에 아이를 맡길 경우도 마찬가지다. 남편이 아내를 봤을 때 감정 기복이 심하고 소리도 잘 지르는 모습이 정말 마음에 들지 않는데, 장모님의 성격이 아내랑 똑같다. 그리고 내 아이를 그대로 키우는 것 같을 때 남편들은 확 불안해진다. 이런 갈등이 표출되면 서로 "나도 그렇게 잘만 컸어. 당신 나 좋아서 결혼했잖아. 우리 엄마가 뭐가 어떻다고 그래?" 하면서 언성을 높인다. 싸움이 최고조에 다다르면 "너나 잘해"라며 서로 감정이 상하는 격한 말까지 내뱉는다.

사실 이런 갈등은 완전히 다른 두 집안이 결혼한 이상 누구에게나 발생할 수 있다. 이럴 때는 예민하게 받아들이거나 흥분하지 말고, 최대한 솔직하게 불안을 정화해서 말해야 한다. 너무 미화시켜도 의미가 전달되지 않으므로, 차분하게 "나는 당신이 정말 좋아서 결혼을 했어. 하지만 사람은 누구나 완벽하지 않잖아. 당신이 이런 면을 보일 때는 내가 좀 힘들어. 내가 생각하기에 어머님의 그런 면이 당신에게 영향을 준 것 같아. 그런데 어머님이 우리 아이한테도 그렇게 대하시는 것 같을 때는 내 마음이 불편해. 당신이 받아들이지 않아도 어쩔 수 없지만 내 마음은 그래. 너무 자주는 안 갔으면 좋겠어"라고 솔직하게 얘기한다.

시가이든 친정이든, 어르신들과 육아 갈등이 심하다면 아이를 맡기는 시간을 최대한 줄여야 한다. 아이를 봐주시는 어르신들에게는 그 이유를 부부끼리 하듯 솔직하게 말해서는 안 된다. 어르신들이 '우리가 이렇게 행동한 것을 저렇게 받아들이는구나. 조심해야겠다'고 너그럽게 생각하는 경우는 거의 없다. 솔직히 말했다간 굉장히 서운해하실 수 있기 때문에 말을 안 하는 편이 도리어 낫다. 자칫하면 가정불화가 생길 수 있다. 하지만 부부끼리는 그 이유를 공유하고 있어야 한다. 혹시 지금 막 갈등이 일어나려고 하는 상황과 맞닥뜨렸다면 배우자와 부모님이 상처받지 않도록 적절하게 대처한다. 만약에 시어머니가 며느리에게 "너는 왜 매번 아이를 이렇게 키우니?"라고 말하면 남편이 "그냥 두세요. 애들은 크면서 변하잖아요"라고 두루뭉술하게 말하고, 시어머니와 며느리 간에 갈등이 생길 것 같으면 남편이 "어머니, 우리 약속 있어서 빨리 가봐야겠네"라며 눈치껏 행동하는 것이 중요하다. 장모와 사위 사이에 육아 갈등이 생겼을 때도 마찬가지다. 이럴 때는 아내가 나서서 상황을 종료시켜야 한다.

그렇다면 시어머니와 며느리가 육아 방식의 차이로 이미 격렬하게 다투고 있는 상황이라면 어떻게 할까? 대부분의 남자는 이런 상황에서 모른 척한다. 정말 두 사람의 갈등이 보이지 않아서가 아니라 중간자의 입장으로 어찌해야 할지 모르기 때문이다. 한마디로 당황스러워서 피하는 것이다. 이때 가장 바람직한 해결 방법은 두 사람 편을 모두 들어주는 것이다. 단, 두 가지 원칙은 꼭 지켜야 한다.

첫째, 여러 가지 얘기는 하지 말고 그 상황만 다룬다. 둘째, 두 사람이 같이 있는 자리에서 이야기하지 않는다. 아내에게는 "나도 당신 말이 맞다고 생각해. 하지만 어머니 기분이 안 좋아지시니까 그런 식으로 얘기하지 않았으면 좋겠어. 다음에 해. 당신 지금 너무 예민해진 것 같아"라고 말한다. 어머니께는 "어머니가 많이 속상하실 것 같아요. 그 마음은 알겠는데 저 사람이 아이 엄마잖아요. 자기가 주도적으로 해보고 싶어서 그러는데, 아이 문제는 저 사람한테 맡겨보자고요" 정도로만 얘기하고 끝낸다. 그런데 이런 이야기는 그 자리에서 해서는 안 된다. 상대편이 보는 앞에서 이런 말을 하게 되면 당사자는 자존심이 상할 수 있다. 누군가를 창피하게 만드는 것은 인간관계에서 가장 좋지 않은 방법이다. 어머니를 방으로 모시든지 아내를 밖으로 데리고 나와서 그 사람에게만 조용히 말하는 것이 좋다.

그런데 이런 점도 한번 짚고 넘어가자. 할머니가 낮 동안 아이를 봐주시는데 엄마랑 할머니랑 자주 싸운다고 치자. 그 광경을 바라보는 아이는 어떻게 느낄까? 아이는 막연한 공포를 느껴 불안해한다. '할머니가 나한테 해주는 것이 잘못된 것일까?' 하는 생각으로 아이의 마음에서도 갈등의 파도가 인다. 이제 막 사춘기에 접어드는 한 남자아이는 할머니의 잔소리가 심해서 짜증이 난 상태였다. 물론 아이를 맡겨둔 엄마도 어머님이 너무 잔소리가 심하다는 것을 인정했다. 하지만 그렇다고 해서 아이 앞에서 할머니를 헐뜯어서는 안 된다. 엄마가 끙장히 믿고 있는 할머니한테 너를 부탁한 거라는 안정감을 주어야 하고, 아이와 할머니의 관계에도 흠집이 생기지 않도록 해야 한다. "할머니가 잔소리가 많으시지?" "그렇죠." "그럴 때 '알았어요'라고 대충 말하지 말고 공손하게 '네' 하고 말해. 네가 반항하는 것이 아니라는 것은 알지만, 할머니는 너에게 확답을 들을 때까지 계속 얘기를 하실 거거든. 네가 힘들어하는 거 엄마도 알아. 엄마도 어릴 때 그런 잔소리가 듣기 싫어서 미리 해야 될 일을 해놓곤 했어. 그렇지만 할머니가 너를 얼마나 사랑하시는지 알지?" 그러면 아이도 "알아요"라고 말하면서 조금은 안정된다.

아이를 맡길 때 아이가 불안해하지 않게 하려면, 아이와 주 양육자와의 관계만큼 대리 양육자와의 관계에서도 단단한 애착 관계를 형성하게 해주어야 한다. 그러려면 주 양육자와 대리 양육자가 좋은 협력 관계라는 것을 아이에게 보여주어야 한다. 때문에 아이 앞에서 대리 양육자의 흉을 봐서도 안 되고, 대리 양육자와 싸워서도 안 된다. 대리 양육자가 시어머님이나 장모님이고, 아이를 맡길 수밖에 없는 상황이라면 남편이나 아내를 위해서가 아니라 내 아이의 안정을 위해서라도 좋은 관계를 유지하려는 노력이 필요하다.

배우자를 육아 동지에서 적으로 만드는 말

Stop Daddy!

· 나도 잘만 컸어.

· 우리 엄마가 뭐 어때서?

· 당신이나 좀 잘해!

· 장모님 좀 너무하시는 거 아냐?

Stop Mommy!

· 자기 아들만 사람이고, 난 사람도 아닌가?

· 내가 이 집안 무보수 노동자야?

· 나도 귀하게 컸다고!

· 당신 손주인데, 당연히 봐주셔야 하는 거 아니야?

그렇게 걱정되면
일 그만두든가!

open daddy's heart

아내가 일하는 것이 나도 불편해. 아내가 일을 안 해서 집 안도 깨끗하고, 나도 잘 챙겨주고, 아이도 잘 키우고 아침저녁으로 맛난 음식을 먹고 싶은 마음도 내 안에 있어. 하지만 본인이 결정했잖아. 그럼 알아서 다 해내야 하는 거 아니야? 누가 일하라고 했어? 본인이 밖에 나가고 싶어서 결정한 거면 힘들어도 좀 참아야 하는 것 아닌가? 아이가 너무 걱정되면 차라리 집에 있든지.

내가 아이한테
너무 소홀한 것 아닐까?

open mommy's heart

나는 사회인으로서 내 일을 하면서 자아실현을 하는 것이 중요하단 말이야. 그런데 내 욕심 때문에 아이가 잘 자라지 못하면 어떡하나 항상 불안해. 집 안 꼴은 또 이게 뭐야! 나 주부 맞아? 남들은 일하면서 아이도 잘 키우고 살림도 완벽하게 하던데, 왜 난 그게 안 될까?

287

일하는 엄마들은 말한다. "내가 과연 전업주부로 살 수 있을까? 점심 먹고 차 마시면서 수다나 떠는 그런 자리에 어울릴 수 있을까? 나의 귀한 시간을 그렇게 한심하게 보내고 싶지 않아"라며 전업주부를 깎아내린다. 그러면서 속으로는 불안해한다. '지금이 아이한테 중요한 시기인데, 내가 소홀한 것 아닐까? 내가 자아실현을 한답시고 이렇게 아이를 내팽개쳐도 되는 건가? 내가 엄마 맞나?' 하는 근본적인 불안을 가지고 있다. 그렇다고 이 엄마들이 일을 그만둔다고 불안해하지 않는 것은 아니다. 집에 있어도 '남편이 가져다주는 돈만으로 살 수 있을까? 내가 밖에서 일할 때는 사람들이 서로 데려가려고 했었는데…. 아이한테는 짜증내면 안 된다는데 난 왜 자꾸 소리를 지르지? 집에 있는 게 오히려 아이한테 안 좋은 영향을 주는 거 아닌가?' 하면서 엄마로서의 자신감과 양육의 효율이 떨어지는 것에 대해 불안해한다. 일을 하고 싶은 엄마들은, 혹시 내가 이 마음을 누르고 집에 있으면 아이를 원망하는 마음이 생기는 게 아닐까 하는 근원적인 걱정도 있다. 이 엄마들은 양육의 위기 상황에 직면할 때마다 '집에 있어야 하는 것 아니야?' '집에 있는 것이 옳을까?'를 갈등한다. 엄마들의 이런 걱정은 쉽게 말하면 딜레마다.

그렇다면 전업주부인 엄마들은 아무런 갈등이 없을까? 전업주부 엄마들은 말한다. "일하는 엄마들은 아이보다 자기가 더 소중한 사람들이다. 우리가 못나서 집에서 아이를 키우는 것이 아니라 아이를 위해 나를 포기했을 뿐이다. 사실 우리 때문에 일하는 엄마들의 아이까지 제대로 된 학교 생활을 하고 있는 것이다. 우리가 급식 도우미도 하고, 학교를 올바르게 운영하는 각종 회의에도 참석하고, 녹색 어머니도 하기 때문에 제대로 굴러가는 것이다. 전업주부들은 우리가 매일 모여 남편 흉이나 보면서 노닥거리는 줄 알지만, 그런 만남은 모두 아이를 더 잘 키우기 위한 것이다. 일하는 엄마들은 우리가 힘들게 구해온 정보를 넙죽 가로채기만 해서 가끔씩 얄밉다." 그러면서 전업주부 엄마들도 속으로는 '나 이대로 도태되는 건 아닐까, 내 이름도 잃어버리고 영영 누구누구의 엄마로 남는 건 아닐까'라며 불안해한다. 실제로 전업주부 엄마들은 아이가 한창 자랄 때는 괜찮지만, 아이가 대학에 입학하고 나면 굉장히 공허해한다. 아빠는 엄마의 뒷바라지 덕에 점점 사회적 지위도 올라가고 연봉도 높아진다. 하지만 엄밀히 따져보면 그것은 남편의 성공이지 나의 성공은 아니다. 남편도 그 공을 아내한테 돌리려 하지 않는다. 오히려 돌아오는 것은 "당신 그것도 몰라?"라는 핀잔이다. 전업주부인 엄마들도, 누구의 엄마로 사는 일은 가치 있지만 이것이 나 자신을 찾아주지는 않을 것이라는 생각에 근원적인 좌절감과 불안이 있다.

왜 엄마들은 일을 하든 안 하든 모두 불안한 것일까? 불안이란, 두 개의 가치 중 근소한 차이로 한쪽을 선택하고 그 나머지에 대한 미련을 접지 못할 때 생긴다. 일하는 엄마는 자신이 집에 있었다면 아이에게 줄 수 있는 혜택을 포기하지 못하고, 전업주부인 엄마는 자신이 일을 했다면 가질 수 있었던 성취감과 경제적인 여유를 포기하지 못해 항상 불안하다. 일하는 엄마가 되었으면, '그래, 나에게는 사회적 성취도 중요해. 나는 계속 이렇게 살아갈 거야'라고 인정하고, '에너지와 시간의 배분을 잘해서 어느 쪽이든 덜 미안해지도록 해야지'라고 생각해야 불안이 줄어든다. 그런데 나머지 한쪽을 접지 못하고 계속 '나는 좋은 엄마가 아닌 것 같아. 나는 왜 아이한테 올인하지 못할까? 나는 왜 아이를 위해 완전히 희생하지 못할까?'라는 고민만 되풀이하면 불안은 점점 커져가고 어떤 일도 제대로 해낼 수가 없다.

전업주부인 엄마도 마찬가지다. '지금은 아이를 돌보는 것이 무엇보다 중요해. 경제적인 어려움은 살림을 좀 알뜰하게 꾸려서 이겨내야지'라고 생각할 수 있어야 한다. 사실 옛날 엄마들은 혹여 일을 하게 되더라도 요즘 엄마들처럼 불안해하지는 않았다. 그들에게는 일 자체가 아이를 잘 키우기 위한 수단 중 하나였기 때문이다. 요즘 엄마들이 유난히 불안한 것은 태초부터 유전자에 새겨진 '보살핌 본능'과 교육으로 깨친 '자아실현의 본능'이 엄마 안에 함께 존재하기 때문이다. 이 엄마들은 항상 육아와 일을 동시에 저울에 올려놓고 갈등한다. 그리고 둘 중 어느 것도 선택하지 못하고 주저한다. 그러다 상황에 밀려 하나를 선택하면 그것이 무엇이든 후회하고 불안해한다.

하나를 선택했다면 다른 하나는 어느 정도 놓아야 한다. 그러려면 선택한 것이 다른 누군가에 의해서가 아닌 자기 스스로 한 선택이라는 것을 인정해야 한다. 사람은 누구나 자기 가치관으로 움직인다. 반드시 그런 것은 아니지만, 어릴 때부터 돈이 중요하다 여기고 경제적인 어려움을 겪은 사람들은 일하는 엄마가 된다. 결코 그것이 아이보다 더 중요해서가 아니다. 그에 비해 어렸을 때 좀 풍족하게 살았지만 엄마와의 시간이 부족해 항상 갈증을 느꼈거나, 개인적으로 어떤 사건을 겪고 그 무엇보다 아이가 우선이라고 생각한 사람은 전업주부가 된다. 이들 역시 자아실현에 관심이 없어서가 아니다. 어떤 선택이든, 그 사람이 무의식적으로 조금이라도 더 중요하다고 생각하는 가치가 반영된 것이다.

일하는 주부는 의식적으로 '아이를 위해 일을 그만두어야 하나?'라고 생각하지만, 그럼에도 여전히 일하는 것은 무의식적으로 일을 중요시하기 때문이다. 마찬가지로 전업주부는 '나도 일을 좀 해야 하지 않을까?'라고 의식적으로 걱정은 하지만, 무의식적으로 지금은 무엇보다 아이를 돌보는 것이 중요하다고 생각한다. 이것을 진심으로 받아들여야 한다. 불안을 다룰 때 가장 중요한 것은 자기 자신을 솔직히 인정하고 받아들이는 일이다. 그리고 오해하지 말아야 한다. 일하는 엄마라면 '나는 사회적 성취와 경제력을 굉장히 중요시하는 사람이구나' 하는 것을 인정하고, 그것이 아이를 일보다 덜 중요하게 생각한 것이라고 스스로 오해해서는 안 된다. 전업주부인 엄마도 '나는 아이와 함께하는 시간을 무엇보다 중요시하는 사람이구나'라고 인정하고, 이렇게 살면 자신의 삶이 도태될 것이라는 오해는 버려야 한다. 인정하고, 오해하지 않아야 불안이 해결된다.

주위를 한번 둘러보자. 밖에서 일하는 엄마들이 키운 아이들이 대부분 잘 자라지 못하는가? 분명 그렇지 않다. 오히려 아이에게 사회적 역할의 중요성을 설명해줄 수도 있고, 한 사람이 다양한 역할을 할 경우 어떻게 시간을 배분해야 하는지도 알려줄 수 있다. 하루 종일 아이한테 헌신하지 못한다고 좋은 엄마가 아닌 것은 아니다. 단, 아이에게 시간상 이만큼밖에 해줄 수 없는 이유를 잘 설명하고, 아이가 자신의 존재감이나 가치를 의심하지 않도록 해주어야 한다. 간혹 전업주부 엄마들은 자신의 모습을 본 아이가 사회 속에서 진취적인 역할을 하지 못할까 봐 걱정한다. 하지만 결과는 전혀 그렇지 않다. 아이들이 엄마의 모습에서만 사회적 역할을 배우는 것은 아니다. 오히려 엄마가 준 정서적인 안정으로 사회에 나갔을 때 처음 해보는 역할도 자신감 있고 진취적으로 해낼 수 있다.

지금 자신의 위치가 자꾸 불안하다면 눈을 감고 가만히 생각해보자. 나는 어떤 사람인가, 나는 어떻게 살고 싶은 사람인가. 우선 내가 어떤 사람인지를 파악해야 한다. 그리고 나에게 무엇이 중요한지 알고 그것을 인정할 줄 알아야 한다. 자꾸 자식을 위해서라고 생각하지 마라. 불안의 제공자는 '아이'가 아니라 '나 자신'이다. 따라서 '나 자신'에서 출발해야 한다. 내가 전업주부인 것은, 아이를 잘 키우기 위해서가 아니라 아이한테 올인하지 않으면 내가 불편하기 때문인 것이다. 자신의 선택을 아이 때문이라고 생각하면 안 된다. 내가 일을 하는 것은, 밖에 나가서 힘들게 일하면서 돈을 벌어도 분명 그것이 좋기 때문에 선택한 것이다. 전적으로 수입 때문만은 아니다. 그것이 스스로에게 행복감을 주기 때문이다. "내가 너를 잘 키우려고 밤늦게까지 일한다"라고 아이한테 말하지 마라.

일하는 엄마들 중에는 간혹 육아가 자신과 맞지 않아 일을 선택한 경우도 있다. 많은 엄마들은 엄마라는 이름을 달고 "육아가 어렵고 두렵다"고 인정하는 것을 부끄러워한다. 분명히 말하지만, 엄마라고 모두 아이를 잘 키우는 것은 아니다. 만약 내가 아이를 키우는 것이 어려워서 일하는 것을 택했다면 그 사실을 인정하자. "요즘 사교육비가 얼마나 드는데, 둘이 벌어서 키워야지"라고 거짓을 말하지 말고 "나는 아이 키우는 게 너무 어렵고, 특히 아이가 우는 것이 굉장히 두렵다. 어떻게 해야 할지 모르겠다"고 인정해라. 그것이 밖에 나가서 일하는 이유의 전부는 아니겠지만, 그런 면이 있다는 것을 본인이 인정하지 않으면 일하는 엄마가 갖는 불안은 절대 해결되지 않는다. 내가 아이를 키우는 기술이 부족해서 일한다는 것을 인정해야 친한 친구이든, 조금 더 경험이 많은 사람이든, 전문가든, 그들로부터 제대로 된 조언을 얻을 수 있다. 진정으로 자신을 돌아봐야 다른 사람의 조언도 도움이 될 수 있다.

일하는 엄마들은 보통 '나는 좋은 엄마가 아닌 것 같다'는 근원적인 죄책감을 갖는다. 이런 죄책감은 죄책감에서 끝나지 않고 많은 문제를 낳는다. 미안한 마음에 아이의 요구를 뭐든 받아주어 응석받이로 키우기도 하고, 함께 시간을 보내지 못하는 안타까움을 돈이나 물건으로 때우기도 한다. 아이와 허물없이 이야기를 나누는 것이 두려워 잔소리나 지시, 지적으로 대화를 하고는 그것을 아이와 소통하는 것이라고 착각한다.

또한 죄책감은 부끄럽고 수치스러운 감정이라 한번 생기면 너무 불편하다. 그래서 무의식적으로 그 감정을 떨치기 위해 만만한 남을 탓하는 버릇이 생기기도 한다. 여기서 만만한 남이란 바로 남편과 아이다. 남편에게는 "당신이 돈만 잘 벌어왔어 봐. 내가 집에서 아이를 키웠겠지. 당신이 못 벌어오니까 내가 나가서 일을 할 수밖에 없잖아?"라는 말을 하고, 아이에게도 끊임없이 부담을 준다. "엄마가 이렇게 힘들게 일하고 들어왔는데, 방이 이게 뭐니? 정말 힘들어 못살겠다"며 괴롭힌다.

앞서 말했듯이 선택의 주체도 '나'이고, 문제의 본질도 '나'이다. 남편이 돈을 많이 못 버는데도 일을 안 하는 엄마들도 많다. 일을 해야겠다고 선택한 주체는 분명 '나'다. 내 안에는 일을 좀 좋아하고, 살림만 하는 것보다는 '대리님'이라는 소리도 좀 듣고 싶고, 자아실현도 좀 더 하고 싶고, 외벌이로 궁핍하게 사는 것이 싫고, 아이 교육에만 신경 쓰는 자신의 모습이 싫고, 아이랑 오랜 시간을 보내면 왠지 불안해지는 '나'가 있기 때문이다.

맞벌이를 하려면 아빠들이 당연히 집안일과 육아를 도와야 한다. 어떠한 엄마도 일과 집안일, 육아를 혼자 해낼 수는 없다. 아빠들에게 하라고 하면 그렇게 못하듯, 엄마들에게도 마찬가지로 힘든 일이다. 요즘은 맞벌이 부부 중 남편이 아이도 돌보고 집안일도 하는 경우가 많다. 자신은 너무 바빠서 집안일과 육아를 할 시간이 전혀 없다고 말한다면, 가만히 자신을 들여다봐라. 집에 일찍 와서 집 안일이나 육아를 하는 것이 싫거나, 본인이 원해서 바쁜 것은 아닌지 자문해봐라. 아내가 일을 한다면 남편도 회식이나 야근을 줄여야 한다. 남편이 "어떤 회식은 진짜 가기 싫은데 어쩔 수 없이 갈 때도 있어. 또 어떤 회식은 나도 즐거워서 가기도 해. 하지만 줄이도록 노력할게. 반드시 가야 하는 회식은 내가 꼭 얘기할게. 그때는 좀 양해해주라"라고 솔직하게 말하면 아내도 그 마음을 이해할 것이다.

맞벌이를 하면서 육아나 집안일을 100퍼센트 잘해내는 엄마들도 가끔 슬럼프를 겪는다. 어느 순간 자기만 힘든 것 같고, 심술이 나서 집안일도 하기 싫고, 억울해서 아이를 돌보는 것도 귀찮을 때가 있다. 특별한 사건이 있는 것도 아닌데 문득문득 억울함이 생긴다. 이럴 때 특효약은 바로 '남편의 솔선수범'이다. 설거지가 산처럼 쌓여 있는 것을 보고도 너무 피곤해서 그냥 잠든 날 아침, 일찍 일어난 남편이 밥을 짓고 군말 없이 설거지를 하고 있을 때 아내는 감동한다. 그리고 에너지를 200퍼센트 충전하여 아침 식사를 차리고 아이를 돌보게 된다. 만약 남편이 집안일은 고사하고 밤늦게 술 먹고 들어와 옷도 갈아입지 않은 채 소파에 널브러져 누워 있었다고 하자. 이때 아내가 느낄 억울함은 상상을 초월한다. 아이들만 모델링이 일어나는 것이 아니다. 모델링은 부부 사이에도 일어난다. 아내는 남편이 아주 조금만 집안일을 해도 고마워하고 만족한다. 일하는 아내도 일하는 남편만큼 회사에서 바쁘다. 매일 바쁘다는 핑계만 대지 말고 아내에게 조금이라도 멋진 모습을 보여주었으면 좋겠다.

맞벌이 부부라면 육아나 집안일을 서로 협력해야 하는 것만큼이나 반드시 필요한 것이 있다. 신뢰와 공유, 존중이다. 신뢰가 없으면 많은 문제가 생긴다. 아빠들의 회사에 여자 직원이 있는 것처럼, 엄마들의 회사에도 남자 직원이나 거래처 남자 직원도 있다. 일하다 보면 이들과 전화도 주고받을 수 있고 회식도 하는 상황이 벌어진다. 의외로 이런 것에 굉장히 예민한 아빠들이 많다. 늦게 들어온다는 것만으로 의심하고 스트레스를 주는 것은 아내에 대한 신뢰가 부족하기 때문이다. 신뢰를 해주지 않으면 아내가 바깥일을 잘 해내기 어렵다.

공유 또한 반드시 필요하다. 엄마가 일을 하면 아이는 물론이고 아빠에게도 소홀해질 수 있다. 공유란 그런 것에 서운해하지 말라는 이야기다. 엄마가 일을 하는 것은 '엄마, 주부, 아내'라는 역할에 하나의 업무가 더 늘어나는 것으로 이해해야 한다. 따라서 당연히 조금씩 소홀해질 수 있다. 아빠들은 아내가 일을 하게 되면 이전보다 자신이 존중받지 못한다는 생각에 빈정 상하기도 한다. 그런 감정을 한번 품게 되면, 부부 사이가 좋을 때는 괜찮지만 좋지 않을 때는 사사건건 문제를 일으킨다. 아내에 대한 섭섭함이 가슴 밑바닥에 깔려 있기 때문에, 아내의 행동 하나하나가 마음에 들지 않는다. 엄마가 일을 할 때 아빠들은 시간이든, 여력이든, 마음이든, 부족해지는 것에 대해 이해하려고 노력해야 한다. 일하는 아내가 자신에게 신경을 쓰지 않는 것 같아 섭섭하다면 진심을 숨기지 말고 솔직하게 말해라. "여보, 나한테 그런 마음이 어디서 생기는지 모르겠지만, 나는 보살핌받고 싶은 마음이 좀 강한 것 같아. 그래서 요즘 이 상황이 좀 힘들어"라고 말하면, 문제가 바로 해결되지는 않더라도 마음은 훨씬 가벼워질 것이다.

마지막으로 필요한 것은 존중이다. 일하는 배우자의 벌이나 사회적 인식이 대단해 보이지 않더라도, 그 일의 의미와 가치를 존중하자. 모든 일에는 그 노동을 함으로써 생기는 가치들이 있다. 작은 일이라도 가치를 부여하고, 좋은 라벨을 붙여주어야 한다. "당신이 이렇게 해주니까 정말 고마워. 당신이 하는 일은 정말 의미 있어"라고 존중해주지 않으면, 아내들은 멀티플레이를 할 힘이 생겨나지 않는다. 마지못해 하고, 죽지 못해 사는 것이 될 수도 있다. 그 힘의 원천은 자기 안에서 나오기도 하지만, 배우자나 가족이 불어넣어 주어야 하는 면도 크다.

맞벌이를 할 때, 아빠들은 특히 "그렇게 걱정되면 직장 그만둬"라는 말을 조심해야 한다. 일하는 엄마들은 아이에 대한 본질적인 죄책감이 있기 때문에 습관적으로 아이를 걱정한다. 아빠들은 답이 안 나오는 대화 상황에서나 혹은 자신한테 화살이 돌아올까 봐 선수 치듯 그런 말을 해버린다. 대부분 아무런 대안도 없이 말부터 내뱉고 보는 경우가 많다. 엄마한테 이런 아빠는 당연히 무책임하고 대책 없는 남편으로 보인다. 맞벌이를 할 때는 누가 돈을 더 벌고 덜 벌고를 떠나서 상대방의 일에 대한 기본적인 존중과 배려가 반드시 필요하다. 이런 면에서 전업주부인 엄마들도 남편이 늦게는 들어오는데 벌이가 시원치 않다고 "차라리 내가 버는 것이 낫겠다. 당신이 애 봐"라고 말해서는 안 된다. 일에는 경제적인 의미도 있지만, 자기의 이상 실현과도 관련이 있다. 많이 벌고 못 벌고로 판단할 수 있는 가치가 아니다.

배우자를 육아 동지에서 적으로 만드는 말

Stop Daddy!

· 너는 엄마가 되어서 왜 그러니….

· 내가 돈 벌어오라고 했어? 당신이 좋아서 나갔지!

· 고작 그것 벌려고 아이랑 남편은 맨날 뒷전이야.

· 다른 여자들은 잘만 하던데, 당신은 왜 그렇게 힘들어해?

Stop Mommy!

· 당신이 잘 벌어 왔어 봐. 내가 이 고생을 하나.

· 당신이 애 좀 보지 그래.

· 내가 진짜 마지못해 당신이랑 사는 줄 알아!

다 비슷비슷하지
뭘 그렇게 고민해!

open daddy's heart

비슷비슷한 곳 중 저렴한 곳을 고르는 것이 나쁜 걸까? 앞으로 살 걱정을 해야지, 대책도 없이 좋은 곳만 찾으면 어쩌겠다는 거야. 언제까지나 아이를 끼고 키울 수도 없는데 보낼 때 되면 눈 딱 감고 보내야지. 쓸데없이 걱정만 한다고 문제가 해결되나? 그렇게 걱정되면 아무 데도 보내지 말든지.

조금이라도 좋은 곳에 맡겨야지
무슨 소리야!

open mommy's heart

왜 이렇게 마음에 드는 데가 없는 거야. 요새 어린이집이나 유치원은 다들 저러나? 분위기 좋고 안전한 곳으로 보내야 되는데 도대체 믿을 수가 없네. 대책 없는 남편은 아무 곳이나 보내라고 하고, 어쩜 저렇게 무책임하게 말하는지 몰라. 저 사람은 아빠가 돼서 불안하지도 않나 봐.

아빠들은 엄마들에게 "참 서운해. 너무 무심해. 당신이 언제 우리한테 신경 한 번 제대로 쓴 적 있어?"라는 말을 참 많이 듣는다. 특별히 그런 의도로 한 행동이 아니었음에도 불구하고 엄마들은 사사건건 "당신이 그러면 그렇지. 신경 써주는 게 이상하지"라며 가슴 깊은 원한(?)이라도 있는 양 비난한다. 아빠들은 엄마들의 이런 태도를 보며 "도대체 내가 뭘 잘못했다는 거야?"라며 억울함을 느낀다.

엄마들이 아이와 자신을 한 팀으로 묶고는 남편에게 "서운하다"고 말하는 것은 산후조리원을 고를 때부터 시작된다. 아빠들이 보였던 시큰둥한 태도인 "비슷비슷해 보이는데 대충 고르지" "여기는 왜 이렇게 비싸? 며칠 있다 나갈 텐데 너무 비싼 것 아니야?"에서 첫 서운함이 시작된다. 산후조리원은 엄마와 아이가 처음 몸을 담는 기관으로, 무섭고도 설레는 출산을 마침내 마치고 머무는 곳이다. 아빠가 생각하듯 단지 며칠 머물다 가는 숙소가 아니다. 엄마는 산후조리원 선택에서부터 아빠가 갖는 내 아이에 대한 사랑의 깊이를 가늠하기 시작한다. 이때 아빠가 무심하게 굴면 내 아이에게 무심한 사람으로 낙인찍는다. 엄마들이 아이가 맡겨지는 곳에 민감한 것은 보살핌 본능 때문이다. 더 안전한 곳, 더 편안한 곳을 찾는 것은 엄마들의 무의식적인 본능이다. 이때 무심한 듯 행동하는 아빠는 아이의 안전을 걱정하지 않는 사람, 나의 불안에 관심이 없는 사람으로 여겨진다. 아빠들은 가능한 한 아이와 관련된 것에 기본적인 성의를 보여야 한다. 알아보거나 방문하는 과정에서 바쁘다는 핑계로 몸을 빼서는 안 된다. 부모라면 아이와 관련된 모든 것의 가치를 가장 중요하게 생각하는 자세가 필요하다. 아이가 자라면서 펼쳐지는 다양한 양육의 과정을 어떤 형태로든 공유하려는 노력을 반드시 해야 한다.

아내가 임신을 한 순간부터 아이와 관련된 중요한 일을 서로 의논하고 공유하지 않으면 나중에 아빠로서 자리매김하는 데 큰 어려움을 겪을 수 있다. 엄마들은 그때의 서운함을 고이고이 간직해두기 때문에, 한동안 무관심하던 아빠들이 아이에게 관심을 보이려고 하면 마땅한 정보를 주지 않는다. 엄마가 고등학교에 다니는 딸아이의 공부 때문에 "수리 가·나" 할 때, 아빠가 "그게 뭐야?"라고 물으면 "모르면 좀 가만히 있어" 하면서 쏘아붙인다. 아이도 자기의 생활을 전혀 모르는 아빠와 대화하는 것을 꺼린다. 아빠와 아이의 관계, 아이와 관련된 아내와 남편의 관계가 산후조리원, 어린이집, 유치원을 고를 때부터 시작된다는 것을 잊지 마라. 발 벗고 나설 수 없다면 성의를 보이는 행동이라도 해야 한다. 한 번 정도는 같이 가보고, 몇 군데 중에서 골라보라고 할 때는 진지하게 설명도 듣고 성의 있게 들여다보기라도 해라. 그럴 여유조차 없다면, "당신 알아서 좋은 곳으로 선택해"라는 말이라도 해줘야 한다. 아이나 아내와의 관계에 훨씬 좋은 영향을 줄 수 있다.

아이가 있을 만한 산후조리원이나 어린이집, 유치원을 알아보다 보면 아빠들은 엄마들이 느끼는 공포 수준의 불안에 깜짝 놀라곤 한다. 이런 불안은 특히 취학 전 아이를 가진 엄마들에게 심하게 나타나는데, 아이는 초등학생만 돼도 자신이 겪은 것을 엄마에게 이렇다 저렇다 말하지만, 어릴 땐 자신이 겪는 일에 대해 제대로 설명할 수 없기 때문이다. 그런데 엄마들이 이런 불안을 피력하면 아빠들은 "괜찮아. 다른 애들도 다 다니잖아. 그렇게 걱정되면 보내지 말든지"라고 대꾸한다. 엄마들은 자신의 불안을 공유해주지 않으면 굉장히 서운해한다.

서운하면 분노가 생기고, 아빠를 믿을 수 없다는 불신이 생겨 아이를 키우면서 처리해야 할 중요한 일을 남편과 의논하지 않는다. 아이를 맡기게 될 때는 엄마들이 갖는 불안을 당연하게 여기고, 그 마음에 공감해주어야 한다. 공감하고 같이 걱정만 해주어도 엄마들이 그에 마땅한 답을 찾아간다. 절대 엄마가 가진 불안을 무시해서는 안 된다.

하지만 엄마들도 자신의 불안을 무한정 키워서는 안 된다. 이런 행동은 자신은 물론이거니와 아이를 비롯한 가족 구성원들에게 전혀 도움이 되지 않는다. 불안을 줄이려면 이곳저곳 잘 알아보고 보낸 후, 어느 정도 믿는 노력이 필요하다. 주변의 평가도 참고하는데, 한 사람의 의견만 듣지 말고 한 기관당 10명 정도의 평가를 들어본다. 그중 8~9명이 괜찮다고 하면 믿어도 된다.

불안한 사람은 자신의 마음에 들지 않는 사소한 것 하나에 지나치게 집착하는 경향이 있다. 내 마음을 100퍼센트 만족시키는 기관은 없을 수 있다. 그것은 엄마가 자기 아이를 돌본다고 해도 마찬가지다. 본인도 본인을 100퍼센트 만족시키지는 못한다. 몇 년간 한 장소에서 그 유치원이나 어린이집이 운영되었다면 분명 주변의 평판이 있을 것이고, 그 평판을 토대로 내가 직접 방문해 교사를 만나보고 시설을 살핀 뒤 결정하면 된다. 교사를 만났을 때는 교사가 어디 출신인가를 볼 것이 아니라 어떤 사람인가를 봐야 한다. 교사가 아이를 돌보는 모습을 곁에서 지켜보면, 인격 장애가 있어서 엄마를 작정하고 속이지 않는 이상 대체로 믿을 만한 사람인지 알게 된다. 이것저것 살펴보고 모든 점검이 끝나 가장 적당하다고 생각되는 기관에 보내기로 결심했다면, 그다음에는 지나친 걱정은 접어두고 그 기관을 믿어주어야 한다.

앞서 시어머니나 친정어머니에게 아이를 맡길 때 조언했던 것처럼, 아이의 안정을 위해서는 아이가 다니게 될 그곳이 엄마가 믿고 좋아하는 곳이라는 인상을 주어야 한다. 즉, 선생님들이 엄마처럼 좋은 사람이라는 생각을 아이에게 전해야 한다. 그렇게 하여 일단 아이를 보냈다면, 이제는 어린이집을 믿는 것처럼 아이도 잘 해낼 것이라고 믿어준다. 어떤 엄마들은 어린이집에 감기가 돌고 있다는 정보를 입수하면 2주건 한 달이건 아이를 보내지 않는다. 그래서는 안 된다. 절대 감기에 걸리면 안 되는 아이들을 제외하고는 감기에 걸릴 가능성이 있어도 보내야 한다. 또 어린이집에서 아이가 조금만 다쳐도 지나치게 항의하고 안 보내겠다고 하는 엄마들이 있다. 그래서도 안 된다. 친구랑 놀다가 넘어져보기도 해야 "밀지 마"라는 말도 배운다.

인생에서 우리가 꼭 겪어야 하는 위기는, 불안해해도 찾아오고 불안해하지 않아도 찾아온다. 이렇게 반드시 겪을 수밖에 없는 일은 대처 방법을 익히면서 겪어가고, 그 과정 속에서 더 나은 사람이 되면 된다. 무언가 닥칠까 봐 아이에게 어떤 것도 시키지 않으면 결국 아이는 인생에서 값진 것을 배울 수 있는 소중한 기회를 잃게 된다. 엄마 혹은 아빠의 불안 때문에 아이가 살아가는 데 필요한 여러 가지를 배울 수 있는 기회를 빼앗으면 안 된다.

배우자를 육아 동지에서 적으로 만드는 말

Stop Daddy!

· 다 비슷비슷하구만, 뭘 유난이야.

· 그렇게 걱정되면 보내지 말든지.

· 그 사람들이 무슨 악마야? 아주 소설을 써요.

· 괜찮아. 다른 엄마들은 다 바보야?

Stop Mommy!

· 그러면 그렇지. 당신이 신경 쓰는 것이 이상하지.

· 대충 말하지 좀 마. 당신이 뭘 알아?

· 무슨 아빠가 저렇게 무심해.

· 매일 돈, 돈, 돈! 이게 나한테 쓰는 돈이야?

아이한테
돈은 안 줄수록 좋아.

open daddy's heart

생활비도 절약 못 하는 사람이 아이 용돈 관리는 잘할 수 있을까? 애들이 어릴 때부터 돈을 알면 안 좋은데, 아예 용돈을 안 주는 게 낫지 않을까? 사실 애가 무슨 돈이 필요하겠어. 사달라는 거 다 사주는데…. 용돈 주면 그날 홀라당 다 써버릴 거야.

우리 애만 없으면
불쌍해 보이잖아.

open mommy's heart

꼭 필요한 곳에만 돈을 쓰고 절약해서 저축하는 습관을 가르쳐주고 싶은데, 어떻게 해야 할까? 아직 어려서 용돈을 주면 한 번에 다 써버릴 것도 같은데…. 그래도 다른 엄마들은 다 주는데, 우리 아이에게만 안 주는 것도 문제이지 않을까?

엄마 아빠들은 아이가 돈을 헤프게 쓰는 문제로 많이 부딪힌다. 서로 '당신 닮아서' '당신이 그 따위로 돈을 펑펑 쓰니까' 아이가 그런다며 싸운다. 아내는 남편에게 생활비 씀씀이를 추궁받고, 남편은 어젯밤 쓴 술값 때문에 막다른 길로 몰려 서로의 경제관념을 의심한다. 그러면서 한편으로는 이런 상황에서 아이에게 어떻게 올바른 경제관념을 심어주어야 할지도 고민한다. 부모들은 아이에게 꼭 필요한 물건을 구입하고 저축하는 좋은 생활 습관을 심어주고 싶어 한다. 그러려면 아이에게 돈을 줘봐야 한다. 엄마 아빠는 아이가 돈을 헤프게 쓰면 어쩌나 하는 불안감에 용돈을 주지 못하는데, 경제관념을 가르치려면 아이 스스로 돈을 가져봐야 한다. 호랑이를 잡으려면 호랑이 굴로 들어가야 하는 것처럼 말이다.

초등학교 3, 4학년 정도면 하루 500원씩 계산해서 일주일에 2,500~3,000원을 넘지 않게 주는 것이 좋다. 처음에는 용돈을 매일매일 준다. 아이들은 돈 관리를 잘 못 하기 때문에 한 번에 다 주면 한꺼번에 써버린다. 아이가 매일 주는 용돈을 잘 관리한다 싶으면, 이틀에 한 번, 사흘에 한 번, 일주일에 한 번꼴로 준다. 용돈을 주면 아이가 돈을 잘못 쓰는 경우도 종종 벌어진다. 이럴 때 우리나라 부모들은 그 즉시 아이의 돈을 모두 회수해버리고 용돈을 주지 않는 극단적인 방법을 취한다. 그렇게 하면 경제관념을 배울 수 없다. 그래도 다시 기회를 줘서 용돈 관리를 시켜야 한다. 아이가 뭔가 잘했을 때 주는 돈은 용돈이 아니다. 이것은 보너스 개념으로, 아이는 자기가 한 착한 행동을 모두 돈으로 바꾸려 하기 때문에 매번 적용하면 바람직하지 않다. 따라서 고쳐야 하는 문제 행동을 목표로 삼고, 계획을 세워 보너스를 주어야 한다. 예를 들어 아이가 벗은 옷을 정리하지 않는다면, "옷을 잘 걸어두면 보너스를 주마"라고 한 다음 약속을 지킨다. 보너스를 주는 착한 행동은 일단 한번에 한두 개로만 제한한다. 이렇게 하면 이틀 용돈을 모으고 보너스를 보태서 샤프를 사는 등의 경제활동을 경험할 수 있다.

아이는 돈 관리를 아주 어릴 적 부모가 하는 것을 보고 많이 배운다. 절약하는 습관 자체는 부모의 모델링 효과가 가장 크다. 저축을 어떻게 하고, 생활비를 어떻게 분배하고, 물건을 살 때는 어떻게 하고, 전기나 수도를 어떻게 절약하는지는 아이가 생활하는 환경 속에서 부모의 모습을 보고 자연스럽게 몸에 익히기 때문이다. 무조건 더 싸게 파는 것을 사기 위해 차를 타고 멀리 가는 것은 교통비와 시간 낭비일 수 있다. 물건을 살 때는 지금 나에게 필요한 가치를 생각해보고 거기에 따라서 행동해야 한다. 저렴하게 사는 것보다 시간을 절약하는 것이 더 중요한 사람은 조금 비싸더라도 가까운 곳에서 물건을 구입하는 것이 바람직하다. 하지만 시간적인 여유가 있고 그리 먼 곳까지 가서 구입하는 것이 아니라면, 이왕이면 저렴하게 사는 것이 맞다. 아이가 초등학교 고학년이 되면 아이를 앉혀놓고 구체적으로 우리 집 경제 상황을 얘기해준다. 엄마 아빠가 벌어오는 돈이 얼마이며, 꼭 지출해야 하는 것과 예금을 빼고 나면 남는 돈은 이만큼이며, 그 돈으로 한 달을 살아가야 한다는 것을 알려주는 것이다.

그렇다면 대부분의 엄마 아빠는 아이에게 모델링할 만한 모습을 보여주고 있을까? 안타깝게도 그렇지 못한 경우가 많다. 아빠들은 예기치 않은 상황에서 아이들에게 돈을 곧잘 준다. 그것을 자기 권위라고 생각한다. 아이들이 사달라고 하는 장난감, 옷에는 덜컥 선심을 쓰다가, 정작 교육에는 "그 학원이 얼마짜린

데? 계속 그렇게 성적도 안 오르면 다 집어치워"라는 말을 한다. 아이를 성장시키고 교육시키는 과정은 마음먹은 대로만 되지는 않는다. 따라서 그것에 '돈'의 가치를 대입해서는 안 된다. 아빠들도 돈을 규모 있게 써야 한다. 기분에 따라 펑펑 쓰는 것은 당연히 안 된다. 그러다가는 정말 나중에 돈이 없어서 학교를 못 보내는 사태가 벌어질 수도 있다. 돈을 아껴 쓸 때는 어느 항목에서 아껴 써야 하는지를 결정한다. 꼭 지출이 필요한 항목에서조차 절약을 부르짖으면 가족 구성원의 원성을 사게 된다. 교육비는 꼭 지출이 필요한 항목이고, 의류비는 절약해야 하는 항목으로 정해놓았는데, 한도를 넘은 상태에서 아이가 옷을 사달라고 하면 "아빠도 너한테 새 옷을 하나 사주고 싶어. 그런데 그것을 사주면 다음달 영어 학원비가 좀 모자랄 것 같아"라고 솔직하게 말해주는 것이 필요하다. 아빠 혼자만 속으로 고민하면서 아내와 아이에게는 "돈이 어딨어! 안 돼!" 하는 것은 바람직하지 않다. 집안 경제 사정을 터놓고 의논하듯 말하면, 자기가 사고 싶은 것을 사지 못하더라도 아이나 배우자가 느끼는 상실감이 적다.

엄마들은 살림에서는 대부분 알뜰하다. 거의 전문적인 첩보원 수준이다. 동네 슈퍼 중 우윳값이 100원 더 싼 곳이 어디인지 꿰고 있고, 여러 인터넷 쇼핑몰을 넘나들며 가격 비교는 물론이고 카드 할인, 각종 쿠폰 할인들을 이용하여 같은 제품이라도 놀랄 만큼 싸게 구입한다. 하지만 아이에게 본을 보여줄 만한 경제 관념을 가졌다고 할 수는 없다. 왜냐하면 엄마들 또한 돈을 규모 있게 쓰지 못하기 때문이다. 엄마들은 아이에게 좋은 것이라면 뭐든 아까워하지 않는데, 특히 교육과 관련된 것에서 그런 양상을 보인다. 바로 사야 하고, 아무리 비싸도 빚을 내서라도 사야 한다. 아이에게 필요하다면 경제 상황을 생각하지 않고 무리하는 경향이 있다. 아빠들은 이런 소비 패턴을 가진 아내의 알뜰함을 근본적으로 잘못되었다고 생각한다. 꼭 필요하지도 않은 물건을 사면서 가장 저렴하게 사면 뭐하냐는 말이다. 그러다 보니 아빠들은 엄마들이 돈만 쓰면 자동적으로 "쓸데 없이"라는 말부터 나온다.

부부는 돈 때문에 참 많이 싸운다. 그런데 가만히 살펴보면 부부가 돈만큼 허심 탄회하게 이야기를 나누지 않는 부분도 없다. 돈에 대한 자신의 생각이나 현재 상황에 대해 배우자와 너무 소통을 하지 않는다. 돈과 관련된 문제에서는 다른 문제보다 쉽게 감정이 상하고 화를 낸다. 아빠들이 돈이 없다는 말을 죽어도 못하는 것은 '돈＝자존심'이라고 생각하고, 엄마들이 돈을 안 주겠다는 남편의 말을 쉽게 받아들이지 못하는 것은 '돈＝사랑'이라는 말도 안 되는 등식을 가지고 있기 때문이다. 자본주의 사회에서 돈은 정말 중요하지만, 우리에게 불편함을 주지 않을 정도로 잘 조정해야 하는 '수단'이지 '목적'은 아니다. 아빠가 돈이 없다고 절대 우스워 보이지도 않고, 그렇게 생각해서도 안 된다. 또한 삶을 위해서 씀씀이를 조정할 뿐이지 돈과 아내에 대한 사랑, 아이에 대한 사랑이 비교될 수는 없다.

아내가 아이 교육을 위해 어떤 교재를 사자고 했을 때 "No!"라고 말한 이유를 남편은 솔직하게 말하지 않았다. 아내 또한 그 교재를 꼭 사고 싶은 이유를 솔직하게 털어놓지 않았기 때문이다. 남편은 "아이 교육에 들어가는 돈만큼은 아깝지 않다고 생각해. 그런데 우리 생활비 규모로 봤을 때 이건 너무 큰 돈이야. 이걸 구입하게 되면 다음 달에 이런저런 문제가 발생할 수도 있을 것 같아"라고 말을 해야 한다. 엄마는 "내가 이런저런 교재를 사고 싶은 이유는 옆집에 사는 우리 아이 또래가 그 교재를 사용하고 있는데, 솔직히 내 아이만 안 시키자니 불안한 마음도 들어서야"라고 아주 솔직하게 마음을 털어놓아야 한다. 적당히 자신을 포장하면서 "이걸 하면 똑똑해진다는데, 부모면 당연히 사줘야 하는 거 아니야?"라고 하지 말고 말이다. 소통을 하지 않으면 남편은 아내를 '벌이는 생각지도 않는 씀씀이가 헤픈 여자'로, 엄마는 아빠를 '자기 술값으로 20~30만 원은 잘도 쓰면서 내가 사자는 것은 안 사주는 이기적인 남자' 내지는 '나와 내 아이를 사랑하지 않는 남자'로 오해한다. 아이 생활 습관의 대부분은 부모로부터 영향을 받은 것이다. 어느 한 부모의 모습을 배우는 것이 아니라 아이는 두 사람의 행동을 꼼꼼히 보고 섞어서 배운다. 두 사람 모두 건강한 소통을 하면서 올바른 경제습관을 갖지 않는 한, 아이에게 좋은 경제습관을 일러주기는 어렵다.

우리 아버지는 굉장한 구두쇠였다. 돈은 물론이고 뭐든지 아끼셨다. 전기를 아끼신다고 지금도 밤에 손전등을 들고 화장실에 가신다. 어릴 적 나는 피아노를 참 잘 치고 좋아했다. 내 소원은 피아노를 갖는 것이었다. 그 당시 피아노는 부잣집에만 있었는데, 그때 아버지는 나를 가만히 앉혀놓고 이런 말씀을 하셨다. "사실 아버지는 너에게 피아노 사줄 돈이 있단다. 그럴 능력은 있어. 그런데 사주지 않는 것은 네가 이다음에 대학도 가고 유학도 가고 할 때 많은 돈이 필요하거든. 그때를 위해서 돈을 모아두는 거야. 돈이 없어서는 아니야"라고 잘 설명해주셔서, 피아노를 사주시지 않았던 것이 그렇게 섭섭하지는 않았다.

내가 중학교 때는 사람들이 여가 생활로 하나둘 스키를 타러 다니는 시점이었고, 나도 스키를 타고 싶었다. 한번은 "스키 타는 사람 참 좋겠다"라는 소리를 했는데, 우리 아버지가 그 말을 듣고는 "너 지금 치과 다니잖아. 그 돈이면 스키 용품을 풀세트로 살 수 있어. 아버지가 돈이 없어서 스키를 안 사주는 것이 아니야. 지금 너에게는 치과 치료를 받는 것이 훨씬 중요하기 때문이야"라고 말씀해주셨다. 아버지는 내가 사달라는 대로 뭐든 사주시지는 않았지만, 권위적으로

309

행동하지 않고 그때그때마다 아내나 자식이 서운하지 않도록 사줄 수 없는 이유에 대해 하나하나 설명해주셨다. 지금도 그 점을 참으로 감사히 여긴다. 아버지는 아내와 자식과 항상 소통을 하셨기 때문에, 자식이 사달라고 하는 것도 안 사주는 '인정머리 없는 아버지'가 아니라 '자식을 위해서 미리 준비할 줄 아는 분'으로 존경스럽게 기억되고 있는 것이다.

한 가지 주의할 것은 집안 경제 상황을 운운하며 너무 야박하게 굴지는 말라는 것이다. 아이가 해달라는 것을 모두 사주라는 것이 아니라, 아이들 사이에서 일반적인 것은 좀 해주라는 뜻이다. 부모들은 아이들에게 휴대폰을 사주느냐 사주지 않느냐 가지고도 많이 부딪힌다. 초등학교 고학년이라고 꼭 휴대폰이 필요한 것은 아니지만 휴대폰으로 사회적 상호작용을 하는 것이 현실이다. 때문에 상황이 된다면 사주는 것도 괜찮다. 대신 "너에게 아직 휴대폰은 필요 없어. 하지만 대부분의 아이들이 갖고 있고, 너만 없으면 박탈감을 느낄까 봐 사주는 거야. 잘 관리하고 요금은 이 정도 안에서 써라" 하고 설명해주는 것이 필요하다. 그러면 아이들은 부모에게 고맙기도 하고, 약간 미안하기도 하고, 내가 이렇게 필요로 하는 것을 부모가 알아줬다는 것을 뿌듯하게 생각한다. 너무 고지식한 잣대를 들이대며 무조건 안 된다고 하거나, 검소하게 키운다는 명목하에 그 또래의 아이들이 일반적으로 느끼는 욕구를 무시하면 아이는 부모와의 관계에서 결핍을 느끼게 된다.

돈 문제로 싸우다 보면 감정적이 되어 배우자를 헐뜯고 욕하게 된다. 이 점은 정말 조심해야 한다. 특히 아이 앞에서 서로를 욕해서는 안 된다. 아이들 입장에서 부모는 자기의 근원, 즉 뿌리다. 아이는 부모가 어떤 사람이건 반반씩 닮아서 태어난 사람이기 때문이다. 화가 나서 남편한테 막 퍼붓고 난 뒤 아이에게 "어떻게 너는 네 아빠랑 하는 짓이 똑같니"라고 하면, 아이는 '내 속에 나쁜 피가 흐르고 있구나'라고 생각한다. 때문에 아이 앞에서 배우자를 비난하는 것은 곧 아이를 비난하는 것과 같다. 만약 남편이 어제 술자리가 있어서 돈도 좀 쓰고 귀가도 늦었다고 하자. 그럴 땐 그 사안에 대해서만 말하고 아빠의 인격 자체를 흠잡지 말아야 한다. 우리나라 부모들은 자신의 현실적인 모습, 솔직한 걱정을 노출하는 것에 두려움이 있다. 정말 건강한 자존감을 가진 사람은 자신의 부족한 면이 드러나도 별로 상처받지 않는다. 부족한 면이 발견되면 인정하고 변화시키려 하지, 그것을 두려워하지 않는다. 부모가 되었다면, 자신의 본연의 모습을 찾고 건강한 자존감을 갖기 위해 노력을 아끼지 않아야 한다.

배우자를 육아 동지에서 적으로 만드는 말

Stop Daddy!

· 당신 닮아서 애가 돈 개념이 없어.

· 애가 무슨 돈이 필요해? 필요한 것 다 사주는데….

· 어찌나 펑펑 쓰시는지, 내가 아주 돈 주기가 무섭다.

Stop Mommy!

· 개념이 없긴 누가 없어! 당신이 더 심하지.

· 내가 얼마나 아끼는 줄 알아? 안 아끼면 당신이 주는 쥐꼬리만 한 월급으로 생활이 되는 줄 알아?

· 왜 그렇게 사람이 야박해?

계속 지원하는 것이
의미가 있을까?

open daddy's heart

왜 나한테 이런 아이가 태어났을까? 우리 집안에는 이런 아이가 없는
데…. 이런 아이한테 계속 지원을 하는 것이 합리적일까? 오히려 이다
음에 아이가 쓸 돈을 저축해두는 것이 낫지 않을까? 아내는 마음 아파
하면서 집착하지만, 효과 없는 치료는 중단하고 이성적으로 생각해야
할 것 같아.

나 때문에
우리 아이가 이런 것 아닐까?

open mommy's heart

내가 뭘 잘못했기에 우리 귀한 아이에게 이런 시련이 닥친 걸까? 분명
히 나 때문이야. 내가 뭘 잘못 먹었거나 건강하지 못해서 멀쩡할 수 있
는 아이가 이런 시련을 겪는 거야. 미안하다, 아가야. 엄마는 무슨 수를
써서라도 반드시 널 지켜줄 거야. 엄마는 널 위해서 살 거야.

2년 전부터 우리 병원에서 치료를 받고 있던 자폐증을 앓는 여덟 살 아이의 아빠가 치료를 중단하겠다는 의사를 밝혔다. 아이의 상태가 조금 나아지기는 했지만 여전히 꾸준한 치료가 필요한 상태였다. 나는 그 아빠에게 치료를 중단하려는 이유를 물었다. 더불어 이 아이에게는 아직 의료적 지원이 필요하다는 정보도 주었다. 그 아빠는 "해봐야 소용없지 않을까요? 괜한 돈 낭비인 것 같아서요"라고 대답했다. 아이 엄마는 이 문제로 아이 아빠와 다툼이 있었는지, 눈이 퉁퉁 부은 상태로 와서는 입술을 꽉 물고 있었다. 나는 그 아빠에게 물었다. "만약 이 아이가 영재였다면, 영재 교육을 안 시키실 겁니까? 아이가 언어 능력이 무척 뛰어나서 누군가 외국으로 가는 영어 연수를 꼭 보내야 한다고 추천했다면, 아버지는 보내지 않으실 겁니까?" 그러자 아빠는 헛기침을 한 번 하더니 "그런 상황이라면 당연히 보냈겠죠"라고 대답했다. "그렇다면 이 아이한테도 그 정도의 투자는 해야 하는 것 아닙니까? 아이가 못났건 잘났건 아이를 지원하는 것은 부모의 역할입니다."

아이에게 장애가 있을 때 많은 경우 엄마는 죄인이 되고 아빠는 죄인을 마지못해 용서해주는 판결관이 된다. 아이는 엄마 뱃속에서 나오기 때문에 못났건 잘났건 그 아이는 엄마의 분신이다. 분명 아빠와 50:50으로 아이를 만들었음에도 아이가 장애를 갖고 태어나면 엄마 탓이라고 생각하는 경향이 많다. 과학적으로 봤을 때 이는 당연히 엄마만의 탓이 아니다. 아니, 몇 가지 장애는 아빠 쪽 유전자가 결정적인 작용을 하는 경우도 많다. 하지만 엄마는 물론이고, 아빠까지 그것을 엄마 잘못이라고 생각한다. 그러다 보니 아이에게 장애가 있을 때 엄마들은 근원적인 죄책감에 시달린다.

아이에게 장애가 있거나 생명을 좌우할 만큼 심각한 질환이 있는 것은 어찌 보면 경제적인 문제보다 더 큰 위기다. 이런 위기에 처하면 가족 안에서는 '다브다 반응(dabda reaction)'이 나타난다. 처음에는 어느 집이나 부인한다(Denial). "우리 아이가 절대 그럴 리가 없어. 우리 애가 어떻다고 그래? 다른 데 가보자"라고 반응한다. 다음 단계에서는 화를 낸다(Angry). "어떻게 우리한테 이런 일이 있을 수가 있어? 살면서 나쁜 짓 한 번 한 적도 없는데. 다들 아무 일 없이 잘 살잖아" 하면서 세상에 대한 엄청난 분노를 드러낸다. 또한 이 단계에서 그동안 서운했던 처가 혹은 시가에 대한 불만도 터진다. 엄마들의 경우 "나 임신했을 때 당신이 조금만 잘해줬어도, 시가에서 나를 조금만 배려해줬어도 내가 그렇게 스트레스를 받지는 않았을 거야! 그럼 우리 애가 건강했을 텐데, 이게 전부 당신 탓이야!"라며 원망한다. 다음 단계에서는 협상을 한다(Bargain). '아이만 낫게 해준다면 뭐든 하겠다'는 자세가 되어 종교에 몰두하고, 전국 방방곡곡의 점쟁이를 찾아다닌다. 이상한 민간요법을 쓰기도 하고, 각종 명의도 만나본다. 그러다가 다음 단계에서는 굉장히 우울해진다(Depress). 이 단계에서 아빠들은 술독에 빠지기도 하고, 엄마들은 괴로움을 잊기 위해 돈을 쓴다거나 바람이 나기도 한다. 또 아이한테 지독하게 화를 내기도 한다.

아이가 좀 클 경우, 아이는 건강하지 못한 자기로 인해 집안이 위기를 맞게 된 것을 보며 죄스러워한다. '차라리 내가 죽는 게 낫겠다. 나만 없으면 우리 부모도 행복하지 않을까'라는 생각에 극단적인 결심을 하기도 한다. 이 단계에서는 아이를 위해서라도 부모가 서로 격려하며 건강하게 살 수 있도록 노력해야 한다. 우울한 단계를 잘 극복하면 결국, 이 상황을 순순히 받아들인다(Accept). 그런데 많은 가족이 5번째 단계까지 이르지 못한 채 해체된다. 엄마가 도망가거나 아빠가 이혼을 요구하기도 하고, 시가에서는 엄마에게 아이만 데리고 나가라고도 한다.

사례로 든 아이의 아빠 또한 네 번째 단계인, 부부가 모두 우울해지고 자포자기하는 단계를 넘어서지 못했다. 많은 아빠들이 이 단계에서 아이의 치료를 포기한다. 돈이 없어서가 아니라 돈을 들여봤자 나을 문제가 아니라는 이유에서다. 아빠들 중에는 의사, 변호사 등 직업이 번듯하고 연봉이 꽤 높은 전문직도많다. 이런 아빠들이 아이의 치료를 중단하겠다는 말의 의미는 모자란 자식을지원하지 않겠다는 것이 아니라, 차라리 치료에 들어갈 돈을 아껴서 이다음에아이가 혼자 살아갈 때 주겠다는 것이다. 아이의 장애에 대한 지원에서 '효율성'을 따지는 것이다.

치명적인 질환이 있거나 장애가 있는 아이들을 치료하고 교육시키는 것은 성과와 상관없이 부모가 해야 하는 최선이다. 아이에게 아무 변화가 없더라도 부모는 부모니까 반드시 최선을 다해야 한다. 돈이 없어서 어쩔 수 없이 치료를 포기하는 경우가 아니라면 절대 포기해서는 안 된다. 치료를 해봤자 뾰족한 효과가 보이지 않는 것 같다며 치료를 중단하겠다는 아빠는, 본인은 아니라고 하겠지만, 나는 아이를 사랑하지 않는 것이라고 본다. 아이에 대한 부모의 사랑은 조건이 없어야 한다. 아이가 잘났건 못났건 사랑해주고 최선을 다해야 한다.

아빠가 이렇게 나오면 엄마와는 당연히 사이가 안 좋아진다. 이혼한 것보다도못하게 사는 부부들이 많다. 때때로 엄마들은 정말로 이혼하고 싶다고 말한다.하지만 아이를 돌보기 위해서는 더럽고 치사해도 경제적 지원을 받아야 하기때문에 이혼할 수 없다고 고백한다. 물론 헌신적인 아빠들도 많다. 나는 치료가 필요한 아이를 위해 투잡(두 가지 직업)도 모자라 포잡(네 가지 직업)까지 하는 아빠도 봤다. 도움이 필요한 아이를 위해서 자신이 할 수 있는 성공의 기회를 잠시 접는 아빠들도 많다. 많은 경우, 치료가 필요한 아이를 대하는 부모의 태도는 얼마나 좋은 대학을 나와서 얼마나 많은 연봉을 받느냐와는 별개의 문제다. 그것은 개인이 가지고 있는 철학의 문제다. 내가 이 아이를 어떤 시각으로 바라보고, 부모로서 어떤 역할을 해주어야 하는지에 대한 가치관이 올바르게 정립되어 있느냐로 결정되는 철학의 문제인 것이다.

장애가 있는 아이를 키우는 것은 감당하기 버거운 큰 짐을 평생 어깨에 짊어지고 사는 것과 같다. 현실이 너무 척박하고, 몸도 마음도 굉장히 힘들 것이다. 그래서 어떤 위로도 모두 공염불 같은 말로 들릴 것이라는 걸 잘 안다. 하지만 부모라는 이름으로, 한 인간에게 평생 사랑을 주기 위해 최선을 다해보는 경험은, 인간으로 태어나 감히 최고라고 할 만큼 가치 있는 일이라고 생각한다. 인생에서 완수해야 하는 큰 사명을 해나가는 과정에서 인간으로서 더 성장하고 성숙되어 갈 것이다.

'앞으로 어떻게 될까? 내가 늙으면 이 아이는…' 장애가 있는 아이를 키우다 보면 문득문득 앞으로의 일이 걱정될 때가 많다. 엄마들이 많이 하는 말이 있다. "원장님, 저는 '목표' 같은 것 없어요. 그냥 하루하루 살아요. 아침에 눈을 뜨면 '오늘 너랑 나랑 큰 사고 없이 잘 지내자'고만 마음먹어요." 맞는 말이다. 힘들 때가 더 많지만, 아이와 있는 모든 순간이 언제나 괴롭지는 않을 것이다. 예쁘고 신기하고 고맙고, "어머, 얘가 이런 것도 할 줄 아네?" 하면서 환희를 느낄 때도 있을 것이다. 미래는 미리 걱정한다고 대비할 수 있는 것이 아니다. 매일매일 아이와 다른 것들을 경험하면서 오늘 하루만 잘 버티면 된다. 오늘 하루 잘 살았으면 그것으로 된 것이다. 내일은 또 내일 하루만 잘 살면 된다.

끝으로, 혹여 지금껏 잘 감당해오다가 어느 날 갑자기 삶을 포기하고 싶을 만큼 힘들어지면, 주저 말고 전문가를 찾아 꼭 도움을 받기를 바란다.

배우자를 육아 동지에서 적으로 만드는 말

Stop Daddy!

· 효과도 없는 치료, 그만하자.

· 괜한 돈 낭비야.

· 이게 다 당신 탓이잖아.

Stop Mommy!

· 불쌍하지도 않아? 어떻게 그렇게 말해?

· 당신 필요 없어. 나 혼자라도 치료는 계속할 거야.

· 나 임신했을 때 좀만 잘해줬어 봐, 이렇게 됐나.

불안이
불안을
만났을 때

일정한 정도의 불안을 가지고 균형을 잡고 살아가면, 배우자를 만나 결혼을 하든 아이를 낳아 부모가 되든 별 문제가 되지 않는다. 배우자나 아이의 불안을 서로 흡수하여 줄여줄 수 있기 때문이다. 하지만 그 불안이 적당한 선을 넘어서면 오히려 불안이 없는 배우자나 아이까지 불안하게 만들고, 불안한 배우자나 아이는 그들의 불안을 더욱 증폭시킬 수도 있다. 불안을 가졌느냐, 갖지 않았느냐에 따라 달라지는 부부 관계와 부모 자녀 관계를 살펴본다.

불안한 남편 + 불안한 아내

부부간의 역동 어느 한쪽이 불안을 흡수하지 못해 불안이 증폭된다. 똑같은 모습의 불안이든 다른 모습의 불안이든 불안을 가진 사람은 다른 사람의 불안을 이해하지 못한다. 다른 사람의 불안을 이해할 수 있는 마음의 여유가 없기 때문이다. 만약 뭐든지 지나치게 완벽하게 해내야 하는 불안을 가진 사람과 뭐든지 끝까지 해내는 것에 대한 불안이 있는 사람이 만났다면, 서로의 불안을 이해하지 못하고 불안을 더 자극한다. 건강에 대해 지나치게 걱정하는 두 사람이 만났다면, 한 사람이 자신의 건강에 대해서 지나치게 불안해할 때 다른 쪽이 그 마음을 더 부채질할 수도 있다. 이 역시 불안을 증폭시킨다.

불안한 아이와의 역동 엄마 아빠에게 선천적으로 불안을 물려받아 아이는 생물학적으로 매우 불안한 상태일 수 있다. 또한 두 사람의 양육 환경이 계속 아이의 불안을 자극하기 때문에 아이가 불안을 다루는 법을 잘 배우지 못할 수 있다. 이런 아이일수록 엄마 아빠가 아닌 안정된 정서를 가진 사람과 지내는 시간을 늘려주어야 한다.

안 불안한 아이와의 역동 불안하지 않은 아이는 매사에 마음이 편안하기 때문에 행동이 느긋하다. 하지만 이런 아이가 불안한 부모의 불안한 양육을 받으면 마음이 불편한 아이로 자란다. 불안한 엄마는 아이의 느긋한 모습을 보면 더 불안해져서 "너 이거 빨리 안 하면 어떻게 하려고 그래"라고 끊임없이 재촉한다. 아이는 부모가 주입하는 불안을 학습하여 부모처럼 불안한 사람으로 자랄 수도 있고, 부모의 말을 모두 무시하는 사람으로 자랄 수도 있다. 전자는 아이가 부모만큼 불안해하지 않으면 부모가 가만두지 않기 때문에 불안을 학습한 것이고, 후자는 부모와 의논해봤자 문제만 커진다고 생각해 자신이 살기 위해 부모의 말을 무시하는 것이다. 후자는 부모가 주는 정상적인 조언조차 듣지 않아 더 큰 문제가 된다. 이런 경우 모두 아이가 무슨 일이 생겼을 때, 부모와 마음을 터놓고 허심탄회하게 의논하는 것이 불가능하기 때문에 부모와 자녀와의 관계가 소원해진다. 따라서 이런 경우 아이에 맞는 느긋한 양육 태도를 보이도록 노력해야 한다.

불안한 아이와 안 불안한 아이 간의 역동 불안한 아이가 불안하지 않은 아이를 끊임없이 통제하려고 든다. 즉, 부모가 하는 것처럼 자꾸 잔소리를 한다. 불안하지 않은 아이는 자신의 주변이 온통 불안하기 때문에 마음이 불편해지고, 본인이 편하기 위해 그 자극을 멈추고 싶어 한다. 따라서 소리를 지르거나 화를 내고, 불안한 아이가 동생인 경우 큰아이가 폭력적으로 대하기도 한다.

불안한 남편 + 안 불안한 아내

부부간의 역동 불안하지 않은 아내가 성격이 섬세하고 다른 사람을 잘 헤아리는, 즉 불안 정도가 건강한 수준이라면, 남편의 불안을 흡수할 수 있어 원만한 부부 관계를 유지할 수 있다. 불안이 적당하면 가장 건강한 심리 상태를 유지할 수 있기 때문에, 불안이 아예 없는 것보다는 적당 수준 가지고 있는 것이 부부 관계나 아이와의 관계에서 바람직하다. 불안한 남편은 불안이 높지 않은 건강한 아내가 자신이 불안해할 때마다 품어주기 때문에 아내를 굉장히 소중하게 느낀다. 그런데 아내가 불안이 전혀 없는 정도라면 오히려 문제가 커진다. 아내는 대책 없이 용감한 행동을 툭툭 하고, 불안하지 않기 때문에 앞으로 일어날 위험한 결과를 전혀 예측하지 못한다. 남편은 여윳돈이 500만 원은 있어야 마음이 편해서 아내에게 "생활비 좀 아껴 써"라고 말하는데, 아내는 대책 없이 "쪼잔하게 왜 그래? 어떻게 되겠지"라면서 계속 지출하면, 남편은 불안이 더욱 증폭되고 부부 사이도 나빠진다.

불안한 아이와의 역동 불안의 정도가 건강한 엄마라면, 아이와 아빠의 불안을 모두 품어주어서 문제가 되지 않는다. 하지만 대책 없이 불안이 전혀 없는 엄마라면, 아이도 아빠가 느끼는 심정을 비슷하게 느낀다. "엄마, 아빠가 아껴 쓰라잖아. 그만 좀 써. 우리 어떻게 살아"라고 말하며 아빠처럼 엄마를 참 대책 없다고 생각한다. 또 한편으로는 불안한 아빠가 자신을 자꾸 더 불안하게 압박한다고 느낄 수 있다. 불안 정도가 건강한 엄마는 이런 상황에서도 아이를 품고 달래주지만, 대책 없이 불안이 전혀 없는 엄마는 아이의 불안마저 증폭시킨다.

안 불안한 아이와의 역동 불안한 남편이 느끼는 것이 많다. 자신처럼 불안해하지 않는 아이를 보면서 남편은 아이가 아내처럼 아무 대책이 없다고 느낀다. 앞으로 일어날 위험하고 부정적인 결과를 전혀 예측하지 않는 아내와 아이의 태도에 화가 나기도 한다. 아빠의 불안은 두 사람의 자극으로 인해 더더욱 증폭될 수 있다. 특히 대책 없이 불안해하지 않는 아이는, 불안한 아빠가 하는 이야기 중에 중요하고 필요한 것이 많음에도 불구하고 잘 듣지 않을 수 있다. 하지만 아이의 불안 정도가 건강한 수준이라면 아이 또한 아빠의 불안을 흡수할 수 있어 문제가 되지 않는다.

불안한 아이와 안 불안한 아이 간의 역동 아이들 사이에서도 불안한 배우자와 안 불안한 배우자가 보이는 역동이 똑같이 일어난다. 불안한 아이가 불안하지 않은 아이를 과잉 통제하거나 과잉 개입하는 행동을 보이고, 안 불안한 아이는 형제가 주는 불안에서 빠져나오기 위해 서로 갈등하는 구도가 된다.

안 불안한 남편 + 불안한 아내

부부간의 역동　남편의 불안 정도가 건강한 수준이라면 아내의 불안을 잘 다루고 흡수하여 부부 관계에 아무런 문제가 없다. 그런데 남편이 적당한 불안조차 없는 대책 없는 사람이라면 아내는 너무너무 불안해진다. 이때 아내가 느끼는 불안은 앞서 살펴본 불안한 남편이 안 불안한 아내에게 느끼는 것보다 훨씬 더 크다. 왜냐하면 대책 없는 남편은 대책 없는 아내와는 규모 자체가 비교도 되지 않는 큰 사고를 치기 때문이다. 지른다고 표현할 정도로 돈을 쓰고, 사업도 결과를 예측하지 않고 마구 벌인다. 잘못하면 가정이 위태로울 수 있다. 때문에 이때 아내가 느끼는 불안은 도를 지나치게 된다. 이런 경우 아내는 남편을 신뢰하지 못하고 믿음직스럽게 보지 않는다.

불안한 아이와의 역동　역동은 앞서 '불안한 남편＋안 불안한 아내'의 경우와 같다.

안 불안한 아이와의 역동　역동은 앞서 '불안한 남편＋안 불안한 아내'의 경우와 같다.

불안한 아이와 안 불안한 아이 간의 역동　역동은 앞서 '불안한 남편＋안 불안한 아내'의 경우와 같다.

안 불안한 남편 + 안 불안한 아내

부부간의 역동　불안을 적당히 가진 정도라면 굉장히 바람직한 부모 관계, 부모와 자녀 관계를 가질 수 있다. 하지만 두 사람 모두 대책 없이 적당한 불안도 없을 경우에는, 도

가 지나치면 범죄까지 일으킬 수 있다. 그 정도는 아닐지라도, 만약 꼭 있어야 하는 불안
도 없이 용감무쌍하다 보면, 부부간에 서로 건드리는 부분은 없겠지만 필요한 대책을 세
우는 능력이 전혀 없기 때문에 아이를 낳고 키우는 과정을 너무 힘들어한다. 양육은 끊
임없는 대비와 대책이 필요한 분야이다. '닥치면 하지'라는 생각만으로는 아이를 잘 키
울 수 없다. 아이를 키우려면 가정 상비약은 물론이고, 기저귀나 육아용품도 미리미리
준비해두어야 하는 것이 많다. 외출을 할 때도 많은 것들을 미리 예상해야 한다. 이런 것
들이 부족하면 본인들이 육아 스트레스를 받는 것은 물론이고, 아이가 받는 양육의 질도
떨어질 수 있다.

불안한 아이와의 역동　부모가 전혀 불안하지 않기 때문에 불안한 아이는 마음이 너무
불편하고 외롭다. 예를 들어 아이가 "엄마, 쟤가 나를 자꾸 놀려서 너무 속상해"라고 말
하는데, 엄마는 대책 없이 "가서 때려줘. 엄마가 다 물어줄게"라고 해버리면 아이는 당
황해한다. 아이가 느끼는 섬세한 감정에 대해서 부모가 하찮게 여기면 아이는 굉장히 힘
들어한다.

안 불안한 아이와의 역동　아이는 부모가 대비하고 대책을 세우는 모습을 보면서 위기에
대비하고, 그에 대한 대책을 어떻게 세워야 하는지를 배운다. 그런데 대책 없이 안 불안
한 부모에게서 태어난 대책 없이 안 불안한 아이는, 결과를 예측해서 미리 자신을 조절
하는 방법을 전혀 배우지 못할 수 있다. 또한 대책 없이 똘똘 뭉친 이 가족은 본인들끼리
는 아무 문제 없지만 주변 사람에게 많은 민폐를 끼칠 수도 있다.

불안한 아이와 안 불안한 아이 간의 역동　역동은 앞서 '불안한 남편+안 불안한 아내'의
경우와 같다.

세 번째

행복한부모가
행복한아이를
만든다

부모의 불안이 높으면 아이는 종종
부모의 불안을 해결하는 도구가 된다.
때문에 부모의 불안은 아이의 불안을 낳는다.

사실 누구에게나 불안은 있다.
제각기 성격이 다르고 사는 방식이 다르듯,
각기 다른 형태의 불안을 가지고 있을 뿐이다.
그러나 누구는 불안 때문에 미칠 것 같고,
누구는 불안을 가지고도 행복하게 살아간다.

그 차이는 뭘까?
우리도 이 불안한 시대에
행복할 수 있을까?

행복한 부모가
되려면

모성, 아이를 지키는 신비한 본능

남편들이 아내에게 갖는 대표적인 불만이 있다. "아이라면, 아이를 위한 것이라면, 아내는 이성을 잃어버리는 것 같다." 지금 딱히 필요가 없어도, 집안 경제 상황에 무리가 되어도, 객관적으로 전혀 걱정스러운 상황이 아닌데도, 엄마들이 소위 '오버'를 한다는 것이다. 앞서 말했지만 엄마들은 종족 보존을 위한 보살핌 본능으로 그럴 수밖에 없다. 원시인류 때부터 엄마의 본능은 그렇게 자연선택되어진 것이다. 연약한 인간의 아이가 성인이 될 때까지 안전하게 성장하려면 누군가의 절대적인 보호가 필요하다. 그 역할을 맡은 것이 바로 '엄마'이다. 런던대학교의 안드레아스 바르텔스 박사는 이러한 엄마들의 본능을 뇌 영상 촬영으로 보여주는 실험을 했다. 그는 젊은 엄마 20명에게 세 종류의 사진을 보여주고 그들이 각각의 사진을 볼 때 보이는 뇌 영상을 촬영했다. 세 종류의 사진이란

326

자신의 아이들, 잘 알고 지내는 아이들, 성인인 친구들의 사진이었다. 촬영 결과, 흥미로운 사실이 발견되었다. 젊은 엄마들은 자신의 아이들 사진을 볼 때, 음식이나 금전적인 보상을 받으면 활동하는 뇌 영역이 활성화되었다. 이 영역이 활성화되면 비판적 사고나 부정적 감정을 일으키는 뇌 활동은 줄고, 행복감이나 도취감을 일으키는 뇌 활동이 늘어난다. 재미있는 것은 이때의 뇌 활동 모습이 로맨틱한 사랑에 빠진 연인들의 뇌 활동 모습과 흡사하다는 것이다. 엄마들이 자신의 아이에 대해 감성적이 되어버리는 것은 아이를 끔찍이 사랑하도록 뇌에 프로그래밍되어 있기 때문이다. 소위 사랑을 하면 '눈에 콩깍지가 씐다'고 말하는데, 아이를 바라볼 때 엄마의 뇌가 그런 상태다. 성인이 사랑에 빠지면 유효기간이 보통 2년이라고 하는데, 엄마의 뇌는 아이를 키우는 20년 동안 계속 그런 상태인 것이다.

엄마를 더욱 엄마 되게 만드는 옥시토신이라는 호르몬도 아빠가 이해할 수 없는 엄마의 행동을 설명해준다. 옥시토신은 엄마의 몸에서 분만과 수유를 촉진하고 육아의 민감성을 높이는 호르몬으로, 상대에 대한 신뢰감을 높이는 작용도 한다. 스위스 취리히대학교의 에른스트 페르 박사는 옥시토신을 코에 뿌렸더니 상대에 대한 신뢰감이 증대되었다는 연구 결과를 발표했다. 그는 128명의 남자에게 일정한 금액을 준 후, 투자상담사의 설명을 듣고 본인의 의사대로 투자를 해보는 실험을 했다. 128명의 실험 참가자는 두 집단으로 나뉘었는데, 한 집단은 코에 옥시토신을 뿌렸고 다른 집단은 옥시토신을 뿌리지 않았다. 실험 결과, 옥시토신을 뿌린 집단이 그렇지 않은 집단보다 두 배 높은 투자율을 보였다. 옥시토신이 왕성하게 분비되는 임신 막달부터 수유 기간 동안, 엄마들이 다른 사람의 말을 유독 잘 믿어 아기와 관련된 불필요한 물건들을 구입하게 되는 이유도 바로 이 옥시토신 탓일 수도 있다.

진화심리학자들은 엄마들의 강렬한 모성 본능을 번식 속도로도 설명한다. 아빠는 상황만 되면 평생 수백 명의 아이를 가질 수 있지만 엄마는 일생 동안 최대한 가질 수 있는 아이의 수가 20~30여 명밖에 되지 않는다. 엄마와 아빠가 아이에게 부여하는 가치가 다르다는 것이다. 미국 애리조나대학교 심리마케팅학과 로버트 치알디니 교수는 이것을 노력에 비례한 가치로 설명하였다. 사람은 자신이 엄청난 노력을 기울인 일일수록 높은 가치를 부여하는데, 엄마와 아빠가 아이를 갖게 되기까지 부여하는 노력의 시간이 다르다는 것이다. 아빠는 아이를 갖는 과정에서 적은 시간만 투자해도 되는 반면, 엄마는 열 달을 투자해야 한다. 어렵게 얻는 것일수록 귀하게 여긴다고 하면, 어렵게 얻는 쪽인 엄마가 아빠에 비해 아이를 더 귀하게 여긴다고도 설명할 수 있다.

예전에 아이의 문제 행동을 교정하는 방송 프로그램에서 한 아이의 엄마를 만났다. 다섯 살 난 그 남자아이는 엄마에게만 한 마디도 하지 않는 문제 행동을 보이고 있었다. 세 살 때까지 자신을 돌봐준 할머니에게는 애교도 부리고 나이답지 않게 할머니에 대한 걱정도 하였다. 또 한 살 많은 누나와도 조잘조잘 잘도 떠들면서 엄마에게만 아무 말도 하지 않았다. 마트에 가서 엄마가 "뭐 사줄까?" 해도 고개로만 가리킬 뿐 말을 안 했다. 심지어 처음 만난 나에게도 다정하게 말을 건네고, 놀이 중에도 내 질문에 또박또박 대답을 잘하면서 아이는 유독 엄마에게만 말을 안 했다. 원인을 알아보기 위해 엄마와 아이의 24시간을 촬영하고 나서 나는 깜짝 놀랐다. 엄마는 아이가 마음에 들지 않는 행동을 할 때마다 성인도 공포스러울 만한 태도로 아이를 대했다. 놀이 중 경찰 역할은 안 하고 범인 역할만 한다는 이유로 아이를 발로 차고 아빠랑 통화할 때 울지 말라고 했는데 계속 운다고 휴대폰으로 아이의 입을 때렸다. 엄마 말에 대답하지 않는다며 목 뒷덜미를 잡고 베란다로 내쫓기까지 했다. 보통 이 프로그램은 문제 행동을 하는 아이와 엄마의 하루를 촬영하여, 제작팀과 전문가와 부모가 함께 그 화면을 보면서 이야기를 나누는 자리를 마련한다. 엄마들은 평소 의식하지 못했던 자신의 행동을 보고 깜짝 놀라며 창피해하고, 아이한테 굉장히 미안해하며 눈물을 흘리고, 그동안의 행동을 뉘우친다. 본인이 아이한테 하는 행동을 제3자의 입장에서 보면, 전문가가 굳이 말을 해주지 않아도 '변해야겠다'고 생각하는 것이 모성이다. 그동안 내 잘못된 행동 때문에 아이가 얼마나 많이 힘들었을까 생각하며 아이를 꼭 껴안고 하염없이 우는 것이 바로 모성이다.

그런데 놀랍게도 이 남자아이의 엄마는 영상을 보고 눈물을 흘리지도, 아이에게 미안해하지도 않았다. 오히려 "저 아이가 나한테 한 것에 비하면 저건 별것 아니에요"라는 말을 했다. 제작팀은 물론이고, 방송에 참여한 전문가들조차 입이 딱 벌어질 만큼 놀라운 광경을 연출한 엄마의 대답치고는 너무나 의외였다. 엄마가 남자아이를 대하는 모습은 그야말로 학대였다. 어찌된 사연일까? 엄마라면 그럴 리가 없는데…. 알고 보니 엄마는 이 아이를 출산할 때 과다 출혈로 며칠 혼수 상태로 있다가 깨어보니 자궁이 제거된 상태였고, 뇌하수체가 파괴되면서 평생 호르몬을 조절하는 약을 먹어야 하는 '쉬한 증후군(Sheehan Syndrom)'에 걸려 있었다. 엄마는 남자아이를 볼 때마다 그때의 상처가 떠올라 아이를 가해자라고 생각했다. 그런 엄마의 아픔은 십분 이해하지만, 그렇다고 해서 아무것도 모르는 아이에게 그런 행동을 하는 것은 절대 용인할 수 없었다. 남자아이의 발달 상태는 학대받은 아이들이 대부분 그렇듯 또래에 비해 많이 뒤처져 있었다. 뇌의 일정 부분은 제 기능을 하지 못하는 심각한 상태였다. 나는 엄마에게 물었다. "만약 자동차가 이 아이를 덮치려고 할 때 엄마는 뛰어들지 않을 겁니까?" 엄마는 대답했다. "아니요. 당연히 뛰어들겠죠." "그때 만약 다친다면 뛰어든 것을 후회하시겠어요? 그것이 모성입니다. 비록 자궁을 잃고 평생 약을 드셔야 하지만 대신 아이라는 축복을 얻으셨지 않습니까?" 엄마는 그 한마디에 지난날의 잘못이 후회스러운 듯 한동안 눈물을 멈추지 못했다. 그리고 여러 전문가들의 도움을 받아 자신의 육아태도를 바꾸려는 노력을 아끼지 않았다. 한 달도 안 되는 짧은 시간에 엄마는 놀랄 만큼 따뜻한 사람으로 변해 있었다. 나는 그것이 모성이라고 생각한다.

엄마들의 내면에는 자신도 어쩔 수 없는 아이에 대한 큰 사랑, 모성이 있다. 가끔 방송에 나온 엄마처럼 개인적인 상처나 아픔 때문에 모성을 잠깐 잊고 있을 수도 있지만, 대부분 순간의 깨우침만으로도 자기 안에 있는 모성이 되살아난다. "신이 모든 곳에 있을 수 없어 어머니를 세상에 보냈다"라는 서양 속담처럼, 엄마는 인류의 생존을 책임지는 그런 존재이기 때문이다. 따라서 엄마가 갖는 모성에 대해 그 누구도 폄하하거나 가벼이 다뤄서는 안 된다. 모성이 없었다면 우리는 지금 온전히 살아 있는 것이 불가능하다. 그러나 이런 엄청난 본능을 엄마들은 조금 조심할 필요가 있다. 원시인류일 때는 눈에 불을 밝히며 아이를 먹이고 입히고 필요한 것을 구해야 했지만, 요즘은 세상이 달라져 물불 안 가릴 정도로 아이 일에만 고집할 필요가 없어졌다. 때문에 본능적으로 하는 행동이 가끔은 도가 지나칠 수 있으니 조심해야 한다. 타고난 모성 본능에 개인적으로 해결되지 않은 불안이 합쳐져 슈퍼 울트라 콩깍지를 쓴 상태에서 아이를 키울 수도 있으니, 혹시라도 자신이 비이성적으로 아이에게 몰입하는 것은 아닌지 순간순간 자문해볼 필요가 있다.

부성, 진화를 준비하라

원색적으로 말해, 30분만 투자하면 아이를 만들 수 있는 아빠. 이들에게 부성애는 없을까? 나는 이들에게도 엄마만큼이나 엄청난 부성애가 있다고 믿는다. 단지 이들의 부성애는 아직 원시인류의 상태에 머물러 있는 것이 문제다. 원시인류는 엄마와 아빠의 역할이 확연히 구분되어 있었다. 힘이 센 아빠들이 사냥을 해서 먹을 것을 구해 오는 임무를 맡았고, 엄마는 그 사냥감을 요리조리 궁리해서 아이와 남편의 먹을 것과 입을 것을 해결하는 일을 맡았다. 엄마들이 이런 역할을 잘해낼 수 있었던 것은 아빠들이 보호해주었기 때문이다. 연약한 인간의 아이가 생존하려면 엄마와 아빠의 역할이 모두 필요했다. 원시인류의 아빠는 맹수나 다른 부족과 싸움을 잘할수록 사냥감이나 전리품을 많이 가져올 수 있었다. 그들의 아이에 대한 사랑은 바로 그런 것이었다. 목숨을 걸고 날카로운 이빨과 발톱을 가진 맹수와 싸우고, 위험을 무릅쓰고 낯선 곳을 탐험했던 것은 바로 아이에 대한 사랑 때문이었다. 엄마의 사랑과는 그 모습이 다르지만 아빠들은 그런 형태로 아내와 아이를 보살펴왔다. 아이에 대한 아빠들의 이런 방식의 사랑은 엄마와 마찬가지로 진화론적 입장에서 자연선택된 것이다.

아빠들은 아이가 태어나면 무한 책임감을 느낀다. 원시인류가 아이가 태어나면 더 많은 사냥감을 잡아와야 했던 것처럼, 요즘 아빠들도 아이가 태어나면 엄청난 책임감을 느낀다. 뉴질랜드 넬슨 지역 보건위원회 연구에 따르면 처음으로 아빠가 된 남성 15%가 산후우울증에 시달린다고 한다. 미국의 한 연구기관이 몇 년 전에 밝힌 결과는 이보다 더 심각했다. 연구기관은 초보 아빠의 62%가 산후우울증의 초기 단계인 베이비 블루스를 경험한다고 밝혔다. 이는 산모들 중 70%가 경미한 산후우울증을 겪는다고 봤을 때, 초보 아빠들도 엄마들만큼 산후우울증에 시달린다는 것을 보여준다. 아빠들이 베이비 블루스를 느끼는 가장 큰 원인은 경제적인 부담 때문이다. 아빠들의 경제적인 부담감은 죄의식이 되기도 하고, 분노가 되어 아기를 낳은 아내한테 화를 내는 것으로 나타나기도 한다. 그런데 심각한 것은 엄마들의 산후우울증은 호르몬 탓이라 1~2개월이면 사라지지만 아빠들의 베이비 블루스는 심리적인 탓이라 가만두면 더욱 심해질 수 있다는 사실이다. 이때 필요한 것은 아내의 관심이다. 남편의 부담감을 이해하고, 관심을 가져주고, 아이와 편안히 함께 있을 수 있는 시간(육아를 도와주는 시간이 아니라)을 마련해야 한다.

아기가 태어나면 평소 다정했던 남편이 갑자기 냉정하게 변하기도 한다. 아기가 없던 신혼 시절에는 아내가 걱정을 하면 "걱정 마. 나만 믿어"라고 말하던 사람이, 아기를 낳고 나서는 "뭐 그런 것 가지고 걱정해"라고 말한다. 출산 후 남편이 이렇게 바뀌면 아내들은 남편이 예전만큼 자신을 사랑하지 않는 것 같아 불안하고 서운해한다. 그리고 자신에 대한 사랑을 아빠가 아이에게 보이는 관심으로 가늠하고 싶어 한다. 혹 남편이 출산 후 밖으로만 돌면(실은 경제적인 부담감에 일을 더 열심히 하고 있는지도 모른다) 냉정한 남편, 무관심한 아빠로 낙인 찍어버린다. 그런데 이 또한 부성애의 일종이다. 아내에게 보다 독립적일 것을 요구하는 것은 그래야만 아내가 내 아이를 안전하게 잘 키울 거라 생각하기 때문이다. 이 또한 원시인류 때의 아버지의 습성과 관련 있다. 사냥을 갈 때 아빠는 엄마에게 아이를 맡겨놓고 나가야 했는데, 아빠가 없을 때 다른 부족이나 맹수가 침입하면 엄마가 아이를 지켜내야 했다. 아빠들은 아이를 낳으면 본능적으로 아내가 이전보다 강인해지기를 바란다.

아빠들의 이런 변화는 아이나 아내를 사랑하지 않기 때문이 아니라 모두 유전적 또는 진화적으로 프로그램되어서일 뿐이다. 때문에 남편의 이러한 행동은 어느 정도 유전자에 계획된 부성애라고 보아야 한다. 그런데 우리 주변에 조금 다른 부성애를 보이는 사람들이 나타나기 시작했다. 사회가 변화하면서 가정에서의 아빠와 엄마의 역할이 많이 달라졌고, 문화적인 환경 또한 원시인류의 그것과 다르기 때문인지, 조금씩 변화한 아버지들이 나타난 것이다. 요즈음 아버지의 모습은 더 이상 원시인류처럼 싸움을 해서 아내와 아이를 지킬 필요가 없어서인지, 조금은 어머니의 모습과 닮아 있다. 좀 더 다정해지고 친절해지고, 튕겨 나가기보다는 안으로 들어와서 보살피고 보호하는 모습을 취한다. 그리고 엄마와 아이는 이런 아빠들을 더 반갑게 맞이하고, 아이의 발달이나 부부 관계에서도 좋은 점수를 받고 있다. 나는 이런 아빠들이, 다른 많은 아빠들에 비해 한 걸음 진화했다고 생각한다.

진화는 생물이 현재 살고 있는 환경 속에서 생존에 유리한 형태로 점차 발달되어가는 것을 말한다. 대부분의 생물은 암컷이 새끼를 키운다. 그것이 그들의 종족 보존에 유리하기 때문이다. 하지만 몇몇의 동물은 수컷이 새끼를 키우는 일을 담당하기도 한다. 해마류의 일종인 해룡은 암컷이 수컷의 꼬리에 200여 개의 알을 낳는다. 수컷은 몇 주 동안 이 알을 키워서 부화시킨다. 해룡의 경우 매우 약한 실고기과라 알을 낳는 행위 자체도 힘이 들고, 알을 품는 것 자체도 힘이 들어 종족 보존을 위해 그 역할을 나눠서 하는 듯하다. 뉴질랜드의 날지 못하는 새인 키위 또한 암컷이 알을 낳으면 수컷이 알을 품는다. 알이 몸에 비해 너무 크기 때문에, 알을 낳아 기력이 남지 않은 암컷이 제대로 품을 수가 없기 때문이다. 암컷 키위는 알을 낳자마자 들판으로 달려가 정신없이 먹이를 주워 먹고 기력이 회복되면 다시 알을 낳는다. 만약 암컷이 알까지 품는다면, 아마 기력을 회복하기 어려워 다음 알을 낳는 것이 늦어지고, 그 탓에 개체 수가 무척 줄어들었을 것이다. 황제펭귄 또한 마찬가지다. 암컷이 야구공 두 배만 한 알을 낳고 먹이를 먹기 위해 바다로 달려가면, 수컷이 꼿꼿이 선 채로 남극의 찬바람을 맞으며 두 달 넘게 먹지도 않고 알을 품는다. 알이 부화할 즈음 수컷 황제펭귄의 체중은 절반 이상으로 줄어든다. 그런데도 알에서 깨자마자 배고파하는 새끼들을 위해 위속에 저장해둔 비상식량을 토해서 먹인 후, 바로 새끼에게 줄 먹이를 구하러 바다로 나간다고 한다.

인간도 이와 다르지 않다. 동물들이 개체의 특징에 맞게 암컷과 수컷의 역할이 달라지는 것처럼, 인간도 달라진 환경에 따라 적응하며 엄마 아빠의 역할이 진화하고 있다. 너무나 오랫동안 프로그래밍되어 있는 유전자 때문에 이는 여전히 어려운 일이겠지만, 우리가 사는 환경은 더 이상 옛날 아버지의 모습을 원하지 않는다. 요즘은 권위적이고 무시무시한 위세를 가진 아버지보다 자상하고 친절한 아버지, 남편을 원한다. 나는 요즘의 아버지들이 자기 안에 있는 아이에 대한 사랑을 부끄러워하지 않고 드러내야만 그 진화가 가능하리라 본다. 이미 아빠들의 몸 안에서 그런 진화가 일어나고 있기 때문이다. 아내에게 매일 바쁘다는 핑계(?)를 대며 "알아서 좀 키워"라고 말하지만, 요즘 아빠들의 몸 안에서는, 아내가 아기를 갖는 순간 엄마와 같은 변화가 일어난다. 나는 이러한 변화가 아이를 엄마와 아빠가 함께 키워야 하는 명백한 증거라고 믿는다.

영국의 심리학자 트리도우언은 예비 아빠의 65%가 임신한 아내와 같이 구토 등 심리적, 육체적 증상을 겪는다고 밝힌 바 있다. 캐나다의 연구진은 아내가 임신한 동안 아빠의 뇌에서는 프로락틴, 코르티솔, 테스토스테론 등 호르몬 수치가 변화한다는 사실을 보고했다. 아내의 출산 직전 아빠의 몸에서는 양육과 젖샘을 자극하는 프로락틴 수치가 20%나 상승하고, 스트레스 호르몬인 코르티솔 수치도 두 배로 오르면서 갓 태어난 아기를 키우기 위한 민감성과 경계성도 증가한다는 보고가 있었다. 또한 남성호르몬이라고 알려진 테스토스테론은 아이가 태어난 후 얼마 동안은 3분의 1 수준으로 급격히 감소하고, 에스트로겐 수치가 평상시보다 훨씬 더 증가한다. 때문에 엄마만큼은 아니지만 아빠들도 아내가 임신한 순간부터 자상한 아빠가 될 준비를 하고 있다고 보아야 한다. 환경이 변하면 우리 몸은 호르몬들이 변화하면서 그 환경에 유리하게 적응할 수 있도록 도와준다. 갑자기 아내를 잃은 남자의 몸에는 아이들과 자신을 스스로 보살필 수 있도록 여성호르몬이 급격히 늘어나기도 한다. 반대로 남편을 잃은 여자의 몸에서는 남편의 보호 없이 자신과 아이를 지켜낼 수 있도록 남성호르몬이 증가하기도 한다.

스위스 바젤대학교의 에리히 세이프리츠 박사는 아이를 가진 성인 남녀와 아이가 없는 성인 남녀가 각각 아기의 웃음소리와 울음소리에 어떻게 반응하는지 살피는 연구를 했다. 그는 아기의 웃음소리와 울음소리를 녹음하여 각각의 성인들에게 들려주고 그때 일어나는 뇌의 변화를 영상으로 촬영했다. 그런데 아이를 가진 집단과 아이가 없는 집단의 차이가 확연했다. 아이를 가진 집단은 남녀 모두 웃음소리보다는 울음소리에 뇌가 더 많이 반응한 반면, 아이를 가지지 않은 집단은 울음소리보다는 웃음소리에 뇌가 더 많이 반응했다. 에리히 세이프리츠 박사는 이 반응을 경험에 의해 학습된 것이라고 말했다. 아이를 가진 성인 남녀에게 아이의 울음이란 즉시 부모가 돌봐주어야 할 경보이다. 하지만 아이가 없는 성인의 뇌는 그런 학습이 부족하다. 그의 연구 결과는 부모의 뇌세포와 부모가 아닌 사람의 뇌세포가 다르게 반응한다는 것을 보여주었다. 자신의 성이 남자든 여자든 상관없이 '부모'라는 이름을 얻었을 때 일어나는 변화임을 아빠들이 기억했으면 좋겠다. 모성애가 선천성이라면 부성애는 다분히 후천성이다. 하지만 모성애 못지않게 부성애도 숭고하고 아이를 위해서 꼭 필요하다. 이것은 아빠들 자신뿐 아니라 엄마들 또한 반드시 알고 있어야 하는 점이다.

내 아이는 내 생각대로, 내 말대로 해야 한다?

어느 날 갑자기 초등학교 때 남자 선배에게서 다급한 전화가 걸려왔다. 아들이 자신을 경찰에 신고했다며 아들을 데리고 급하게 나를 찾아왔다. 선배의 아들은 중학교 2학년으로 내 눈에는 굉장히 똑똑하고 착해 보였다. 그런데 상담이 시작되자 아이는 자신이 이 세상에서 가장 싫어하는 사람이 아버지라는 말부터 꺼냈다. 아이의 감정은 어느 날 갑자기 생긴 것이 아니었다. 아이는 아주 어릴 때부터 아빠가 싫었다고 했다. 나는 "왜 아빠가 싫으니?"라고 물었다. 아빠와 대화를 하면 아빠는 화부터 냈고, 항상 자신에 대한 비난과 질타로 대화가 끝난다고 했다. 아빠는 가부장적이고 권위적인 사람이라, 자신이 아빠 말대로 하지 않으면 화를 내며 폭력적으로 변한다고 말했다. 아이가 아빠에게 느끼는 적대감은 생각보다 커 보였다.

아이가 아빠를 신고한 사건의 전말은 이러했다. 사건 전날, 선배는 아들과 말다툼을 벌이다 아들을 한 대 때렸다. 선배는 다음 날 아이와 대화를 시도하려고 자기 방에만 있는 아들에게 거실로 나오라고 했다. 아이는 아빠가 자기를 또 때릴 것이 두려워 아무리 불러도 나가지 않았다. 화가 난 선배는 아이를 한 대 또 때렸다. 아이는 무서운 나머지 경찰에 전화를 했고, 경찰이 출동해서 선배에게 다시는 아이를 때리지 말라는 다짐을 받은 뒤 돌아갔다.

내가 아는 한 그 선배는 아이가 말한 정도의 권위적이고 폭력적인 사람이 아니었다. 아이의 말을 듣고 선배를 만나 얘기를 들어보니, 아들은 자기를 폭력적이라고 말하지만 아이를 키우는 14년 동안 딱 세 번밖에 안 때렸다며 억울해했다. 아주 어렸을 적 엉덩이 때린 것이 한 번, 얼마 전 있었던 두 번이 전부라는 것이었다. 나는 "하지만 선배의 아들은 선배를 굉장히 권위적으로 느껴요. 아이를 절대 때려서는 안 돼요"라고 말했다. 선배는 성실하고 책임감이 강한 보통 아빠들 중의 하나였다. 선배에게 아이는 늘 책임이었다. 그런데 어느 날부턴가 아이가 의욕도 없고 동기도 없고 머리는 좋은데 공부도 열심히 하지 않는 것 같아 앞으로 살아갈 것이 걱정되어 좀 엄하게 대한 것뿐이었다. 책임감을 너무 강하게 느낀 나머지 선배는 아들이 자기가 생각하는 수준으로 올라올 때까지 늘 강압적으로 대했다. 그렇지 않으면 자신이 느끼는 걱정과 불안이 너무 크기 때문이었다. 많은 아빠들이 아이가 온전한 성인이 되어서 책임감 있게 인생을 살아갈 수 있도록 자신이 다리 역할을 해야 한다고 생각한다. 나아가서는 그 역할을 못 하면 내가 평생 동안 이 아이를 책임져야 하는 것이 아닌가 하고 불안해한다. 엄마들은 이 상황에 처했을 때 아빠만큼 불안해하지는 않는다. 혹여 성인인 아이를 부양하게 되더라도 뒷바라지는 당연하다고 생각하는 반면에, 아빠들은 아이가 정신적, 경제적으로 독립해서 떠나감으로써 홀가분해지고 싶어 하는 마음이 강하다.

우리나라 아빠들은 걱정이 생기면 아이를 권위적이고 강압적으로 대한다. 아이가 자신의 울타리에 있는 동안은 자기 말을 절대 거역해서는 안 된다고 생각한다. 자신의 말을 거역하면 권위와 폭력으로 두려움을 주어 아이를 무릎 꿇게 만든다. 아이가 인사를 제대로 안 하면 "다음에는 인사 제대로 해라. 이런 것은 잘 배워둬야 해"라고 말하는 대신, "이놈의 새끼, 인사도 안 해!"라고 소리치며 손부터 올라간다. 아이가 영어 과외를 하고 있는데, 생각한 만큼 열심히 안 할 때 아빠는 "아빠가 영어를 잘하지 못하니까 많이 힘들다. 나는 너만 할 때 영어를 배울 수 있는 형편이 아니었거든. 기회가 있을 때 좀 배워두는 것이 이다음에 네가 좀 편할 거야"라고 말하면 될 것을, "네가 한 시간 과외하는 데 돈이 얼마 들어가는 줄 알아? 그 따위로 하려면 그만둬"라고 말한다. 이때 아이가 "그렇게 돈 아까우면 과외 끊으세요. 저도 하기 싫어요"라고 대답하면 아빠들은 화가 난 나머지 아이에게 폭력을 휘두르고 만다.

아빠들이 이런 행동을 하는 이유는 근본적으로 자신 안에 있는 불안 때문이며 그 불안은 아이와 내가 다른 사람이라는 것, 즉 아이를 자신과 개별화하지 못해서 일어나는 측면이 크다. 엄마들의 잔소리 또한 아이와 자신을 개별화하지 못해서 일어나는 행동이다. 엄마와 아빠가 모두 불안해하는 이유는, 그것이 아이 인생의 몫이라는 것을 인정하지 못하기 때문이다. 우리는 왜 그럴까? 나는 그것이 우리 사회가 유독 혈연, 가족 중심이기 때문이 아닌가 생각한다. 또 단일 민족, 한 핏줄이라 하나의 덩어리라고 생각하는 경향이 강하기 때문인 듯도 하다. 우리는 처음 만나는 사람에게 사는 지역, 고향, 본관 등을 물어보고 나와 한

덩어리의 요소를 갖춘 것이 있는지 찾는다. 우리는 남과 나를 분리해서 생각하기보다 하나의 덩어리로 생각하고 싶어 하는 경향이 강하다. 남도 그렇게 생각하는데, 나의 피와 살을 물려받고 태어난 아이한테는 오죽할까. 우리 부모들은 아이와 내가 다른 사람이라는 것을, 내가 존중해야 할 다른 인격체라는 사실을 인정하는 것에 익숙하지 않다.

나는 선배에게 물었다. "선배 아들이 왜 선배 말을 다 들어야 하는데요?" 선배는 눈이 휘둥그레졌다. "그렇잖아요. 선배와 선배 아들은 다른 사람인데, 왜 선배 말을 다 들어야 하는데요? 선배와 의견이 다를 수도 있는 거 아닌가요?" 했더니 한참을 생각한 선배는 "그런가?" 하고 대답했다. "당연하죠. 다른 생각을 가진 사람에게 내 생각을 이야기하려면 무엇이 옳고 그른지에 대한 생각을 묻고 의논도 해야 하는데, 선배는 그렇게 안 했잖아요" 했더니, 선배는 고개를 끄덕이면서 "그렇구나"라고 대답했다. "어쨌거나 선배가 계속 그런 식으로 아들을 대하면 더 큰일도 날 수 있겠어요. 문제가 더 심각해질 수 있다는 뜻이에요. 선배 의도가 아무리 좋아도 아이는 그렇게 대하면 안 되는 거예요"라고 말해 줬다.

우리나라 부모들은 자식이 자기를 닮아야 한다고 생각하기 때문에 자기 명령과 행동을 그대로 따라야 한다고 믿는다. 그래서 아이가 자신이 예상한 것과 다른 반응을 보이면 '어떻게 쟤가 나와 다른 생각을 할 수 있지?' 생각한다. 그런 부모가 진료실을 찾으면 나는 늘 "아이가 왜 엄마 말을 들어야 하는데요?"라고 묻는다. 그러면 엄마들은 당황하면서 "그, 그래야 하는 것 아니에요? 원래?"라고 되묻는다. 나는 그 엄마 이름이 김계옥이라면 "생각해보세요. 이 아이가 김계옥 씨인가요?" 하고 묻는다. 상대가 "아니죠" 하면 "그런데 아이가 왜 김계옥 씨의 말을 다 들어야 하죠? 생각이 다를 수도 있잖아요. 분명 아이는 김계옥 씨가 아니니까요"라고 말한다.

열등감이 많은 부모일수록 아이가 자신의 의견과 다른 것을 '반역'이라고, 자신을 무시한다고 치부해버린다. 아이가 아빠에게 "저는 아빠와 생각이 달라요"라고 말하면 아빠의 생각과 일부가 다르다는 말인데, 아빠는 아이가 자신의 모든 것을 부인한 것으로 오해해 '얘가 나를 무시하네'라고 생각하며 못 견뎌한다. 아이한테 장점이 많음에도 한두 가지가 아빠 마음에 안 들면 "너 그 따위로 했다가는 형편없어져"라며 아이 전체를 부인한다. 그 부분은 어쩌면 아이한테는 별로 중요하지 않은 부분일 수도 있는데, 아빠가 그런 것까지 모두 잘하라고 하니 아이는 자긍심도 안 생기고, 의욕도 없어져서 무기력해지고 만다. 부모가 원하는 수준에 도달하려고 노력하다가 어느 순간 버거워지면 아이는 결국 '자신'을 확 놓아버리기도 한다. 부모들은 스스로를 잘 알고 있어야 한다. 자신의 특징 중 정말 버려야 할 것이 무엇인지 말이다. 그리고 아이가 자신과 다른 사람이라는 것도 인식해야 한다. 아이가 부모에게 반기를 들 때는 그것이 어떤 한 '부분' 때문이라는 것을 의심하지 마라. 아빠 자체를 부정한 것도 아니고, 엄마가 나를 사랑하고 키웠다는 사실을 무시한 것도 아니다. 아이의 말을 그렇게 받아들이지 마라. "엄마가 이렇게 하면 정말 싫어"라는 말은 엄마의 그 행동이 싫다는 것이지, 엄마의 사랑을 부인한 것이 아니다. 그런데 엄마들은 보통 "내가 너를 어떻게 키웠는데, 어쩜 나한테 이럴 수 있어? 먹여주고 입혀주고 사달라는 것 다 사줬는데 너 엄마한테 그렇게밖에 말 못해!"라며 화를 낸다. 절대 그러지 마라. 아이는 분명 나와 다른 생각을 가졌으며, 내가 낳았다는 것만으로 스스로도 단점이라고 생각하는 그것까지 좋아해줄 수 없다는 것을 받아들여야 한다. 그래야 아이나 부모나 모두 발전할 수 있다.

아이의 개별화는 생후 6개월부터 시작된다. 이유식을 시작하면서 좋아하는 음식과 싫어하는 음식이 생기고, 부모는 아이가 나와 다른 생각을 가질 수도 있다는 것을 경험한다. 먹이고 싶은 대로 먹지 않고, 하라는 대로 하지 않는 시기는 미운 세 살이 아니라 이때부터다. 부모는 이때부터 아이의 뜻을 존중해야 한다. 그래야 사춘기가 된 아이, 성인이 된 아이를 놓아줄 때 조금은 편안해진다. 아이를 개별화된 존재로 봐주는 것이 어렵게 느껴질 수도 있다. 예를 들어, 언니와 동생이 놀다가 동생이 실수로 언니의 안경테를 치게 되었다. 언니는 너무 아파 악을 쓰면서 울었고, 동생은 일부러 그런 것이 아니라며 언니에게 미안하다고 사과했다. 그런데 언니는 계속 아프다고 울기만 했다. 이런 장면을 지켜보는 부모들은 대개 언니가 "괜찮아"라고 말해주기를 바란다. "동생이 사과하잖아. 언니가 됐으면 용서해줘야지"라고 언니에게 강요한다. 하지만 언니는 아직도 너무 아프고, 평소에도 '미안해'라는 말을 달고 사는 동생이 너무 밉다. 동생의 사과를 받아들이고 싶지 않다. 그래서 "싫어, 싫단 말이야"라고 말하면 "동생이 그럴 수도 있지!"라며 오히려 언니를 혼낸다. 우리는 언니 된 아이의 마음이, 부모의 그것과 다르다는 것을 인정하지 않는다. 아이를 개별화된 존재로 봐주지 않는다. 엄마가 봤을 때 마음에 좀 안 들더라도 그것이 어쩔 수 없는 아이의 마음이고 행동이다. 그럴 때 "네가 아직 사과를 받을 마음이 아닌가 보구나. 지금은 아프니까 나중에 기분 좀 풀리면 동생한테 잘 말해줘"라고 해야 한다. 그것이 아이가 나와 다른 사람이라는 것을 인정하고 존중하는 것이다. 아이의 뜻을 존중해주는 연습은 이런 상황에서부터 이루어져야 한다.

아이를 변화시키려면 낮은 자세로 임한다

우리는 아이를 가르칠 때 핀잔을 주거나 겁을 주는 경우가 많다. 모처럼 일요일 아침에 퀴즈쇼를 보는 아빠와 딸. 퀴즈로 제시된 문제를 보더니 아빠가 말했다. "너 저거 답 알아?" 딸은 "아니"라고 대답했다. 아빠는 약간 우쭐대며 답을 맞혔다. 우쭐해진 기분 그대로 아빠는 자신은 옛날에 엄청 가난해서 과외의 '과' 자도 몰랐고, 책이 없어서 공부도 못 했지만, 정말 열심히 살아서 저런 것도 안다는 이야기를 했다. 사실 아빠가 주고자 하는 메시지는 "상식도 좀 키워봐"였을 텐데, 아이를 끌어내려 핀잔 주는 식으로 자기 말이 옳다는 것을 전달했다. 아빠들은 위에서 아래를 내려다보듯 "내가 하는 말 들어"라고 말하는 경우가 굉장히 많다. 그런데 이런 의사소통 방식은 아이에게 '아빠는 나를 인정하지 않는구나'라는 서운함만 남길 뿐, 정작 아빠가 전하려는 속마음은 전달되지 않는다.

엄마들도 마찬가지다. 아이에게 핀잔을 주면서 잘못된 행동을 지적할 때가 많다. 아이가 뭔가 불안해서 유치원에 가지 않겠다고 한다. 엄마는 아이가 무엇 때문에 불안하고, 왜 불안해하는지를 생각하지 않고, "너 어제 엄마랑 유치원 가기로 했잖아. 약속 안 지키니? 약속 안 지키면 나쁜 애야"라는 식으로 말한다. 아이들이 핸드폰을 사달라고 할 때도 아이의 마음을 보는 것이 아니라 "그게 너한테 왜 필요해? 네가 무슨 업무해? 네가 그 돈 낼 수 있어?"라는 식으로 말한다. 이런 대화가 오가면 아이는 상처를 받는다. 한번 상처를 받으면 그 아픔 때문에 마음이 더 굳게 닫힌다. 그리고 부모의 말대로 하면 왠지 자신이 싸움에서 지는 것 같고, 부모가 말했듯 자신이 바보(?)라는 것을 인정하는 것 같아 더 말을 듣지 않는다.

고등학생 남자아이가 머리카락을 절대로 안 자르려고 한다며 엄마한테 끌려서 진료실까지 왔다. 학교에서 머리를 깎으라고 하니까 "내가 왜 머리를 깎아야 하느냐"며 대들다가 담임교사, 학생주임, 교감한테 혼나고, 엄마는 "도대체 왜 이런 것 가지고 그러냐. 머리 좀 자르면 안 되냐?"며 아이를 어르고 달래고 혼내다가, 아이가 울고불고 대들고 욕하니까 결국 나한테까지 데려온 것이었다. 아이는 머리카락을 자르느니 학교를 안 다니겠다는 입장이었다. 진료실 문을 열고 들어오는 아이의 얼굴은 잔뜩 붓고 입은 대빨 나와 있었다.

　　나는 아이에게 물었다. "네가 원해서 왔니, 끌려 왔니?" "끌려왔지요." "끌려왔더라도 선생님은 너한테 최선을 다할 것이고, 이렇게 만난 것도 좋은 인연이니까 선생님은 네 입장에서 너를 이해해보려고 할 거야. 우리 얘기 좀 해보자" 이렇게 말하면 대부분 아이들의 화가 한풀 꺾인다. "너 전생에 삼손이었구나"라고 내가 말을 건넸다. "네?" "너 삼손 몰라? 성경에 나오는데, 머리카락을 자르면 힘을 잃는 사람이야. 뭐 머리카락 몇 센티 자른다고 힘이 없어지는 것도 아닌데, 좀 자르지 그래?" 했더니 아이가 "저는 머리 자르는 것이 너무 싫단 말이에요"라고 대답했다. 나는 한참 동안 아이가 머리카락을 자르기 싫어하는 이유를 듣고, 아이의 입장을 충분히 이해해줬다. 그리고 이렇게 물었다. "너희 담임선생님은 좋으시니?" 아이는 "좋으세요"라고 대답했다. "그럼 담임선생님 좀 봐줘. 네가 머리 안 자르면 담임선생님 입장이 곤란해지거든." 그래도 아이는 "싫어요"라고 대답했다. "그럼 나 좀 봐줘라." 아이는 의아해하면서 "왜요?"라고 물었다. "야, 그래도 내가 명색이 이름도 있는 사람인데, 나까지 만나고 갔는데 네가 계속 화를 내고 있으면 내 체면이 말이 아니겠지? 지금 엄마와 네 사이를 보면 내 중재가 필요할 것 같은데 나를 만나고 나서 네가 조금은 바뀌어야 엄마가 계속 내 조언을 듣지 않을까? 나도 덜 창피하고." 이렇게 말하면서, "나 좀 봐준다고 생각하고 머리를 아주 조금만 자르고, 학교 졸업하면 네가 하고 싶은 대로 기르면 되잖아"라고 얘기했더니 아이는 기분이 많이 누그러진 듯 "잘 안 자란단 말이에요"라고 대답했다. "잘 먹고 밤에 야한 생각 많이 하면 금세 길어"라고 농담처럼 말해줬더니 아이는 "아~ 내가 이번만 선생님 봐서 깎아줄게요"라고 말하며 웃었다. 나는 "고맙다. 정말 고맙다"라고 말했다. 아이는 돌아가서 정말 머리카락을 잘랐다.

아이에게 무언가를 가르칠 때 부모는 낮은 자세를 갖추어야 한다. 부모가 강한 모습으로 나올수록 아이는 그 권위적인 힘에 적대감을 갖게 된다. 어린 시절 경험한 이런 적대감은, 무조건 자기를 누르고 힘으로 자기를 조정하려고 하는 모든 것들에 적대감을 갖게 한다. 즉, '권위 = 적대감'이 된다. 아이는 권위에 굴하면 자기에게 큰일이 일어날 것이라고 생각해, 공격적으로 반항한다. 심지어 사회에서 지켜야 하는 지시나 규칙 등에도 무조건 반감을 가질 수 있다. 나는 아이들과 상담할 때 절대 권위적으로 하지 않는다. 진료실에 오는 아이들은 대부분 권위에 대한 적개심이 너무너무 큰 상태다. 권위에 저항하는 아이는 절대 권위로 다스려서는 안 된다. 자신이 중요하다는 것을 가르치기 위해 아이를 무시하고 협박하지 말고, 부모의 낮은 모습을 보여주고 낮은 자세로 이야기해야 한다.

불안한 부모의 희생양, 슈퍼키드

인간은 사회적 동물이다. 인간은 누구나 사회 속에서 다른 사람과 자신을 끊임없이 비교하면서 산다. 이러한 비교는 삶의 좋은 기준이 되고 자신을 행복하게 만들고 독려하는 좋은 활력제가 될 수 있다. 하지만 잘못된 비교는 인생의 모든 면을 고달프게 한다. 잘못된 비교에 집착하면 누구든 열등감에 사로잡힌다. 더구나 비교를 당하는 사람이 '아이'라면, 더 치명적인 결과를 불러오기도 한다. 잘못된 기준의 비교는 아이에게 부정적인 자기 이미지를 갖게 하여 모든 일에 무기력감을 안겨준다. 또한 부모가 자신의 부족한 부분만 지적하니 자기를 신뢰하지 않는다는 불신감까지 생긴다.

초등학교 6학년 남자아이가 엄마와 함께 시험 준비를 하고 있었다. 그런데 아이가 학교에 간 사이, 엄마는 이웃으로부터 윗집 초등학교 5학년 여자아이는 벌써부터 시험 준비를 시작했고 혼자 알아서 다 한다는 말을 들었다. 엄마는 학교에서 돌아온 아들을 보자마자 잔소리를 퍼붓기 시작했다. "5학년 동생들도 혼자 공부한다는데, 너는 뭐니? 엄마가 시킨 것도 안 하는데 혼자 할 줄이나 알겠어?" 아이는 고개를 푹 숙이고 자기 방으로 들어갔다. 엄마가 이런 식으로 비교하면 열등감을 느끼지 않는 아이는 없다. 사실 엄마는 5학년 여자아이의 이야기를 들었을 때, '5학년 정도면 스스로 할 수 있는 부분이 많아지는구나'라고 생각하고 아들에게 "5학년도 혼자서 시험 공부를 하는 아이들이 많다더라. 충분히할 수 있는 일인가 봐. 우리 같이 노력해보자"라고 말했어야 옳다.

우리 부모들은 너무나 많은 비교를 통해 잘못된 기준을 가지고 있다. 부모는 아이가 가진 여러 부분을 하나하나씩 떼어서 그것을 최고의 수준인 것과 비교한다. 5학년 여자아이의 시험 준비 태도, 전교 1등을 한 아이의 등수, 중학교 형의 운동 실력 등을 6학년 내 아이와 비교한다. 사실 시험 준비는 혼자 잘하지만 성적은 그리 좋지 않을 수도 있고, 전교 1등은 하지만 과외 교사가 철저히 공부를 시켰을 수도 있고, 운동은 잘하지만 시험 성적이나 학습 태도는 전혀 본받을 것이 없을 수도 있는데, 많은 아이의 잘하는 것 하나씩을 각각 떼어 내 아이와 비교한다. 이렇게 되면 아이는 끊임없이 열등감을 느낀다. 뭘 해도 나보다 잘하는 어떤 다른 기준으로 비교당하니 열등감을 느끼지 않으려야 않을 수 없다. 비교를 하는 엄마 또한 내 아이의 어떤 모습 하나에 만족하지 못하고, 또 다른 아이의 잘하는 것과 내 아이의 못하는 것을 비교하기 때문에 끊임없이 불안해한다.

아이는 마치 포도송이 같아서 그중에는 작은 포도알도 있고, 큰 포도알도 있고, 덜 익은 포도알도 있고, 알맞게 익은 포도알도 있다. 진한 보랏빛의 포도알이 있는가 하면, 밝은 붉은 빛을 띠는 포도알도 있다. 그 모든 포도알이 모인 하나의 포도송이가 내 아이다. 그런데 우리 부모들은 그것을 모른다. 아이가 가진 모든 면을 통합해서 아이 자체로 받아주지 못하고 주변의 많은 것과 아이를 비교해 멀쩡한 아이를 비참하게 만든다. 아이가 공부는 못하지만 심성이 착하다면 "의사, 박사는 못 되겠지만, 뭘 하든 괜찮은 사람으로 평가받겠구나"라고 평가해줘야 한다. 아이가 줄넘기를 열심히 연습했는데도 잘 못하면 "네가 줄넘기 대회에 나갈 것도 아닌데 그 정도면 되지"라고 말해줄 수 있어야 한다. 그것으로 아이가 자신을 열등하게 느껴서는 안 된다. 나는 사실 어렸을 적부터 춤을 잘 못 췄다. 지금도 못 춘다. 그래도 춤을 배울 생각도 없고, 오히려 배워서 뭐 하나 하고 생각한다. 그런데 요즘 엄마들은 아이가 춤을 못 추면 댄스 학원에 보내고, 줄넘기 과외도 시킨다. 인간은 포도송이처럼 작은 부분 부분이 모여서 전체를 이룬다. 그런데 포도알 하나를 사과의 색과 비교하고, 다른 포도알은 오렌지와 크기를 비교하고, 또 다른 포도알은 바나나와 맛을 비교하여 그것을 모두 합쳐서 아이를 만들려고 한다. 이렇게 하면 아이는 자신에 대한 어떤 정체성도 가지지 못한다.

　며칠 전에 진료를 받은 아이의 엄마는 강남에 사는 이른바 슈퍼맘이었다. 누구보다도 아이를 뒷바라지하는 데에는 열성적인 엄마였다. 최신 교육 정보, 성공 정보, 연예 정보 등을 모두 취합하여 아이를 완벽하게 키우려고 공을 들였다. 그런데 엄마는 아이가 최근 들어 친구들과의 관계에서 좀 밀리는 듯한 느낌을 받았다. 아이가 공부뿐 아니라 친구 관계에서도 항상 '최고'이기를 바라는데, 요즘 아이의 주변에 그야말로 '엄친아' 같은 아이가 나타난 것이다. 공부를 잘하는 것은 물론이고, 외모도 완벽하고 성격도 굉장히 외향적이어서 친구들을 모두 사로잡는 듯 보였다. 게다가 그 아이는 내 아이와 다르게 나서는 것도 좋아해서 어디를 가든 튀었다. 엄마는 그 아이가 못하는 것을 찾아내 우리 아이에게 가르치기로 결심했다. 우리 아이가 그 아이보다 잘하는 것이 하나라도 있으면 아이가 자신감을 갖고 살아갈 것이라 생각했기 때문이다. 친구들도 내 아들을 보는 눈이 분명히 달라질 것이라고 생각했다. 엄마는 아이에게 아이스하키를 가르치기 시작했다. 그러고는 아이에게 친구들에게는 절대 비밀로 하라고 당부했다. 그 아이가 눈치를 채고 배우면, 엄마의 계획이 수포로 돌아가기 때문이었다.

　나는 그 엄마에게 물었다. "어머니, 아이를 아이스하키 선수로 만드실 겁니까?" 하고 물었더니, 엄마는 "아닌데요"라고 대답했다. "그렇다면 아이에게 '네가 그 친구보다 잘하는 게 하나라도 있으면 다른 아이들이 너를 보는 눈이 달라질 거야'라고 말하지 마세요. 그 자체가 아이에게 부담을 주는 것입니다. 그냥 '남들이 안 하는 취미 한번 배워보는 게 어떻겠니? 즐겁지 않을까?'라고 권하는 것이 좋아요. 혹여 아이가 하기 싫다고 하면 강요하지 말아야 합니다. 엄마만의 생각은 굉장히 위험해요. 이렇게 키우면 아이는 뭘 하든 남의 기준에 휘둘리는 자신감 없는 사람이 될 수도 있어요"라고 말했다.

　요즘 많은 엄마들이 정말 이렇다. 공부를 못하면 수련회 가서 춤이라도 잘 추어야 한다고 생각해 댄스 학원까지 보낸다. 내세울 게 없으면 아이가 위축될까봐 걱정하는 마음은 알겠지만 엄마의 그런 행동은 아이에게 굉장히 위험한 사인을 준다. 엄마의 마음과 반대로 "공부도 못하고 춤도 못 추면 너는 별 볼일 없는 아이야"라는 메시지를 아이에게 줄 수도 있다. 그럴 때 엄마는 "뭐 어때? 춤을 잘 추는 사람도 있고, 못 추는 사람도 있지. 그냥 즐기면 되는 거야. 춤이라는 것은 음악에 맞춰서 자기 몸을 움직이면 되는 거야"라고 말해주어야 한다. 아이가 다른 사람의 시선을 걱정하면 "신경 쓰지 마. 가장 중요한 것은 너의 생각이야"라고 얘기해야 한다.

　부모들이 잘못된 기준을 들이밀고 끊임없이 남과 비교하는 것은 자신의 열등감, 불안에서 기인한다. 다른 아이들과 비교하고 아이를 자꾸 몰아세우는 부모들은 변명한다. 아이가 부족한 것 없이 행복하게 살게 하기 위한 것이라고. 그런데 아이를 괴롭히면서까지 과도하게 이런 행동을 하는 것은 아이를 위한 것이 아니라 부모 자신을 위한 것이다. 부모에게 아이를 아이 자체로 인정하라고 하면 "그럼 공부를 안 시켜도 된다는 말입니까?"라고 묻는다. 물론 공부는 해야 하지만 성적을 100점 받아오고 1등을 하기 위해서가 아니라, 그 과정에서 힘든 것을 참고 견디며 열심히 하는 태도를 배우기 위해서다. 아이의 머릿속에도 '공부는 잘해야 하는구나'가 아니라 '공부는 중요한 거구나. 열심히 해야겠어'라는 생각을 심어주면 그것으로 족하다. 많은 슈퍼맘들은 자신의 슈퍼 불안을 해결하기 위해, 아이에게 슈퍼키드가 되라고 강요하고, 결국 자신이 가진 불안보다 더 큰 슈퍼 불안을 아이에게 심어주고 있다. 내가 살기 위해서 아이를 죽이는 것이다.

혹여 '아이가 공부를 너무 못한다. 열심히 하는 것 같지만 이 아이는 공부 스타일이 아닌 것 같다'고 판단되면, 그 아이 인생에 다른 몫이 있다고 믿어 의심치 마라. 그것을 못 견디고 이후에 일어날 일들을 미리 걱정하면 엄마나 아빠 모두 불안할 수밖에 없다. 아이가 부족하다면 그것은 그 아이가 감당해야 하는 몫이다. 부모는 그저 아이가 그것을 감당할 수 있도록 도와줘야 한다. 그래야 아이가 제 몸에 맞는 옷을 입은 큰 사람이 될 수 있다.

불안에 취약한 엄마 아빠는 그만큼 아이 문제에 대해 유연하지 못할 가능성이 크다. 그것을 빨리 깨닫고 바꾸지 않으면 아이에게 분명히 무리가 생긴다. 아이가 지나치게 수동적으로 변하거나 심하게 말하면 부모의 불안을 해결하는 도구가 되고 만다. 그래야 부모가 덜 불안해하기 때문이다. 부모가 시키는 대로 해서 아이가 좋은 결과를 얻는 것은 딱 초등학교 때까지다. 사춘기가 되면 아이 몸의 호르몬이 그 말을 듣지 않는다. 아이 몸은 좀 더 독립적이고 자율적이기를 원한다. 아이 안에서 일어나는 발달의 진행을 아이 스스로도 주체할 수가 없다. 아이가 말을 안 듣는 것이 아니라 아이 몸의 호르몬이 말을 듣지 않는 것이다. 그 호르몬은 아이가 조금씩 독립하는 법을 가르치는 호르몬이기 때문이다. 이 시기까지 부모가 힘으로 조정하려 하면 아이는 시행착오를 통해 자기만의 기준을 얻지 못하고, 성취감도 별로 경험하지 못한다. 또 나이에 맞는 책임감도 기르지 못한다. 그리하여 자율성, 성취감, 책임감이 정말 필요한 나이가 되었을 때 너무나 수동적으로 행동한다. "엄마, 뭐 해요? 이거 끝나면 뭐 해요?" 식으로 지나치게 의존적인 아이가 되거나 자기 조절의 기준이 없어 막 튕겨나가는 아이가 된다. 부모들은 종종 "초등학교 때까지는 정말 모범적이고 말 잘 듣는 아이였는데…"라고 하소연하지만, 사실 아이에게는 부모의 뜻에 거역할 수밖에 없는 나이가 있다. 그럴 때는 그래 봐야 한다. 그래야 정상적인 책임감과 독립심, 자율성 등을 갖추게 된다.

부모들은 스스로에게 물어봐야 한다. 나를 불안하지 않게 하는 자식을 원하는 것인지, 자신만의 기준이나 가치관을 가진 자식을 원하는 것인지 말이다. 불안한 부모는 아이가 자신이 원하는 대로 해주면 덜 불안하기 때문에, 어찌 보면 자기 감정을 조절하지 못해서 "날 좀 건드리지 말아줘. 나 하자는 대로 좀 따라줘"라고 아이에게 투정부리는 것과 같다. 내 마음이 불편해서 아이를 달달 볶고 배우자를 달달 볶는 것이다. 내 마음 좀 편하게 해달라고 아이나 배우자에게 칭얼대는 것이다. 진짜 사랑한다면 배우자나 아이를 있는 그대로 봐주어야 한다. 그들의 선택을 지지해야 한다. 사회문화적으로 절대로 안 되는 것, 즉 범법 행위가 아닌 이상, 내 마음에 조금 안 드는 것과 자식이 원하는 것이 다를 수 있다는 것을 받아들여야 한다.

행복한 부부가
되려면

불안을 낮추는 건강한 부부 대화법, 경청과 존중

사람 간의 관계를 말할 때, 나는 늘 '사기로 만들어진 접시'라는 표현을 쓴다. 사기 접시에 금이 조금 갔을 때는 조심해서 다루면 사용할 수 있지만, 금이 깊게 끝까지 갔을 때는 아예 사용하지 못한다. 부부가 불안하면 이 사기 접시에 쉽게 금이 간다. 서로 날을 세우고 화를 내다가 결국 사기 접시를 깨뜨려 사용하지 못하게 된다. 사기 접시를 온전하게 지키려면, 자신도 모르게 이 사기 접시를 위험하게 흔들 때 상대에게 도움을 요청하고 대화를 신청해야 한다. 그리고 대화 신청을 받은 상대는 잘 들어주어야 한다. 불안은 누군가 공감해주는 것만으로 그 정도가 많이 낮아진다. 또 이야기를 하거나 듣다 보면 불안의 원인과 해결책이 찾아지기도 한다.

부부는 남이다. 남남인 사람이 만나서 서로의 불안을 이해하고 자극하지 않고 살려면 항상 서로가 무슨 말을 하는지 잘 들어야 한다. 무슨 가치관을 가지고 있는지, 특히 어떤 면에서 불안해하는지 들어야 알 수 있다. 반드시 답을 할 수 없어도 좋다. 그저 진심으로 들어주면 된다. 진심으로 듣는 것에는 상대방의 이야기에 자신의 생각을 표현하는 것도 포함된다. 아무 표현도 안 하고 그저 듣고만 있으면 상대는 그것을 수동적 형태의 공격이라고 느낀다. 자신을 무시한다고 느끼기도 한다. 정신과 의사의 기본도 잘 듣는 것이다. 정신과 의사도 상대의 이야기를 들으면서 상대의 말을 끊지 않을 정도로만 자신의 생각을 표현한다. "그렇죠, 그렇죠"라고 말하며 공감하거나, "그건 당연히 그렇죠"라고 말하며 확신을 주고, "저런, 어떻게 그런 일이 있나"라고 위로하며, "글쎄, 그건…"이라는 식으로 내가 좀 다른 생각을 가졌다는 것을 표현한다. 때문에 "그건 나도 그렇게 생각해" 정도의 말은 해주어야 말하는 사람도 신이 난다. 만약 말하는 사람과 생각이 다르다면 "그게 아니야!"라고 하지 말고 "난 좀 생각이 다른데, 나도 한번 생각해볼게" 정도로 해준다. "나는 꼭 그렇게만은 생각하지 않는다"는 것도 반드시 표현해야 한다. 그렇게 해야 대화가 계속 진행될 수 있다.

많은 일들이 언어 안에서 일어난다. 인간은 기본적으로 언어를 통해 소통하고 이해하는 것뿐만 아니라, 언어를 도구로 삼아 모든 배려와 위로와 존중을 표현하고 공격성마저 낮출 수 있다. 서로 대화를 해야 이해의 폭이 넓어진다. 그런데 진료실에서 만난 부부들은 "말을 하면 할수록 더 싸워요"라고 고백한다. 그 이유는 서로 들으려고 하지 않기 때문이다. 서로 상대의 말을 자르고 내 얘기만 하려고 하니 점점 더 목소리가 커져서 상대의 말이 들리지 않게 된다. 내가 하고 싶은 얘기를 참고 상대의 얘기를 듣는 것이 중요하다. 좋은 부부 관계를 유지하고 싶다면 "당신이 얘기해봐. 당신이 뭘 걱정하는지"라고 묻고 끝까지 들어라. 그리고 절대 중간에 끊지 마라. 남편들은 자신의 논리로 상대를 설득해 대화를 그 현장에서 바로 종결 짓는 버릇이 있다. "자, 어디 들어보자. 당신 얘기해봐. 음, 그래? 그럼 이건 이렇게, 저건 저렇게, 됐지? 끝!" 이런 식의 대화법은 안 된다. 일단은 상대의 이야기를 듣고 자신과 생각이 많이 다를 때는 그날 바로 문제를 결론 내지 않는다. "나는 생각이 좀 다른데, 나도 좀 생각해볼게. 당신도 한번 생각해봐." 이렇게 하고 미뤄라. 그날 결론을 내려고 들면 대체로 싸우게 되므로 그날은 그냥 잘 들어만 준다. 아내도 마찬가지로 남편의 말을 잘 들어준다. 사람의 관계는 노력에 의해 유지되기 때문에 언제나 노력해야 한다. 상대가 그렇게 하니 나도 이렇게 한다고 하지 마라. 항상 '이 상황에서 내가 어떻게 좀 해볼까?'라는 생각을 해야 한다.

사람의 관계에서는 솔직해야 한다. 아내가 아이 교육에 좋을 것 같다면서 뭔가를 얘기했다. 그런데 남편은 경제적 여력이 안 된다. "여보, 나도 그게 좋은 줄은 알겠는데, 지금 내 경제력으로는 불가능해. 나도 가슴이 아픈데 이것은 어쩔 수 없잖아." 남편이 이렇게 얘기하면 아내들은 "그러게, 당신이 돈 좀 잘 벌지" 하면서 처음에는 토라질 수는 있지만, 진솔하게 얘기하면 그 안에서 대안을 찾는다. 그런데 날을 세워 얘기하면 상대편은 그에 대한 공격을 한다. "바보같이 돈도 못 벌고"라면서 비난만 돌아온다. 아내도 마찬가지다. "여보, 내가 입시 설명회에서 이런 얘기를 들었는데, 내가 뒷바라지를 못해서 우리 아이가 잘못될까봐 무척 걱정돼. 아이한테 미안해." 이렇게 말해야 한다. 그런데 "입시 설명회에 가서 들었더니 이거 준비 안 하면 아이 대학 보낼 생각도 하지 말라더라"라고 말한다. 그러면 남편은 "미친 소리, 누가 그딴 소리를 해? 그런 곳에는 가지도 마" 이렇게 된다. 대화를 할 때는 자기 약점에 대해서도 진술하고 솔직해야 한다. 특히 배우자와 이야기를 나눌 때는 배우자를 나와 가장 가까운 사람으로 인식하고 나의 치부를 드러내도 괜찮은 사람이라고 생각해야 한다. 반대로 나도 배우자를 그렇게 바라봐야 한다. 내가 나를 존중하듯, 나의 기분이 상할 수 있듯, 그를 배려하고 존중해야 한다.

왜 우리는 올바른 대화를 못 나누는 것일까? 어린 시절 누구나 한 번쯤 별것도 아닌 일 때문에 엄마한테 혼날까 봐 말도 못 하고 가슴앓이를 경험한 적이 있을 것이다. 부부도 똑같다. 부부는 혼난다기보다는 비난받거나 공감받지 못할까 봐 배우자에게 솔직하게 말하지 못한다. 거절당하는 감정을 감당하기 어렵기 때문이다. 한 번 느낀 불안은 해결하려는 노력을 하지 않으면 절대 사라지지 않는다. 아내이건 남편이건 누군가 불안을 느꼈다면 그 주제로 대화를 나눠 불안을 줄이려는 노력을 해야 한다. 따라서 어떤 말도 비난하거나 무시해서는 안 된다. 그런 행동이 잦으면 대화의 창이 닫힌다. 남에게 비난받거나 감정을 무시당하는 것보다 배우자에게 당했을 때 더 큰 좌절과 상실감을 느끼게 된다. 의사소통은 상대를 가르치는 것이 아니다. 상대방이 잘났든 못났든, 나와 생각이 다를 수밖에 없다는 것을 인정해야 한다. 그러기 위해서는 먼저 말을 끊지 말고 끝까지 잘 들어야 한다. 생각이 다를 때는 자칫 비난으로 들릴 수도 있으니 잠시 한 발 물러나는 자세가 필요하다. 들으면서 공감되는 것은 어떤 형태로든 공감하도록 한다.

모든 인간관계에 해당하지만, 특히 부부라면 대화하면서 꼭 지켜야 할 것이 있다. 부부간에 절대 해서는 안 되는 행동, 절대 해서는 안 되는 말은 그야말로 절대로 지켜라. 그 선은 한번 넘으면 그다음부터는 너무 쉽게 넘게 되는데, 그러면 부부간의 존중과 배려가 한순간에 무너진다. 화가 난다고 뺨을 때린다? 그 순간 존중과 배려의 댐은 와르르 무너져내린다. 사과를 해도 그 댐은 다시 쌓을 수가 없다. 더 심각한 것은 때린 사람의 행동이 그다음부터는 더 심해지고 더 자주 때리게 된다는 것이다. 격한 말도 그렇다. "당신이 이러면 내가 화나잖아" 다음에는 "나도 화나. 당신만 화나는 줄 알아?" 정도의 말이 나오지만, "야, 이 XX야" 다음에는 "야, 이 나쁜 XX야." 이런 말이 나온다. 선을 넘지 말라는 것은 경계를 두라는 것이 아니다. 인간으로서 지켜야 할 기본적인 예의를 지켜야 한다는 것이다. 비난, 격한 말, 욕, 폭력, 상대의 치명적인 약점(종교, 학력, 돈) 그리고 상대가 하지 말라고 부탁한 것이 그 선이 될 수 있다. 그 선은 절대 넘지 말아야 한다. 별 의미가 있는 행동이 아니더라도 절대 하지 말아야 한다.

상담을 온 한 남편은 "우리 마누라는 참 똑똑한데 말할 때 꼭 삿대질을 합니다. 저는 그게 너무 싫어요"라고 말했다. 그런데 정작 아내는 자신이 삿대질을 하는 줄도 모르고 있었다. 그저 손가락을 하나 들고 말하는 버릇이 있을 뿐이었다. 그런데 남편은 그것을 삿대질로 오해하고 기분 나빠했다. 나는 아내에게 그 행동을 고치라고 했다. 대화를 할 때 손을 주머니에 넣고 있거나, 팔짱을 끼고 있거나, 두 손을 깍지 끼거나, 여하튼 하지 않도록 주의하라고 했다. 그리고 분명히 남편에게 "내 행동을 당신이 오해하는 것 같아서 나름대로 노력하고 있어"라고 당신이 노력하고 있음을 말하라고 조언했다. 상대에게 100퍼센트 맞출 수는 없지만 최소한의 선은 지키려고 노력하는 것은 부부간에 존중과 배려가 깔린 예의다.

이미 대화가 단절된 부부라면 어떻게 할까? 서로 별다른 미움은 없지만 자연스럽게 대화가 사라져버린 부부라면 대화할 기회를 만들어야 한다. "여보, 우리 오늘 얘기 좀 해"라고 다짜고짜 말하면 남편은 더 늦게 들어온다. 대화가 적은 부부는 처음에는 제3자에 대한 이야기부터 한다. 드라마를 보면서 "저거 말도 안 된다. 어떻게 저럴 수 있지?" 이런 식으로 시작한다. 진솔한 내용을 담는 것이 아닐지라도 주고받는 말이 편해야 대화가 시작될 수 있다. 드라마를 보면서 "당신은 저러지는 않는데"라고 살짝 남편을 칭찬하고, 남편도 아내를 칭찬하는 것이 필요하다. TV 드라마에는 극단적인 성격의 특이한 캐릭터들이 많이 등장하므로 배우자를 칭찬할 만한 상황을 생각보다 많이 찾을 수 있다. 대화가 좀 편해지면 그다음은 아이들 얘기를 꺼낸다.

친절, 배려나 말투, 의사소통을 하는 방법 등은 몸으로 배우는 것이지 머리로 배우는 것이 아니다. 아이에게 그런 것을 가르치려면 아이가 그 분위기에서 살게 해야 한다. 몸으로 그런 개념을 표현하려면 그 분위기에 젖어있어야 한다. 사소한 불안도 부모와 상의하고 부모와 대화하는 것을 즐기는 아이, 친절과 배려가 몸에 밴 아이, 말투에서 따뜻함이 항상 묻어나는 아이…. 아이의 이런 모습은 부부가 보여주는 대화로 모델링된다는 것을 잊지 말자.

남편과 아내의 말, 마음속 번역기로 걸러라

참 많은 부부들이 남편의 술 때문에 싸운다. 결혼하면서부터 지금까지 남편들의 음주에 관한 아내들의 잔소리는 고장 난 라디오처럼 무한 반복되고 있으며,

아무리 무한 반복 잔소리를 해도 남편들의 행동은 개선되지 않는다. 갈등이 반복된다는 것은 누구 하나만의 잘못은 아니다. 두 사람 모두 서로의 말에 귀를 막고 있기 때문이다. 두 사람 모두 배우자가 하는 말의 깊은 바닥에 숨어 있는 진심을 듣고 있지 않기 때문이다. 행복한 부부가 되려면 대화를 할 때 반드시 통역을 한 번 해서 듣는 노력이 필요하다. '이 사람이 정말로 하고 싶어 하는 이야기는 이것인데, 그것을 이렇게 표현하는구나' 하고 말 속에 담겨 있는 심리적인 부분을 이해하기 위해 노력해야 한다. 처음에는 잘 되지 않겠지만 자꾸 노력하다 보면 나아질 것이다. 그렇게 소통하기 시작하면 상대도 조금씩 부드러워진다. "당신이 먼저 부드럽게 말하면 나도 부드럽게 말할게"라고 하지 말고, 이 책을 읽고 있는 당신부터 시작해라.

남편이 밤 10시까지 야근을 하고 집으로 돌아오는 길에 친구들의 전화를 받고 약속을 잡았다. 남편은 집으로 전화를 해서 오늘 좀 늦겠다고 말한다. 남편의 말에 아내는 "12시까지는 들어와야 해"라고 말한다. 10시가 넘어 친구들을 만났으니 12시까지 귀가를 한다는 것은 솔직히 어렵다. 그런데도 남편은 대충 "알았어, 알았어"라고 대답한다. 대답을 안 하면 아내가 전화기를 붙들고 잔소리를 할 게 뻔하기 때문이다. 그런데 남편은 그때 그 잔소리를 조금 들어주고, 잔소리에 깔려 있는 아내의 진심을 읽으려는 노력을 해야 한다. 아내가 남편이 술 마시고 늦게 들어오는 것을 싫어하는 이유는, 남편에 대한 걱정 때문이다. 음주운전을 할까 봐, 건강을 해칠까 봐, 필름이 끊길까 봐 등 많은 걱정이 그 안에 담겨 있다. 그 걱정들에는 '나에게 가장 중요한 사람은 당신이야. 당신이 너무 중요하고 소중해서 걱정하는 거야'라는 마음이 존재한다.

물론 잔소리라는 방식으로 펼쳐지는 아내의 의사소통 방식이나 말투가 바뀌어야 하는 것은 맞지만, 남편은 그런 말을 들을 때마다 '또 시작이군. 얼른 도망가야지' 하면서 대충 말한 뒤 전화를 끊지 말고, 아내의 내면의 목소리를 듣고 거기에 답해야 한다. "술은 많이 안 마시도록 노력할게. 10시 넘어서 만나는데 12시까지는 들어가는 것은 현실적으로 어려워. 내가 2시까지는 꼭 들어갈게"라고 말하고, 아내가 가장 걱정하는 면을 들어주고 안심시킨다. 만약 아내가 음주운전을 가장 걱정한다면 "절대로 운전은 안 할게"라든가, 돈을 많이 쓸까 봐 걱정한다면 "돈 걱정은 하지 마. 오늘 술값은 각자 나눠서 계산하기로 했어"라든지, "오늘은 회식비로 먹는 거니까 염려하지 마"라고 말한다. 아내의 잔소리가 다소 듣기 싫어도 아내가 나에 대해 무엇을 걱정하는지 안다면 그것에 대한 걱정을 완화해주고 실현 가능한 약속을 해야 한다. 그렇게 하면 남편의 술자리로 인한 부부갈등이 조금은 줄어든다. 아내의 잔소리를 피하려 지키지도 못할 약속을 하면 아내는 남편을 '못 믿을 사람'으로 낙인 찍어버리니 조심한다. 불신은 한번 생기면 점점 강해질 뿐 결코 없어지지 않는다.

아내들도 조심해야 할 것이 있다. 아무리 좋은 마음이 숨어 있다고 하더라도 잔소리는 좀 줄여야 한다. 좋은 내용이라도 표현 방식이 올바르지 않으면 상대가 들어주기가 쉽지 않다. 좋은 말이라도 무한 반복되면 소음이 되고, 소음이 되면 아무도 들으려고 하지 않는다. 듣고 있으면 기분이 나빠지기 때문이다. 마치 공사장에서 콘크리트를 전동 해머드릴로 따따따따 부수는 소리 같아서 듣고 있으면 머리가 지끈지끈해진다. 남편들도 그 소음이 정말 듣기 좋은 '사랑의 세레나데'라 해도 한 귀로 듣고 한 귀로 흘려버릴 수밖에 없다. 그런데 심각한 것은 한번 아내의 말을 소음으로 인식하기 시작하면 이후 아내의 모든 말을 소음으로 간주한다는 사실이다. 아내가 무슨 말만 하면 "됐어, 그만해" 하면서 대화 자체를 거부한다. 진료실에 온 남편들은 퇴근해서 집에 갔을 때 아내가 말 좀 안 걸었으면 좋겠다는 말을 가끔 한다. 아내의 목소리를 들으면 짜증부터 난다고 한다. 이런 이유에서인지 요즘은 집에서 서로 말을 안 하는 부부들도 있다. 잔소리는 상대의 귀를 막아버리니 가장 조심해야 할 표현 방식임을 잊지 말자.

그렇다면 어떻게 말할까? 부부라면 저 사람이 하는 말 속에 나를 사랑하고 염려하는 마음이 있다는 것, 차마 창피해서 나에게 하지 못하는 말이 있다는 것, 자존심 때문에 반대로 말한다는 것을 믿고 배우자의 말을 한 번 걸러서 이해하는 것이 필요하다. 말하는 사람도 자신의 속마음을 솔직하게 말하는 것이 좋다. 조금 낯간지럽고 창피할지라도 조금씩 연습하기 시작하자. 주말에 소파에 널브러져 있는 남편을 보아도 아내들이여, 잔소리하지 마라. 정말로 하고 싶은 말은 "일주일 내내 당신하고 시간을 못 보내서, 주말만은 함께 시간을 보내고 싶어. 쇼핑하러도 나가고 싶고, 당신과 대화도 나누고 싶어"이지 않은가. 좀 오글거리더라도 솔직하게 말해라. 남편들도 아내가 "TV 좀 꺼. 하루 종일 잠만 잘 거야?" 하는 말을 마음속 번역기로 걸러서 "당신과 시간을 같이 보내고 싶어. 일주일 동안 너무 보고 싶었거든"으로 받아들여라. 남편을 괴롭히기 위해 TV를 보지 말라고 하고, 그만 좀 일어나라고 하는 것이 아니다. 아내의 마음은 알지만 너무 피곤해서 지금 당장은 도저히 청을 들어줄 수 없다면, "여보, 미안한데 내가 너무 피곤해서 그래. 12시까지만 자고 나면 피곤이 좀 풀릴 것 같으니까 그때 나가서 외식이라도 합시다. 점심 먹고 공원 산책 가는 것은 어때?"라고 말해야 한다. 솔직하게 자신의 사정을 말하되, 아내의 마음도 어느 정도는 배려해주자.

한 가지 좋은 정보를 주자면, 남편과 아내의 말에는 독특한 특징이 있다. 그 특징을 숙지하고 상대가 호감을 느끼는 방식으로 말을 건네면 대화로 인한 갈등은 현격히 줄어들 것이다. 남편들은 주로 "~해"라고 말하고, 아내들은 "~하는 것이 어때?"라고 말한다. 남편들은 해결을 중요시하는 뇌를 가졌기 때문에 "~해"라고 말하고 되도록 긴 말은 안 하려 든다. 다른 사람이 본인에게 어떤 말을 하더라도 "~해"라고 말하는 것을 더 잘 알아듣는다. 때문에 남편들은 결론이 나지 않는 대화를 싫어하고, 어떤 대화든 빨리 결론을 찾아내고자 한다. 이에 비해 아내들은 관계를 중요시하는 뇌를 가졌기 때문에 "~하는 것이 어때?"라는 말을 하고, 상대방의 의견을 들어가며 길게 이야기하고 싶어 한다. 다른 사람이 본인에게 하는 말도 "~하는 것이 어때?"의 형태일 때 잘 받아들인다. 가끔은 긴 대화 끝에 결론이 나지 않을지라도 서로의 감정을 주고받는 과정만으로도 만족한다. 그런데 우리는 흔히 이 특징과는 반대되는 대화 방식을 취한다. 남편들에게는 "~하는 것이 어때?"라고 말하고, 아내들에게는 "~해"라고 말한다. 이러다 보니 대화만 시작하면 마음이 상하고 문제가 생기는 것이다.

아내들이여, 남편들에게는 "~해줘"라고 말해라. 이렇게 말하면 남편들은 기분이 조금 나쁘고 하기 싫어도 아내가 말한 그 일은 자기가 꼭 해야 되는 일이라고 생각한다. 그런데 이 말을 "~해줬으면 좋겠어"라고 말하면, 그 일을 선택이 가능한 일로 간주하고 안 해도 된다고 생각한다. 남편들은 확실한 지시를 내리는 것을 본능적으로 쉽게 받아들인다. 남편이 다소 바쁘더라도 "여보, 힘든 건 아는데 이건 당신이 꼭 해줘야 돼. 그렇지 않으면 해결이 안 돼"라고 말하면 아무리 싫어도 자신의 당면 과제라고 생각한다. 하지만 "~해주면 안 될까?" 하고 말하면 안 해주는 경우가 많다. 생각해보고 따라야 하는 지시는 오히려 부담스럽게 느껴 들어주지 않는 경향이 있기 때문이다. 그런데 아내들은 정반대다. 너무 분명하게 지시 형태가 되면 거부감을 느낀다. 남편들이 "~해"라고 말하면, 본인도 꼭 해야 한다고 생각하는 일조차 '이 사람이 어디다 대고 명령이야'라고 생각하며 기분 상해한다. 아내가 기분이 상해서 자기 말에 따르지 않으면 남편들은 대뜸 "그럼 그거 안 할 거야?"라고 되묻는다. 이미 기분이 상해버린 아내에게 그것을 하고 안 하고는 이제 중요하지 않다.

다음은 진료실에서 항상 일어나는 상황이다. 아이와 상담이 끝나면 나는 이제 엄마랑 얘기해야 한다며 아이를 대기실로 내보낸다. 아이들은 보통 알았다며 나갔다가 또 들어온다. 들어와서 이런저런 이야기를 한다. 내가 "엄마하고 선생님하고 얘기를 해야 하는데, 네가 나가야 선생님이 시작할 수 있거든" 하고 한 번 더 얘기를 하면 아이들은 "아, 그렇구나" 하면서 또 순순히 나간다. 그런데 이때 엄마들이 꼭 이렇게 한마디 한다. "너 자꾸 그러면 엄마가 빨리 못 끝내잖아. 너 두고 봐" 내지는 "네가 자꾸 그러니까 내가 상담을 못하잖아" 식으로 표현한다. "네가 자꾸 들어오니까 엄마가 말을 못하잖아"와 내가 표현한 "네가 나가면 선생님이 시작할 수 있거든"이라는 말은 모두 아이를 대기실로 나가게 하기 위한 말이지만 상대방에게 주는 느낌은 전혀 다르다. 후자는 아이한테 정보를 주는 것이고, 전자는 아이를 비난하고 탓하는 것이다.

우리나라 부모들은 순간순간 아이와 부정적 의사소통을 많이 한다. 예를 들어, 아이가 피자를 사달라고 한다. 그런데 지금 상황은 저녁 식사 준비가 이미 끝났고 피자 배달도 어려운 시각이다. 이런 경우 엄마들은 "오늘 피자 가게 문 닫아서 못 사. 내일 문 열면 사줄게"라고 말하는데, 이 말을 "그래, 내일 사줄게.

361

오늘은 어렵겠다"라고 바꿔야 한다. 전자는 부정적인 의사소통이고, 후자는 긍정적인 의사소통이다. 이 둘이 아이에게 미치는 영향은 상당히 다르다. 부정적인 의사소통은 아이에게 분노와 화를 만들어줄 수 있다. 또 아이에게 부정적인 답변을 불러일으키고, 부모 자신의 기분도 상하게 하는 경우가 많다. 하지만 같은 메시지라도 긍정적인 의사소통은 두 사람의 마음을 모두 편하게 한다. "사줄게"라는 말을 처음에 했기 때문에 아이는 부모가 일단 자신을 포용해주었다고 느낀다. 하지만 "안 돼, 못 사" 하면 자신을 거절하고 거부했다고 느껴 기분이 상한다. 부정적인 의사소통은 엄마의 욕구를 먼저 챙긴 것이고, 긍정적인 의사소통은 아이의 욕구를 먼저 배려한 것이다. 또한 전자는 엄마의 욕구와 함께 '이렇게 해야 한다'는 압력이 들어가고, 아이의 욕구는 좌절된다. 이것은 아주 경미한 협박과도 같다. 느닷없이 이런 이야기를 하는 까닭은 부부간의 의사소통에서도 이런 모습이 자주 보이기 때문이다. 번역기를 가동하여 배우자의 마음의 소리를 듣고 배우자가 좋아하는 방식으로 동사를 바꾸었다면, 그다음에는 반드시 '긍정적인 의사소통 방식'을 쓰라는 것이다.

주말에 아내가 남편에게 아이를 학원에 데려다주고 데려오라는 부탁을 한다. 이럴 때 대부분의 남편은 '내가 이걸 오케이하면 매주 해야 하는 거 아니야?'라는 생각이 들어 지레 겁을 먹고 "어렵겠는데"라고 대답한다. 이렇게 나오면 아내는 당연히 서운하다. 이럴 때 남편들은 긍정적인 의사소통을 해야 한다. "알았어. 해줄게. 해주는데, 어쩌다가 회사에서 세미나가 있거나 내가 꼭 가야 하는 결혼식 같은 것이 있을 때는 미리 얘기할게. 그런 것은 좀 양해해줘" 식으로 말해야 한다. 남편들이 '내가 지금 아내의 요구에 오케이하면 앞으로도 절대적으로 해야 한다'라고 생각하는 것은 좀 융통성이 부족한 면이 있지만 한편으로는 책임감이 강하기 때문에 드는 생각이다. 아내와 대화할 때는 이것이 갈등 유발의 원인이 되기도 한다. 남편들에게 해주고 싶은 말은, 당신의 아내는 생각보다 융통성이 있다. 약속했으니 이유 불문하고 반드시 지키라고 우기지 않는다(나는 대부분의 아내들이 그렇다고 믿는다). 그러니 그런 걱정은 하지 않아도 된다. 하지만 그래도 걱정이 된다면 미리 긍정적인 의사소통으로 표현해두라는 것이다.

아빠, 모르는 영역을 접해도 불안해하지 않는다

아빠들은 자신이 모르는 영역을 불안해하고 불편해한다. 그리고 그 모르는 영역에 대해서는 대화도 회피하고 개입 자체를 꺼린다. 사람에게는 누구나 그런 습성이 있지만 아빠들이 특히 심하다. 원시인류의 사냥꾼 기질을 간직하고 있는 아빠들은 자신이 잘 대처하지 못하는 것은 지는 것이라 여기고 본능적으로 죽임을 당할지도 모른다는 불안감이 있다. 때문에 자신이 잘할 수 있는 것만 하려고 한다. 회사일은 자신이 잘 아는 것이므로 회사와 관련된 일은 이해도 잘하고 뭐든 나서서 챙긴다. 그런데 정작 내 아이에 대해서는 잘 모른다. 어떤 학원에 다니는지, 몇 반 몇 번인지, 입시제도가 어떠한지 아빠들은 도통 모른다. 그렇다면 차근차근 물어봐서라도 알려고 하면 좋으련만 아빠들은 "모르겠어. 당신이 알아서 해"라고 쉽게 말해버린다. 회사 직원에 관한 일이라면 사돈의 팔촌을 찾아서라도 부탁하고 해결해주면서, 정작 내 아이에 관한 것은 "몰라, 몰라, 알아서 해"라고 하는 아빠들의 모습. 엄마들은 '자기 할 일은 안 하면서 쓸데없이 오지랖만 넓어가지고'라고 생각할 수 있다. 그런데 아빠 입장에서는 회사일은 자신이 할 수 있으니까 하는 것이고, 아이와 관련된 일은 전혀 모르기 때문에 할 수 없다는 것이다.

나는 상담을 받는 엄마들에게 "아이의 일에서 아빠를 너무 배제시키지 말라"고 조언한다. 아빠들이 아이와 아내를 사랑하지 않고 무성의해서 관심을 안 보이는 것이 아니라, 내 아이에 관한 일을 어떻게 처리해야 하는지에 대한 개념이 없기 때문이다. 너무나 오랫동안 배제되었고, 누구도 제대로 알려준 사람이 없는 데다가, 모르는 영역에 대한 거부 반응과 불안 반응 때문에 그러는 것이다. 아빠들을 양육과 집안일에 참여시키려면 그것에 대한 정보를 주어야 한다. 정보를 줄 때는 잔소리로 하지 말고 번거롭더라도 일목요연하게 정리된 브리핑 자료로 보여준다. 그래야만 아빠들이 상황을 제대로 파악한다. 상황이 파악되면 아빠들은 의외로 좋은 의견을 내기도 하고, 어떤 문제에 부닥치면 적극적으로 문제 해결을 위한 방안을 제시하기도 한다. 아이는 혼자 키워서는 안 된다. 아이에게 엄마의 존재, 아빠의 존재는 그 역할만으로 설명될 수 있는 것이 아니라, 항상 엄마의 자리, 아빠의 자리에서 아이와 함께 살고 있다는 것에 더 큰 의미가 있기 때문이다. 즉, 존재만으로도 아이에게는 의미가 있는 것이다. 두 사람 중 누구 하나의 빈자리는 상상할 수 없는 커다란 결핍을 낳는다.

"당신이 언제 도와준 적 있어?" 아빠들에게 이런 감정적인 비난을 하지 말자. 솔직히 남자들은 감정적인 말, 정서적인 말이 섞이면 오히려 의사소통이 잘 되지 않는다. 말의 핵심을 파악하는 데 어려움을 겪기 때문이다. 감정적인 표현을 다 빼고 '사실(fact)'을 알려주어 아빠가 이 상황에 대한 개념이 생길 수 있게 해주어야 한다. 그리고 아빠가 할 수 있는 제한적이고 명확한 역할만을 주어야 한다. 아빠들은 "당신은 아빠니까 잘해야지"라는 말을 들으면 '뭘 어떻게 잘하라는 거지?' 하고 고개를 갸우뚱한다. 아빠들은 '잘'이 뭔지 정확히 모르는 경우가 많다. 그보다는 "평일은 내가 알아서 할 테니까 주말에는 이런저런 것 좀 해줘"라고 구체적으로 말하는 것이 좋다. 주말에 집에서 널브러져 있는 남편에게도 "내가 오전에는 아이랑 나갔다 올 테니까 충분히 쉬어"라고 확실히 배려해주고, "그 대신 점심 먹고 나서는 정신을 좀 차려서 아이랑 놀아줘" 혹은 "마트 좀 같이 다녀오자"라고 말한다. 아침부터 짜증 섞인 말로 달달 볶는 것보다 배려할 것은 확실하게 배려하고, 요구할 것은 정확하게 요구하는 것이 훨씬 효과적이다.

아내가 남편한테 정확히 알려주어야 하는 것이 또 하나 있다. 바로 남편이 아이와 시간을 보내는 법이다. 사실 아빠들은 아이와 단둘이 있는 상황에 처하면 상당히 불안해한다. 아빠들은 그 시간에 아이와 어떻게 놀아야 할지를 모른다. 아이와 노는 것 또한 자신이 잘 모르는 영역이기 때문이다. 아빠가 아이와 시간을 많이 보내기를 원한다면 엄마들이여, 아빠들에게 한번 물어봐라. "당신이 아이와 시간을 보내는 것은 아이에게나 당신에게나 좀 필요해. 그런데 아이랑 있으면 좀 힘들지? 그 이유가 무엇인 것 같아?" 그러면 아빠들도 솔직하게 대답해라. "아이가 나하고 노는 것을 별로 좋아하지 않는 것 같고, 나도 사실은 어떻게 놀아야 하는지 모르겠어." 엄마들에게는 별것 아닌 것 같지만 아빠들은 아이와 있는 시간이 막막할 수도 있다. 이럴 때 엄마들이 아빠에게 아이가 좋아하는 것을 살짝 알려주면 아빠들은 아주 요긴하게 사용할 수 있다. "아이가 찜질방 가는 것을 좋아하니까 둘이 같이 가봐. 가서 아이가 좋아하는 식혜도 사주면서 이야기도 들어주고 그래. 아 참, 학용품 살 것이 있다고 했는데, 같이 문방구에 가는 건 어때?" 엄마들이 이렇게 코치해주면 아빠들도 조금씩 아이와 있는 시간을 편안하게 느끼게 된다.

　아빠들을 위해 팁을 주자면, 아이와 친해지는 모범 답안은 매일 최소 20~30분씩 놀아주는 것이다. 불가능하다면 주말의 반나절만큼이라도 아이와 함께해라. 주말에는 다른 일보다 아이와 대화하는 것을 더 중요하게 여겼으면 좋겠다. 정말 피곤하다면 오전에는 좀 자고, 오후 시간을 아이와 보낸다. 신나게 놀아주라는 것이 아니라 그 시간은 아이와 무엇을 하든 함께 보내라는 것이다. 처음에는 그냥 한 공간 안에만 있어도 좋다. 옆에 가만히 있어주는 것부터 시작한다. 아이가 장난감을 가지고 놀 때 옆에서 TV를 보고 있으라는 것이 아니라, 아이가 노는 모습을 가만히 지켜봐주라는 것이다. 놀이 중간중간에 아이가 뭔가 재미있어할 수 있다. 그러면 웃으면서 "재밌어?"부터 시작해라. 아이와 그 시간을 공유하는 것이다. 아이가 조금 컸다면, 주말에 아이랑 아이스크림을 사러 나가든 마트를 가든 함께 조금 긴 외출을 하는 것이 좋다. 뭔가 아이와 대화를 해야 한다거나 재미있게 놀아야 한다는 부담은 버려라. 같이 걸어가면서 아이스크림 먹는 아이를 보며 "맛있냐?" 하고 가볍게 말도 걸어본다. "오늘은 날씨가 좀 춥다" 정도의 말도 괜찮다. 아빠들은 이런 시간이 주어지면, 그 시간을 꼭 훈육의 시간으로 삼으려 든다. 그러지 말고, 그냥 마음 편히 아이와 공유하는 시간을 갖는다. 반나절이 힘들다면 주말에 30분씩 두 번이라도 해주어야 한다. 내가 잘하는 말이, 아이와 친해지려면 연애하는 심정이 되라는 것. 그 시간만큼은 가르치려 하지 말고 바라보고만 있어라.

엄마, 잘한다고 지나치게 자만하지 않는다

소아청소년 정신과를 개원한 지 어느덧 오랜 시간이 흘렀다. 개원하기 직전부터 각종 TV 자녀교육 프로그램에 출연하며 수많은 부모를 만났다. 그러면서 느낀 것은 그래도 요즘 아빠들은 옛날 아빠들에 비해 많이 다정해졌다는 것이다. 그럼에도 불구하고 다정한 남편들조차 육아나 집안일은 자기 일이 아니라고 생각한다. 하더라도 도와준다고 생각한다. 이런 아빠들에게 '육아나 집안일에서의 평등'을 이야기해봤자 전혀 공감하지 않을 것이다. 평등을 너무 따지면 서로 억울해한다. 현실적인 조언을 하자면, 아빠들을 붙잡고 평등을 운운하는 것보다는 조금씩 육아와 집안일이 아빠들과 연관되도록 엄마들이 머리를 써야 한다.

간혹 "아이는 내가 키울 테니 당신은 돈이나 벌어와"라면서 부모의 역할을 확실히 나누는 집들이 있다. 엄마들은 발 빠르게 정보를 쫓아다니면서 그때그때 대처하고 남편이 아이 문제에 신경 쓰지 않도록 미리미리 해결한다. 그랬을 경우, 아이는 대학까지는 가겠지만 그 이후의 문제를 스스로 해결할 수 있는 지혜를 갖지 못한다. 아버지의 역할 부재 때문이다. 아빠의 자리는 엄마가 아무리 열심히 애써도 채워지지 않는다. 아빠가 뻔히 있음에도 불구하고 마치 없는 것처럼 엄마 혼자 아이를 키우면, 아이는 아빠와의 정서적 간격을 좁히지 못하고 제대로 된 남성상을 가질 수 없다. 사회생활에서 인간관계를 헤쳐나가는 노하우를 배우지도 못하고, 이다음에 결혼 생활을 할 때도 제대로 된 부모 역할을 하기 어렵다. 또한 아이가 떠나면 엄마와 아빠 두 사람은 어색한 사이가 된다.

엄마 혼자 너무 씩씩하게 아이를 키우면 아빠들은 대문 안으로 안 들어온다.

엄마가 집에서 아이를 너무 잘 키우고 있기 때문에 자기가 비집고 들어가봐야 베테랑인 엄마만큼 아이와 관계 맺을 자신이 없다. 어렵사리 비집고 들어가도 핀잔만 들을 것이 뻔하기 때문에 차라리 안 하는 것이 낫다고 생각한다. 밖에 나가서 정치, 사회, 주식 얘기를 하면 주위에서 귀를 기울이고 칭찬도 해주는 등 심리적 보상을 받을 수 있기 때문에 아빠들은 자꾸 밖으로만 나가려고 한다. 따라서 아빠를 육아나 집안일에 끌어들이려면 내가 너무 잘하고 있는 것처럼 행동하면 안 된다. "여보, 나 혼자는 어려워. 나 혼자는 못 하겠어. 아이의 이런 점은 나도 어떻게 해야 할지 모르겠어"라고 남편에게 말한다. "나는 아이한테 이렇게 헌신하는데 당신은 뭐야?" 또는 "당신도 이 정도는 해야 하는 거 아니냐?" 하는 식으로 말하면 아빠들은 더 멀리 도망가버린다.

그렇다면 구체적으로 어떻게 남편들을 유도해야 할까? 무조건 남편에게 "좀 도와줘야 하는 거 아니야?"라고 말하면 뭘 도와줘야 하는지 모르지만, "여보, 내가 설거지하는 동안 아이를 안고 있어줘"라고 말하면 쉽게 그 상황을 받아들이고 들어준다. 외벌이의 경우, 아내가 남편한테 도와달라고 하면 남편들 중에는 이런 상황을 잘 이해하지 못하는 사람들이 있다. 그들은 낮에도 피곤하게 일했는데 집에 와서까지 일을 해야 하나 생각한다. 외벌이 가정의 아내는 남편을 육아나 집안일에 끌어들이려면 반드시 남편이 도와줄 수밖에 없는 당위성을 설명해야 한다. 남편에게 도와달라고 하는 일은 남편 자신도 뿌듯함을 느끼고 칭찬을 받을 수 있는 일, 즉 잘할 수 있는 일로 선택한다. 말을 할 때는 "나머지는 내가 다 알아서 할 테니까 이 정도만 해줘" 식으로 한다. 그리고 뭐든 남편이 해주면 잘했다고 칭찬해준다. 남편이 한 일이 마음에 썩 들지 않는다고 핀잔을 주면 '기껏 해줬더니 투덜거리기나 하고, 다음에는 아예 하지 말아야지' 하고 생각할 수 있다. 때문에 남편이 집안일이나 육아를 도와주면 반드시 칭찬을 해주는 것이 필요하다.

한 가지 기억할 것은, 가사는 아빠들의 의식 때문이 아니더라도 평등하게 나누는 것이 불가능하다. 그 이유는 엄마와 아빠가 각자 잘할 수 있는 일이 다르기 때문이다. 엄마들은 보살피는 일을 잘하지만, 아빠들은 잘 못 한다. 때문에 똑같이 나누기보다 서로 잘할 수 있는 일로 분업하는 것이 좋다. 예를 들어, 목록을 적어주고 마트에 가서 장을 봐오라고 하면 아빠들도 잘할 수 있다. 그동안 아이는 엄마가 보는 것으로 일을 나누면 된다. 하지만 반대로 남편이 아이를 보고 아내가 장보기를 하면, 한쪽은 효능감을 느끼지 못해 다음부터는 그 일을 하기 싫어진다. 간혹 "오늘은 내가 밥을 할 테니, 내일은 자기가 밥해" 하면서 모든 일을 똑떨어지게 반으로 나누고 싶어 하는 부부가 있다. 나는 그런 부부는 마음속 억울함이 심하다고 본다. 육아나 집안일에 있어서 내가 이 사람을 위해 해주는 것이 뭔가 억울할 때, 부부 갈등이 일어난다. 근본적으로 육아나 집안일은 깔끔하게 반으로 나눠지지 않기 때문이다. 이런 부부들은 자신들의 내면에 어떤 억울함이 있는지, 왜 그런 억울함이 생겼는지 전문가와 상담해보는 것이 필요하다.

육아와 집안일은 가장 고귀한 노동이다

"내가 밖에 나가서 얼마나 힘들게 돈을 버는데, 집에 와서만큼은 좀 편안하게 쉬면 안 돼?"라고 아빠들은 말한다. 자기가 밖에 나가서 일하는 것을 엄청난 태산을 지고 온 것처럼 군다. 남편이 이렇게 나오면 전업주부인 엄마들은 "집에서 살림하고 아이 키우는 일은 가치가 없는 줄 알아?"라며 화를 낸다.

아빠들은 가끔 자신들이 대단한 일을 하는 양 으스대고, 엄마들은 별것 아닌 일을 한다고 평가 절하하지만, 집안일은 생각보다 노동량이 많다. 한국여성정책 연구원에서는 '전업주부의 연봉을 찾아라'라는 제목으로 가사 노동의 가치를 돈으로 환산하는 프로그램을 제공한 바 있다. 프로그램은 하루 동안 주부들이 하는 일을 40여 개의 항목으로 세세히 나누어서 각 노동 시간을 계산해 월급으로 환산한 것이다. 식사 준비, 설거지, 식후 정리, 간식 및 저장식품 만들기, 세탁 및 세탁물 널기, 옷 정리, 다림질, 바느질, 의류 손질, 세탁, 의류 수선 서비스 받기, 방·물품 정리, 집 청소, 그 외 청소 및 정리, 가재도구·집 손질 및 관련 서비스 받기, 장보기, 쇼핑, 내구재 구매 관련 활동, 무점포 쇼핑, 가계부 정리, 가정계획(저축, 가족 회의), 은행 및 관공서 일 보기, 미취학 아이 보살피기(신체 돌보기, 책 읽어주기, 놀아주기, 간호하기), 초·중·고등학생 보살피기(씻기기, 등·하교 도와주기, 숙제 및 공부 봐주기, 선생님과 상담 및 학교 방문), 배우자 보살피기, 부모 및 조부모 보살피기 등이 그 항목이다. 이 프로그램을 기반으로, 부모를 모시지 않는 초등학생과 유치원생 아이를 둔 30대 전업주부의 가사 노동을 월급으로 환산해보면 약 430만 원이 넘는 돈이 추산된다. 또 아이가 한 명 있는 전업주부도 가사 노동의 가치가 월 300만 원이 넘게 평가되었다. 연봉으로 따지면 3,000만 원에서 5,000만 원에 해당하는 큰돈이다. 어떤 아빠들은 이 결과를 보고 집에서 놀면서 하는 일에 너무 후한 가치를 준 것 아니냐고 반문할 수도 있겠다. 하지만 이것은 다른 나라에 비하면 낮은 수준이다. 캐나다의 경우 전업주부의 연봉을 1억 2,000만 원, 미국의 경우 1억 1,000만 원, 영국의 경우 5,500만 원으로 보고 있다.

그동안 우리는 육아나 가사 노동을 평가절하해왔다. 솔직히 이러한 인식은 아빠들보다 엄마들 자신이 더 심했다. 전업주부로 있는 것보다 사회생활을 하고 돈을 버는 것이 더 가치 있다는 생각이 엄마들의 무의식 속에 잠재해 있다. 하지만 냉정하게 가치를 비교해보면 그렇지도 않다. 어쭙잖게 아이들이 엉망이 되는 경우도 있고, 아이를 맡기는 비용이 더 많이 들어가서, 돈을 벌었는데 따져보니 지출이 더 많은 경우도 있다. 물론 사회적 활동이 경제적인 이득만을 의미하지는 않지만, 우리 마음속에서는 그것을 경제적인 잣대로 환산해 자꾸 비교하려고 든다. 사실 육아나 가사 노동은 감히 금전적인 것으로 환산할 수 없는 영역이다. 그 일은 인간의 존재를 가능하게 해주는, 사람을 사람으로서 살게 해주는 근본과 같은 일이다.

아빠들은 알아야 한다. 아빠들이 회사에서 편안하게 일할 수 있는 것은, 엄마들이 집안의 모든 일을 다 처리해주기 때문이다. 미국의 경제학자들은 아내의 보살핌이 남편의 수입에 어떤 영향을 주는지 조사했다. 교육 수준과 배경이 비슷한 기혼 남성과 미혼 남성을 비교한 결과, 기혼 남성이 10퍼센트 이상 더 번다는 사실을 발견했다. 그런데 아내가 전업주부인 경우, 기혼 남성이 미혼 남성에 비해 30퍼센트 이상 더 많이 번다고 밝혀졌다. 그런데 아내가 일을 할 경우는 그 차이가 5퍼센트 내외로 줄어들었다. 하나하나 따지고 보면 작은 것 같지만, 그 작은 알갱이가 모여서 아이들이 건강하게 자랄 수 있는 것이다. 또한 알뜰한 아내 덕분에 남편은 집에 들어왔을 때 온기를 느낄 수 있고, 아이와 아빠는 조미료가 덜 들어간 된장찌개를 먹을 수 있다. 아빠들이여, 오늘 당신이 하찮다고 느낀 가치들에 대해 한 번쯤 생각해보는 기회를 가졌으면 좋겠다. 또한 부탁하건대, 혹여 아내가 남편에게 도움을 요청하면 그 문제만큼은 무조건 들어주길 바란다. 아내 입장에서는 반드시 남편과 의논해야 한다고 판단한 끝에 도움을 청한 것이기 때문이다.

행복한 사람이 되려면

불안에 휘둘리지 않으려면 상대의 불안을 공유해라

　사람은 누구나 불안하다. 나 또한 불안이 있다. 나는 아기를 낳을 때 역아여서 제왕절개를 해야 했다. 그때 나는 반드시 척추마취를 해달라고 담당의에게 요구했다. 혹시 내가 못 깨어날까 봐 불안했기 때문이다. 고등학교 3학년 때 맹장 수술을 할 때도 수술을 맡은 담당의로부터 "넌 참 이상한 애다"라는 말을 들으면서까지 척추마취를 해달라고 우겼다. 나는 그때도 내가 깨어나지 못할까 봐 불안했다. 나는 나 자신을 통제할 수 없는 순간에 가장 불안을 느낀다. 그래서 끊임없이 나를 컨트롤하려고 든다. 때문에 지나치게 완벽주의자처럼 행동하고 머릿속에 걱정이 생기면 바로바로 해결해야 직성이 풀렸다. 주변 사람 중에서도 자신을 너무 통제하지 않는 게으른 사람을 싫어했다. 그런데 직업이 정신과 의사인지라 정신분석도 받고 나 자신을 끊임없이 훈련시켜서, 요즘은 내 생각과 다른 사람을 보는 것도 많이 편안해졌고 내 자신을 통제하지 못하는 순간에도 예전보다 덜 불안하다. 또한 내 안의 불안으로 인해 타인에게 영향을 주지 않으려고 끊임없이 노력한다.

나의 남편도 불안이 있다. 솔직히 남편의 불안은 원초적이고 거의 공포 수준이다. 남편은 우리 아이가 태어나서 신생아실로 이동하는 순간을 1분 1초도 놓치지 않고 캠코더로 촬영을 했다. 누군가 말을 시켜도 대답도 않고 1초도 아이에게서 눈을 떼지 않았다. 가만히 지켜보던 나는 남편에게 물었다. "아기 바뀔까 봐 그렇지?" 남편은 바로 "어"라고 대답했다. 또 한번은 아이가 여섯 살 때인데, 전쟁이 날 것 같다며 온 식구 수대로 방독면을 구입했다. 그런데 6세용 방독면이 없어서 남편은 외국 사이트까지 뒤져 어렵게 구입했다. 그 방독면은 이후 내가 처음 개원한 병원 대청소를 할 때 요긴하게 사용되었다.

나의 아버지도 만만치 않게 불안이 많으시다. 아버지는 너무나 어려운 시대에 태어나셔서 고생을 많이 하신 탓에 늘 생계에 대한 걱정이 크셨다. 일제강점기와 6·25까지 겪으셔서 항상 최악의 경우를 상상하며 대비하는 버릇이 있으셨다. 어렸을 적 우리 집에는 늘 쌀벌레가 날아다녔다. 아버지가 전쟁에 대비해 쌀 한 가마니를 늘 상비해놓으셨기 때문이다. 덕분에 나는 어린 시절부터 결혼을 하기 전까지 햅쌀을 먹어보지 못했다. 또 우리 집에는 1960년대에나 볼 수 있었던 석유곤로가 창고에 고이 모셔져 있다. 이 또한 전쟁이 나면 전기나 가스가 끊기는 데 대비한 것이다.

하지만 나는 나와 내 남편, 아버지의 불안으로 별로 불편한 것이 없다. 내 자신과 그들의 불안의 특성을 잘 알고 있고, 그 불안의 본질을 알고 있으며, 그들의 불안을 줄일 줄 알기 때문이다. 아버지가 심한 불안에 걱정이 지나치면 "아버지, 이미 끝난 일이에요. 더 이상 생각하지 마세요"라며 불안을 끊어줄 수 있다. 남편이 아이가 숙제를 미리미리 안 해놓는다고 걱정하면 "그런데 그건 아들 문제잖아, 여보"라고 일깨워줄 줄도 안다. 그리고 아버지나 남편도 본인의 불안을 잘 알고 있어서 "그래, 맞아. 그런데 내가 그게 안 돼서 걱정이야"라고 말한다. 사실 누구에게나 불안은 있다. 사람들이 제각각 성격이 다르고 사는 방식이 다르듯 불안도 여러 가지 형태로 존재한다. 하지만 불안의 실체를 알고 잘 조절할 줄만 알면, 불안은 없는 것보다 어느 정도 있는 편이 낫다. 약간의 불안은 오히려 집중력을 높여 일의 효율을 높인다. 불안은 그 적당한 정도를 넘어설 때 문제가 된다. 만약 배우자가 그 적당한 정도의 불안을 넘어서는 것 같다면 불안을 지적하고 비난할 것이 아니라, 상대가 불안의 본질을 들여다볼 수 있게 해주어야 한다. '아, 내가 지나친 행동을 하고 있구나'라고 깨우치게 해주어야 한다. 또는 그 사람의 불안을 같은 시각으로 바라보면서 하나하나 문제를 풀 듯 지워주는 것도 좋은 방법이다.

강박증이 있는 남자가 있었다. 치료를 받아야 될 정도는 아니었지만 그 사람은 걸어가면서 자꾸 뒤를 돌아보는 버릇이 있었다. 이유는 자신이 무언가 떨어뜨릴까 봐 걱정되기 때문이었다. 내가 물었다. "만약 잃어버린다면 뭘 잃어버릴 거라고 예상하세요?" "지갑이요." "지갑에 뭐가 들어 있는데요?" "주민등록증이랑 카드랑 돈이랑…" "그럼 5만 원 정도는 잃어버려도 되지요?" 했더니 "괜찮아요"라고 대답했다. "카드는 잃어버리면 재발행하고 신고하면 되지요?" "네." "주민등록증도 재발급하면 되지요?" 했더니 "그런데 누가 도용하면 어떻게 해요?"라고 걱정했다. "도용하려고 마음먹으면 주민등록증 없어도 다 도용할 수 있어요." 여기까지 대화가 진행되니, 그 사람은 자신이 쓸데없는 걱정을 한다는 것을 깨달았다. 보통 이렇게 일깨워주면 자신이 어떻게 불안을 해결해야 할지 답이 보인다.

불안은 자신이 인생에서 중요하게 생각하는 가치관으로 인해 생겨나는 수가 많다. 때문에 배우자와 그것을 끊임없이 공유하는 것도 상대의 불안을 줄여주는 방법이 된다. 예를 들어, 어떤 엄마가 직장에 나가야 해서 아이를 어린이집 종일반에 맡겨야 하는 상황이다. 엄마는 아이가 자신과 잘 떨어지지 않을 것 같아 걱정이지만, 한편으로는 자신이 집에만 있으면 너무 슬프고 무가치한 인간이 되는 것만 같다. 그럴 때 평소 배우자와 가치관이 공유되어 있으면 아내의 불안을 남편이 낮춰줄 수 있다. 상위의 가치관이 '일'이라고 생각하는 엄마가 "아이가 나한테서 잘 떨어질까? 선생님이 애 미워하면 어떡하지?" 등의 수만 가지를 걱정한다면, "당신 걱정은 알겠는데, 그곳 교사들 그러지 않을 거야. 만약 그런 일이 있었다면 엄마들 사이에서 벌써 소문도 났겠지. 내 생각에는 그 정도면 믿을 만한 기관인 것 같아. 당신에게는 아이를 돌보는 것도 중요하지만, 아이 돌보면서 집에 있는 상황이 당신을 너무 힘들게 해서 결정한 거잖아. 당신이 이것이 중요하다고 결정한 이상, 한번 시작해보자. 그리고 혹 문제가 생기면 같이 의논하자"라고 얘기를 해줄 수 있다. 이런 배우자가 참 좋은 배우자다. 그러려면 평소 배우자가 어떤 가치관들을 중요하게 생각하는지 알아서 공감대를 형성해야 한다. 이를 위해 평소 부부 사이에 대화를 자주 하여 서로에 대한 이해가 있어야 한다. 그렇지 않으면, 주변의 여러 가지 일상이 상황에 따라 흔들리게 된다. 배우자가 불안을 느끼면, 자신도 그 불안에 영향을 받고 당사자의 불안도 높이는 결과를 낳을 수 있기 때문이다.

불안을 자각하지 않으면 아이에게 대물림된다

부모가 되고 나서 더 불안해지는 사람들이 있다. 아이가 생기고 나서 지금까지 말한 정도의 불안이 아니라 치료를 요하는 정도의 불안이 생겨나는 경우, 진료를 해보면 불안의 뿌리는 어린 시절 부모와 함께했던 기억에서 발견된다. 그 기억에는 대부분 부모와의 관계에서 안정되고 충분히 사랑을 받았던 느낌이 없다.

방송에서 만난 한 엄마는 어린 시절의 아버지를 이렇게 기억했다. "저희 아버지는 잘해줄 때는 무척 잘해주셨는데, 뭔가 잘못되면 정말 불같이 화를 내셨어요." 얘기를 들어보니 아버지의 화는 대부분 본인의 불안 때문이었다. 그 엄마는 어린 시절 농사를 짓고 소를 키우는 시골에 살았다. 한번은 엄마가 친구랑 놀고 있는데 아버지가 저 멀리 언덕에서 내려오시는 것이 보였다. 아버지의 얼굴은 마치 불화산처럼 붉은색이었다. 자기를 죽일 것처럼 눈을 부릅뜨고 알아들을 수 없을 만큼 큰 소리로 악을 쓰고 있었다. 아버지가 화가 난 이유는, 아이였던 그 엄마가 외양간 문을 닫지 않고 나가서 소가 없어졌기 때문이었다. 분명 엄마는 외양간 문을 닫았었다. 외양간 문이 열린 것은 소가 심하게 몸부림을 쳤기 때문이었고, 다행히 소는 얼마 지나지 않아 마을의 다른 집에서 발견되어 사건은 마무리되었다.

나이가 들면서 당시 아버지의 화를 이해하지 못할 것도 없었다. '우리 아버지가 성격이 유별나서 그렇지, 나를 미워하셨던 것은 아니었지'라고 좋게 생각할수 있지만, 안타깝게도 그 당시 느꼈던 죽을 것 같은 공포는 해결되지 않은 불안으로 자신의 내면 깊숙이 간직되었다. 아이를 낳은 후, 깊이 간직된 불안은 다른형태의 불안으로 표출되었다. 이 엄마는 늘 무슨 일이 생길까 봐 걱정이 되어 아이를 밖으로 한 발짝도 데리고 나가질 못했다. 찬바람을 쐬기라도 하면 감기에걸릴 것 같고, 밖에 나가서 뭘 만지기라도 하면 병에 걸릴 것 같은 불안감에 시달렸다. 어쩌다 밖으로 데리고 나오면 머리부터 발끝까지 아이를 꽁꽁 싸맸다. 이엄마는 자신 안에 그런 불안이 있는 줄도 몰랐다. 자신은 단지 아이를 건강하게키우기 위해 한 행동이었기 때문이다. 엄마의 불안은 무의식적인 행동을 지배했다.

　또 다른 엄마는 어린 시절 아버지가 부부 싸움을 하실 때마다 자꾸 물건을 부수었단다. 어렸을 때는 아버지의 그런 행동이 너무너무 싫었지만 커서는 '옛날아버지들이 다 그렇지 뭐. 그래도 우리 아버지는 나를 사랑하셨으니까' 하고 이해하는 면도 있었다. 그래서 아버지와 그리 나쁘지 않은 관계로 지냈다. 그런데이 엄마 안에도 어린 시절 느낀 감정이 불안으로 숨어 있었는지, 아이를 낳자 불안이 고개를 내밀었다. 이 엄마는 아이와 외출할 때마다 100미터 떨어진 곳에서 뭔가 떨어져서 깨지는 것 같으면 아이에게 그 뾰족한 가루가 묻었을까 봐 불안해했다. 그래서 집에 와서 아이 옷을 다시 갈아입히는 것은 물론, 목욕을 시키고 벗은 옷 속에 뾰족한 가루가 남아 있을까 해서 서너 시간에 걸쳐 샅샅이 찾곤 했다. 어떨 때는 아무래도 불안해서 입었던 옷을 다 버리기도 했다.

왜 어린 시절 몸속에 잔존해 있던 불안이, 아이를 낳기 전에는 가만히 숨어 있다가 아이를 낳으면 밖으로 표출될까? 무의식 속에 자리하고 있던 엄마들의 보살핌 본능이, 자신이 가지고 있는 문제로 아이를 오염시키지 않으려고 과잉 반응을 하는 것이다. 엄마들은 누구나 아이를 100퍼센트 무결점의 결정체로 지켜야 한다고 생각한다. 자신이 문제가 있을 경우, 혹 그것 때문에 아이가 오염되고 상처를 받을까 봐 더 예민해진다. 그런데 결과적으로 그 상황이 아이에게 좋지 않은 영향을 미친다. 아버지의 불안이 다른 형태로 엄마에게 전해진 것처럼, 엄마의 아이한테까지도 대물림되기 때문이다.

뭔가 극단적으로 용납을 못 하는 것, 남들이 보기에 지나친 것 같은 행동 뒤에는 자신이 어린 시절 간직했던 불안이 숨어 있는 경우가 많다. 때문에 '절대 안 돼. 결단코 싫어'라는 말이 붙는 자신의 행동에는 살며시 브레이크를 밟을 필요가 있다. 어렵더라도, 내 마음 편한 대로가 아니라 내 아이나 배우자가 원하는 방향대로 핸들을 돌리도록 노력해야 한다. 그래야 그들이 나의 불안에 영향을 덜 받는다. 혹 스스로 브레이크를 밟는 것이 어렵다면 반드시 전문가의 도움을 받아야 한다. 그리하여 자신을 들여다보고 근본적인 불안을 해결해야 한다. 그래야 나의 지나친 불안이 대물림되지 않는다.

엄마들만 어린 시절로 인한 불안이 있는 것은 아니다. 아빠들의 불안은 대체로 '강해야 한다'를 강요하는 형태로 존재한다. 아이에게 지나치게 "강해야 해! 너 세상이 얼마나 무서운 곳인 줄 아니? 눈 뜨고 있어도 코 베어 가는 세상이야"라고 말하고 있다면, 자신의 근본적인 불안을 들여다보아야 한다. 아빠들은 이렇게 말하면 아이가 더 강해질 것이라고 생각하지만, 아이는 그로 인해서 세상에 대한 불신감을 키우고 불안감이 커진다. 아이가 열이 펄펄 나서 학교에 못 갈 것 같다고 말해도 "그 정도 아프다고 학교를 빠져서는 안 돼"라고 말하는 아빠는, 아이가 조금만 아파도 쉽게 학교를 빠질까 봐, 학교를 빠지는 것이 습관이 될까 봐 하는 말이다. 아빠가 가진 '무조건 강해야 한다'는 식의 불안은 아이에게 그대로 전달된다. '강해져야 한다'는 것이 아이 인생의 최대 목표가 되어 아이에게 부적절한 기준을 만들어주고, 부적절한 지침을 줄 가능성이 많다. 간혹 아이가 자만할까 봐 칭찬을 잘 하지 않는 아빠들도 있다. 거의 모든 과목이 95점 이상이고 한 과목만 85점을 받아왔는데, 잘한 과목은 칭찬하지 않고 "왜 이건 85점밖에 못 받았니?"라고 혼을 낸다. 그러면 아이는 속상하고 서운하다. 어른이 되면 지금 부모의 행동을 이해하겠지만 그 순간에는 부모의 진심을 알 수 없어 아이의 마음속에 불안이 싹튼다. 칭찬할 때는 칭찬하고 위로할 때는 위로하고 바로잡을 때는 바로잡아야 한다. 그래야 아이의 마음속에 '아, 부모가 나를 사랑하고 있구나. 확실히 나를 위로하고 있구나'라는 기준이 생긴다. 기준이 분명해야 불안하지 않고 흔들리지 않는다.

원인적으로 보면 지금 엄마 아빠들의 불안은 그 부모들로부터 시작되었다. 하지만 그 부모들에게 물어보면 그들의 의도는 언제나 선했다. "강해져야 한다"며 아이에게 잔뜩 겁을 주었던 부모도, "이것도 안 돼, 저것도 안 돼" 하면서 지나치게 조심시켰던 부모도, "무조건 부모 말을 따라야지"라며 윽박질렀던 부모도, 당신의 자식이 당신 때문에 어린 시절의 불안을 키웠고 그 불안을 다른 형태로 표출하며 손자 손녀를 키우고 있다고 말하면, "내가 자식을 얼마나 사랑했는데…"라며 억울해하신다. 당신들도 자식을 사랑하는 마음에 먹을 것 못 먹고, 입을 것 못 입으면서 잘 되라는 말만 했는데, 그것 때문에 당신의 자식이 불안했고 인생이 힘들었다고 하면 쉽게 이해하지 못한다. 왜 이런 일이 벌어지는 것일까? 나는 우리네 많은 부모님이 우리를 사랑하셨지만, 올바른 사랑을 주시는 데는 조금 미숙했다고 생각한다. 올바른 사랑은 상대가 원하는 것을 주는 것이다. 그런데 그들 대부분은 자식이 원하는 사랑이 아니라 당신이 원하는 사랑을 하셨다. 그것은 각자의 배우자에게도 마찬가지셨다. 하지만 우리는 이런 사랑을 반복해서는 안 된다. 내 타입의 사랑이 아니라 그들 타입의 사랑을 주어야 한다. 그래야 마음속 불안과 갈등이 덜 생긴다.

예를 들면 이런 것이다. 아이가 친구네 집에 놀러 갔는데, 엄마는 평소에 아이가 그 집에 놀러가는 것을 싫어했다. 그 친구는 괜찮지만 그 집 부모가 시도 때도 없이 싸운다는 것을 알고 있었기 때문이다. 그래서 엄마는 아이에게 누누이 그 친구 집에 가지 말라고 말했다. 그런데 아이가 엄마의 말을 어기고 그 친구 집에 갔다가 결국 친구 부모가 크게 싸우는 것을 목격하고 말았다. 아이는 겁에 질려 집으로 왔다. 그렇다면 지금 아이에게는 어떤 사랑이 필요할까? 아이는 "엄마, 나 오늘 그 집에 갔는데, 걔네 엄마 아빠가 막 싸우고 그릇도 던져서 깨지고 그랬어요. 너무 놀라고 무서웠어요"라고 말했다. 그럴 때 엄마는 아이를 안아주면서 "그래, 무서웠구나. 괜찮아, 괜찮아" 하며 보호와 위로를 해주면 된다. 그런데 그 순간 엄마들은 "그러니까 엄마가 가지 말라고 했잖아"라며 '엄마 말을 잘 들어야 안전하다'라는 가르침을 줄 수 있는 절호의 찬스라고 생각한다. 엄마가 이런 말을 하면 아이는 오히려 죄책감과 불안감이 가중된다. 엄마가 준 것은 사랑이 아니다. 받을 사람이 감정적으로 갖고 싶어 하는 것을 주는 것이 사랑이다.

지금 나의 선택을 믿어라

방송이나 병원에서 만나는 엄마 아빠들을 보면, 불안이 원인이 되어 육아 스트레스나 우울증, 아이의 문제 행동 등을 야기한 경우가 특히 많았다. 주변에서 들려오는 "이래야 좋은 아빠다, 이래야 좋은 엄마다" "부모는 이래야 한다"라는 말을 온전히 내 것으로 만들지 못하고 계속 수많은 정보만 접하다 오히려 자기 안에서 갈등을 초래했고, 그것으로 인해 부모들은 더 불안해졌다. 어떤 부모들은 아이가 자기한테 빚이 있다고 생각하고, 아이한테 빚을 받아야 할 것처럼 굴기도 했다. 불안하지 않으려면 자기 자신을 제대로 알고 인정하는 연습부터 해야 한다. 자기가 정말 원하는 것을 생각해보고 그 길로 가라는 것이다. 그것은 절대 틀리지 않다. 절대 나쁘지 않고, 여러 사람의 말에 휘둘릴 필요는 없다. 사람마다 중요하게 생각하는 것이 각각 다르듯이 제각기 다른 정답이 존재한다.

해결되지 않은 갈등 요소가 무의식의 저 바닥에 숨어 있다가 꼬물꼬물 올라오기 시작하면 사람은 누구나 불안해진다. 갈등 요소를 해결하려면 생각을 정리해야 한다. 그런데 아무리 생각을 해봐도 모르겠다면 배우자를 찾든, 가까운 지인에게 묻든, 전문의를 만나든, 객관적인 제3자와 의논을 해야 한다. 이 외의 의미 없는 다른 사람의 이야기는 참고하지 마라. 그들 역시 그들이 중요하다고 생각하는 자기 가치관을 이야기할 뿐이다. 그들이 하는 말은 당신에 대한 이해에서 나온 조언이라고 보기 어렵다. 당신한테 조언을 해주는 사람은 중립적이고, 당신에게 쓴소리를 할 수 있고, 당신의 이해에 도움을 줄 수 있는 사람이어야 한다. 아빠들의 경우, 존경하는 선생님이나 선배나 친구 중 진지한 대화를 할 수 있는 사람이라면 좋다. 하지만 술자리에서 호형호제하는 사람들의 조언은 별 도움이 되지 않는다. 음주에 몰두되어 있는 그 자리는 뭔가 본질이 불안하고 공허한 경우가 많기 때문이다.

불안하면 생각을 정리해라. 결단할 것은 결단하고 버릴 것은 버려야 한다. 그래야 불안하지 않다. 그렇지 않고 모든 것을 다 부여잡고 있으면 계속 불안할 수밖에 없다. 그런 상태에서 아이를 키운다면 아이 또한 불안해진다. 엄마는 불안하면 나타나는 여러 가지 행태들을 아이한테 그대로 하게 된다. 그렇게 되면 아이는 엄마가 느끼는 것보다 더 큰 불안을 느낀다. 엄마의 불안이 아이에게 전염되는 것이다. 아이들은 아직 정서 분화가 완성된 것이 아니어서, 부모가 보이는 애매모호한 감정적인 소통을 굉장히 불안하게 받아들인다.

아이가 보기에 엄마 표정이 안 좋고 엄마한테 무슨 일이 있는 것 같아서 "엄마, 오늘 어디 안 좋으세요?"라고 묻는다. 그럴 때 아니면 아니라고 대답하고, 그러면 그렇다고 대답해야 한다. 만약 아니라고 대답을 했는데도 계속 표정이 안 좋아 보인다고 아이가 이유를 물으면 솔직하게 대답해야 한다. "사실은 아침에 아빠랑 말다툼을 했는데, 기분이 좀 안 좋아"라든지 "갑자기 벌금 통지서가 날아와서 걱정이야"라고 솔직히 말해야 한다. 정말 아니면 "정말 아니야. 신경 쓸 것 없어"라고 말하고 표정을 바꿔야 한다. 만약 이렇게 하지 않고 "신경 쓰지 마"라는 말만 하면서 계속 침울하게 있으면 아이는 순간 불안해진다. 엄마들은 아이가 걱정할까 봐 그렇게 말했다고 하지만, 그런 행동은 아주 모호한 의사소통 방법이기 때문에 아이의 불안을 더 증폭시킨다. 아이도 집안이 망했다는 것을 느끼고, 아빠가 큰 빚을 졌다는 것도 알고 있고, 부모가 싸우는 소리도 듣는다. 그런데 부모가 계속 "아니다"라고만 하면서 구체적인 설명을 해주지 않으면 아이는 상황을 정확히 알지 못해 굉장히 불안해진다. 때문에 경제적인 문제이든, 건강 문제이든, 아이에게 어느 정도는 솔직히 말해주는 것이 필요하다.

예를 들어 아빠가 사업에 실패했다면, 아이들에게도 이 상황을 설명해주고 "엄마 아빠가 이 위기를 극복하려면 1~2년은 걸릴 것 같아. 그 동안 너희들은 이런저런 것들을 도와주었으면 좋겠다"라고 말해주어야 한다. 그래야 아이들이 덜 불안해한다. 사실 이런 상황이 되면 되레 엄마들이 많이 불안해한다. 하지만 인생을 살아가다 보면 위험한 고비도 있고, 시기도 있다. 위기가 왔을 때 서로를 비난하고 탓하고 허우적대는 사람이 있는가 하면, 그래도 내일은 내일의 태양이 뜬다며 긍정적으로 극복해나가려는 사람이 있다. 이럴 때 우선은 자신의 현실에 맞게 생각을 정리해야 한다. 경제적 곤란을 겪거나 부모 중 누구 한 명이 병에 걸렸을 때는 부부가 협력해서 버텨내주는 것이 당연하다. 그런 쪽으로 생각을 정리해서 나가야 불안이 덜어진다.

사람은 늘 자신이 어떻게 하면 행복할지에 대한 기준이 되는 그림을 가지고 있어야 한다. 이 행복이 지금 살고 있는 인생과 많이 다른가에 대해서도 생각해 보아야 한다. 똑같지는 않겠지만, 그렇다고 많이 다르지도 않을 것이다. 그렇다면 그 안에서의 행복을 발견해야 한다. 그런데 우리는 종종 약간의 다름만 부각하여 지금 불행하다고 생각한다. 그때 결혼을 좀 늦게 했더라면…, 직장을 그만두지 않았더라면…, 임신을 조금 늦게 했더라면…, 아기에게만 집중했다면…. 물론 가지 않은 길에 대한 그리움과 아쉬움, 억울함과 기대는 누구에게나 있다. 하지만 가지 않은 길을 그리워할 필요가 없는 이유는, 내가 온 길은 내가 선택한 것이며 지금 내가 서 있는 길은 선택의 순간 내 세포 하나하나가 최선이라고 판단했던 길이기 때문이다.

대부분의 인생은 자신의 선택이 낳은 결과다. 그것을 자꾸 상황에 의해서, 또는 어쩔 수 없다, 라고 생각하지 말자. 자신의 선택은 '자신이 그려온 행복의 그림'에 의해서 결정된다. 때문에 우리는 '나는 어떻게 해야 행복할까'에 대한 주관적인 기준을 끊임없이 생각해야 한다. 그리고 거기에 맞춰 더 상위의 가치를 가진 것에 우선순위를 두고 서열을 정해야 한다. '나는 무슨 일이 있어도 아이 뒷바라지에 최선을 다할 거야. 나는 그래야 행복할 것 같아'라고 마음먹었으면, 아이가 대학 갈 때까지는 빚을 지더라도 그것을 가지고 신세 한탄을 하면 안 된다. 아이를 대학에 보내놓고 빚을 갚든, 아이에게 사회에 나갔을 때 돈을 벌어서 조금씩 갚으라고 하든, 자신이 최상의 가치를 두는 것에 따라 움직여야 한다. '나는 돈이 좀 부족하더라도 매일 여유롭게 살고 싶어'라고 생각했다면 다른 사람보다 물질적으로 풍족하지 않은 것에 대해 '우리 집은 왜 매일 이래?'라고 생각하지 말아야 한다. 자기 안의 가치관이 일관되지 못하면 어떤 모습으로 살든 언제나 불행하다. 반대로, 스스로 정한 최상의 가치에 대한 생각이 단단한 사람은 남들이 뭐라고 하든 언제나 행복할 수 있다.

집에서 아이만 키우면서도 자신의 삶에 만족해하는 엄마는 아이를 잘 키우는 것이 무엇보다 중요하다는 최상의 가치관이 잘 정립되어 있는 사람이다. 이런 사람은 아이를 키우는 것이 매우 행복하다. '아이를 키우고 나면 나는 뭘 하지? 나도 한때는 잘나갔었는데…' 하는 생각을 안 한다. 또 일을 하는 엄마로서 행복한 엄마는 '엄마로서의 역할뿐 아니라 내가 가진 사회적 역할도 굉장히 중요해'라는 최상의 가치관이 정립되어 있는 사람이다. 그런 사람은, 좀 안쓰럽고 힘들지만 다른 사람에게 아이를 맡기고 자기 일을 하는 것에 대한 갈등이 덜하다. 어느 쪽이든 결정을 하고 나서 '나 이래도 될까?'라는 고민은 하지 말자. 누구도 두

마리 토끼는 못 잡는다. 자신이 어떻게 해야 행복할 에 대한 가치 기준은, 그것이 아주 이상하고 병적이고 부적절하지만 않다면 어느 누구도 그 사람을 비난할 수 없다. 뭔가 잘못했다고 후회하거나 죄책감을 갖지 마라. 이것이 그 순간에는 최선이었고, 그 순간 당신이 가장 옳다고 생각하는 방향으로, 당신이 가장 행복할 수 있는 방향으로 선택한 것이기 때문이다. 스스로의 선택을 믿어라. 나는 당신의 선택을 믿는다.

항상 내 안의 불안 신호를 체크해라

불안은 언제나 우리 가까이에 있다. 그 정도를 결정하는 것은 나 자신이다. 내 생활에 도움을 줄 정도만 적당히 취하느냐, 그 정도를 넘어서느냐를 결정하는 것은 무의식적인 면이 많지만 실은 우리 자신이다. 우리는 항상 부부 관계를, 부모와 자녀 관계를, 대인 관계를 해치는 수준의 불안을 갖지 않도록 스스로 단속해야 한다. 자신도 모르게 하는 행동들이 잦다면 자신의 불안이 정도를 넘어섰음을 의심해라.

첫째, 무관심을 조심해라. 무관심은 고집스러움으로 나타난다. 고집이 있는 사람들은 "이것은 이렇게 하면 안 되거든" 하면서 다른 사람의 행동을 자기가 원하는 대로 바꾸거나 그러지 못하면 튕겨나간다. 자신이 행동을 바꾸어야 한다면 아예 연을 끊어버리기도 한다. 또는 뭔가 처리를 못 할 것 같으면 회피한다. 회피는 굉장히 고집스러운 특성을 반영한다. 아무리 좋은 마음을 품고 있더라도 무관심, 고집, 회피로 보이는 행동을 한다면 상대와의 관계에 좋지 않은 영향을 끼친다. 고집은 합리성이 부족한 모습이다. 내가 상처를 받지 않으려고, 내가 불편하지 않으려고 내 생각만 주장하는 것이다. 고집을 피우는 사람의 머릿속에는 온통 '나'밖에 없다. 스스로에게 물어봐라. '내가 고집이 좀 있나?' '내가 평소에 남의 충고를 좀 안 듣는 편인가?' 그렇다면 당신의 의도와는 상관없이 남들은 오해할 수 있으므로 반드시 고쳐야 한다. 자기는 무관심하다고 생각하지 않는데 종종 주변으로부터 무관심하다는 말을 듣는다면 가족 구성원한테 물어봐라. 아내한테도 "당신, 내가 좀 무관심한 것 같아?"라고 물어보고, 애들한테도 "아빠가 좀 무관심한 것 같니?"라고 묻는다. 모든 사람이 "예스!"라고 대답하면 말할 것도 없고, 그중에 한 사람이라도 "예스!"라고 했다면 자신을 바꾸려는 노력을 해야 한다. 단 한 사람이 무관심하게 느꼈더라도 그 사람과의 관계는 소중하기 때문에 반드시 바꾸어야 한다. 특히 아빠들은 남자들이 쉽게 보이는 불안 신호인 무관심을 경계해야 한다. 다음은 당신이 무관심한 사람임을 알려주는 신호들이다.

- 자신이 지나치게 고집을 피우는 것 같다.
- 어떤 사람의 말이 아무 이유 없이 듣고 싶지 않다.
- 자꾸 그 말을 들으라고 하면 화가 난다.
- 너무 자주 화가 난다.
- 상대에게 '너 한 번만 더 그러면 혼날 줄 알아' 식으로 강압적인 표현을 자주 쓴다.
- 집에 오면 조용히 혼자 있고 싶다.
- 아내랑 대화하는 것보다 컴퓨터나 TV를 가까이하는 것이 좋다.
- 아내의 대화 요청이 싫다.
- 자꾸 귀가 시간이 늦어지고 집에 들어가기 싫다.

- 아이, 집안일에 관해 아내가 말을 걸면 일단 싫은 느낌부터 든다.
- 대화를 할 때마다 자신도 모르게 아내나 아이를 폄하한다.

둘째, 지나친 걱정이다. 지나친 걱정 또한 불안으로 인해 표출되는 행동이다. 같은 말을 계속 반복하거나 상대가 자기 생각대로 바로 움직이지 않는 게 견딜 수 없다면, 그것은 내 안의 불안 때문이다. 때문에 과잉 개입하고 과잉 통제하고 싶은 그 마음 안에도 '나'밖에 존재하지 않는다. 사람은 마음의 여유와 평화가 있어야 걱정스러운 것을 그때그때 해결할 수 있고, 다음 문제로 넘어갈 수 있다. 그런데 걱정이라는 것은 한번 생기기 시작하면 하루 종일 아무 문제도 해결하지 못하게 하고 사람을 닳아버리게 만든다. 그러다 보니 항상 지쳐 있고 매 순간이 짜증스럽다. 마음이 평화로울 때는 좋게 설명할 수 있는 말도, 자꾸 쏘아붙이게 된다. 자신은 아닌 것 같지만 주변에서 "너 왜 그렇게 종종거려?"라고 말한다면 역시 가족 구성원이나 아주 가까이 지내는 지인에게 물어봐야 한다. "내가 좀 불안해 보여?" 또는 "내가 좀 걱정이 많은 것 같아?"라고 물어봐라. 혹 상대가 대답을 머뭇거리면 "내가 그렇게 하면 좀 힘들어?" 또는 "내가 혹시 뭔가 불편하게 하는 것 있어?"라고 물어봐준다. 특히 엄마들은, 여자들이 자주 보이는 불안의 신호인 걱정을 경계하라. 다음은 당신이 '지나친 걱정'을 하는 사람임을 알려주는 신호들이다.

- 잔소리가 자꾸 많아진다.
- 걱정을 안 하고 있는 게 걱정일 정도로 걱정이 떨쳐지지 않는다.
- 꼭 필요한 정보가 아닌데도 자꾸 인터넷 검색을 한다.
- 이미 결정된 사항인데도 다른 사람의 생각이 자꾸 궁금하다.

- 다른 사람의 말을 들으면 귀가 얇아진다.

- 아이를 키울 때 내 뜻대로 안 되면 불안하다.

- 너무 자주 화를 낸다.

- 나의 걱정을 해결해주지 않는 남편이 꼴 보기 싫다.

- 종종 "아까 얘기해줬잖아. 왜 바보같이 못 알아들어"라고 짜증스럽게 말한다.

- 혼자 있으면 자기도 모르게 신세 한탄을 하고 있다.

- 항상 너무 힘들고 지친다.

불안은 밖에서 오는 것이 아니라 모두 내 안에서 비롯된다. 때문에 불안하다면 그다음부터는 초점을 '나'로 돌려야 한다. '나는 뭐가 불안하지? 나는 어떨 때 불안해질까? 뭐가 나의 불안을 유발하지? 불안할 때 내가 주로 쓰는 방법은 뭐지?' 하고 생각해본다. '내가 성질을 내는구나, 내가 말을 좀 함부로 하는구나, 내가 잔소리가 좀 많구나, 내가 문제로부터 도망가는구나' 등 불안의 모습을 제대로 보아야 한다. 불안의 모습을 제대로 보는 것만으로도 불안은 어느 정도 낮아진다. 불안을 다룰 때 가장 위험한 상황은 내가 왜 불안한지, 내가 불안하면 어떻게 되는지를 알지 못할 때다. 하지만 불안의 정체를 알고 내가 그로 인해 어떻게 변하는지 알면, 이미 그것만으로도 불안은 옅어진다. 불안도가 높으면 누구나 행복하기 어렵다. 정말 행복해도 되는 순간조차 불안 때문에 행복을 의심하기 때문이다. 부모의 불안도가 높으면 아이에게 주는 영향은 치명적이다. 아이가 부모로부터 행복이 아니라 불행을 학습하기 때문이다. 부모의 불안한 습관을 그대로 배워서 행복을 행복인지 모르는 아이로 자랄 수 있다. 아이에게 부모가 행복한 모습을 보여주는 것만큼 좋은 교육은 없다.

자, 책을 모두 읽었다. 당신은 공부를 하듯 꼼꼼히 읽었을 수도 있다. 그렇다면 이제 당신은 변했을까? 아마도 책을 읽는 동안 "내가 이래서 이랬구나" 하며 여러 번 무릎을 치고, 책에 나오는 글귀를 수첩 한구석에 빽빽이 적어두었다 하더라도 많이 변하지는 못했을 것이다. '아이를 위해 반드시 변해야겠다!'는 강한 동기를 가지고 진료실에 찾아온 부모들도 변하는 데 최소 6개월에서 1년은 걸린다. 내가 직접 진료를 했으니 6개월에서 1년이면 그들이 완전 새사람이 될까? 미안하지만 그렇지 않다. 6개월에서 1년 동안 바꿀 수 있는 것은 단지 의사소통을 할 때 서로 비난하지 않는 것, 단 하나다. 그것 하나 고치기도 정말 어렵다. 때문에 자신이 부모로서 가지고 있는 모든 문제점을 해결하려면 평생 노력을 해야 한다.

나는 이 책을 읽은 당신이, 지금 이 순간 딱 한 가지의 작은 목표를 정했으면 좋겠다. 올해 나는 아이와 남편에게 절대 지적을 하지 않겠다, 올해 나는 일주일에 한 번, 10분 이상은 아무 말 없이 아내의 말을 진심으로 들어주겠다, 올해 나는 밥상머리에서 아이에게 절대 훈계를 하지 않겠다, 올해 나는 화가 나면 반드시 속으로 다시 한 번 생각해보겠다 등 뭐든 좋다. 너무 완벽하게 이론대로 변하려고 하면 스트레스만 받고 죄책감이 심해진다. 작은 것, 단 하나부터 시작해보자. 분명 1년이 지나면 변한 자신의 모습에 놀라고, 그에 맞춰 나타나는 아이의 변화, 배우자의 변화에 또 한 번 놀라게 될 것이다. 나는 세상의 모든 부모들을 응원한다.

좋은 부모,
배우자가 되기 위해
버려야 할
심리 코드 7

사람은 누구나 불안하다. 불안하다는 것은 정상적인 것이다. 그 불안이 일상생활을 하는 데 큰 방해를 하지 않는다면 정상이다. 일어날 수 있는 많은 위기를 미리 대비하게 하고 적절한 대책을 세울 수 있도록 도와준다면 그 불안은 정상이다. 만약 불안이 일상생활의 적응을 방해한다면 얘기는 달라진다. 더욱이 부모로 살면서 너무 불안하다면 다음과 같은 심리 코드가 내 안에 존재하지 않는지 살펴보자. 만약 그렇다면 그 심리 코드부터 버리기 위해 노력해보자. 혼자서 하기 힘들다면 전문가의 도움을 받아서라도 다음과 같은 심리 코드는 반드시 버려야 한다.

피해 의식

아내와 자식을 먹여 살리기 위해 열심히 돈만 벌어온 한 집안의 가장인 아빠. 어느 날 집에 돌아와보니 아이들은 엄마하고만 속닥거리고 집 안 어디에도 자신의 자리는 없어 소외된 느낌이다. 이제라도 아이들과 대화를 해보려고 시도하지만 공감대도 찾을 수 없고, 아이가 무슨 말을 하는지도 도통 알아들을 수 없다. 그순간 아빠들은 일종의 피해 의식을 느낀다. '도대체 내 인생은 뭔가?' 하며 고독해하고 외로워진다. 그런데 피해 의식이 느껴지는 순간, 그 감정을 빨리 버려야 한다. 그리고 스스로 바뀌어야 한다. '지금까지 너희들 먹여 살리기 위해 집에는 무관심할 수밖에 없었다'라는 아빠의 명제를 바꿔야 한다. '내가 우리 가족을 정말 사랑한다면 이제라도 관심을 가져야겠구나' 하고 생각하고, 지금까지의 잘못을 인정하고 아이들과 아내에게 따뜻한 말 한마디를 건네자. "아빠가 그동안 무심했던 것 같은데 미안하다. 가족들 뒷바라지를 위해서 바깥일만 잘하면 될 거라고 생각해서 너희들한테 신경을 못 썼다. 그러지 말았어야 했는데 미안하다"라고 말할 수 있어야 한다. 그래야만 외톨이에서 벗어날 수 있다. 회사 직원들과 잘 지내기 위해 어떤 행동을 했는지 잘 생각해보고, 가족들에게도 그렇게 대한다. 사소한 것에도 관심을 가져주고 조금만 잘해도 칭찬해주고 고민이 있는 것 같으면 얘기도 들어주고 가끔 회식도 하자. 직원들이 힘들어할 때 격려의 말을 건넨 것처럼 아이들과 아내에게도 그렇게 해보자.

엄마들은 아이 키우고 남편 뒷바라지하느라 자신한테는 신경을 쓸 여력이 없었는데, 남편은 회사에서 임원이라고 거들먹거리면서 아내한테 "왜 이렇게 촌스럽냐?"며 불평한다. 아내가 "당신이 나한테 제대로 된 옷 한 벌 사준 적 있어?" 하고 따지면 "사 입어. 카드 있잖아?"라고 말한다. 하지만 엄마들은 거금을 주고 옷을 살 수 없다. 그 상황에서

도 '이 돈이면 애 학원 하나 더 보낼 수 있는데' 하는 생각이 들기 때문이다. 그렇게 애지
중지 키운 아이는 컸다고 엄마 말도 안 듣고 친구들하고만 어울려 다니고, 목숨 걸고 공
부를 시켰지만 대학도 못 가게 생겼다. 그럴 때 엄마는 외로워지고 '나는 뭔가?'라는 피
해 의식이 든다. 엄마들은 피해 의식이 느껴지는 순간, 자신을 찾아야 한다. 그동안 배우
고 싶었던 것을 배워도 좋다. 사이버대학이나 방송통신대학, 평생교육원, 구청의 문화센
터 등 적은 비용으로 배울 수 있는 것들이 정말 많다. 배우는 것이 싫다면 틈틈이 좋은
영화라도 보러 다니자.

내 안의 정체성 중 나를 위한 것의 개수를 조금씩 늘려나가야 한다. 그래야 덜 억울하
다. 나를 버리고 아이를 위해 살았다고 억울해하지 말아야 한다. 아이한테 가장 중요한
황금 시기에 내가 부모로서 최선을 다해 키웠다는 그 자체만으로도 그 시간은 충분히
가치가 있다. 다른 사람이 그것을 인정하느냐, 인정하지 않느냐는 중요하지 않다. 나에
게 그 시간이 소중했으면 그것으로 그만이다. 그것이 부모가 자식에게 주는 조건 없는
사랑이다. 만약 너무 억울해서 견딜 수 없다면 남편이나 아이들에게 솔직할 필요가 있
다. "엄마가 너를 위해 평생을 바쳤는데 네가 무심한 것 같아 좀 서운해"라고 말하고 저
녁이라도 온 가족이 같이 먹자고 말해라. 하지만 나의 사랑이 정말 아무 조건이 없었다
면 너무 억울해하지 마라. 그 자체로도 충분히 가치 있으므로 스스로 자신에게 '뿌듯함'
이라는 상을 주어야 한다.

고집

아빠들은 다른 사람의 말을 들으면 그것이 자신의 삶에 영향을 준다고 생각해서 두려

위한다. 자신이 준비하거나 예측하지 못했던 것이 영향력을 행사하고 삶을 뒤흔들까 봐 두려운 것이다. 그래서 아빠들은 자신의 방식을 고집한다. 그렇게 되면 아빠 자신이 가족 안에서 '문제'라고 느끼는 그 점이 점점 심해진다. 언젠가 진료를 받았던 한 아이는 "아빠와 대화를 나눌 때마다 아빠가 소리를 지르고 화를 내서 앞으로 아빠하고는 아무 말도 안 하기로 마음먹었다"고 말했다. '우리 아빠, 혹은 남편은 고집불통이야. 어떤 대화도 안 돼'라고 생각하면 가족 누구도 아빠에게 말을 걸지 않는다. 그러면 아빠는 고집이라는 성에 갇혀서 혼자 사는 신세가 된다. 그런 아빠는 자신이 본능적으로 남의 말을 잘 듣지 않는다는 것을 파악하고, 의식적으로 남의 말을 잘 듣기 위해 노력해야 한다. 아무리 노력해도 안 고쳐진다면 전문가와 상담해볼 것을 권한다. 고집이 세다는 것은 그만큼 불안이 높다는 것을 의미한다. 이럴 경우 혼자 노력해서는 절대 고칠 수 없다.

엄마에게는 남의 말을 안 듣는 고집은 거의 없다고 본다. 엄마들은 남의 조언을 잘 받아들이는 편이다. 엄마들이 유일하게 고집스러울 때는 원망의 넋두리를 할 때다. 시어머니나 남편이 어떤 상처를 주었을 때, 그들을 원망하며 했던 말을 또 하고 또 하는 모습은 정말 고집스럽다. 예를 들어, 시어머니가 김장하는 것을 도우러 갔다가 공교롭게도 아이가 유산이 되었다면 "그때 시어머니가 그렇게 일을 시키지만 않으셨어도 이런 일이 없었을 텐데…"라며 언제까지고 그 얘기를 한다. 원망의 넋두리에는 반드시 나를 괴롭히는 악역을 맡은 인물이 등장한다. 그 사람이 모든 문제의 진원지인 것 같고, 그 사람만 없으면 지금 내가 많은 부분에서 행복할 거라고 생각한다. 아빠들은 자신이 중요하게 생각하는 삶의 방식을 고집스럽게 바꾸지 않으려고 한다면, 엄마들은 인생에 영향을 준 사람을 고집스럽게 원망하곤 한다. 과거에 일어난 일은 이미 벌어진 일이다. 없앨 수도 없으며 어쩔 수도 없다. 고통스러워도 내 삶의 일부로 받아들여야 한다. 지금 할 수 있는 일은, 그 일을 어떻게 처리하느냐다. 그래야 내 미래가 바뀐다. 과거에 일어났고 절대 바꿀 수 없는 일을 고집스럽게 계속 얘기하면, 상대방이 나에게 준 피해가 10이라면, 그 원망의 넋두리에 몰입되어 내가 얻는 피해는 100이 된다. 그로 인해 이후에 나에게 일어날 좋은 일과 행복을 모두 놓치고 만다. 즉, 내가 나에게 더 많은 피해를 주는 상황이 된다.

자기중심적 사고

때때로 부모들은 아이에게 자신의 삶의 방식을 따를 것을 지나치게 요구하는데 이것이 자기중심적인 사고다. 중요한 일을 결정할 때도 그렇지만, 아이와 감정적으로 갈등할 때도 더욱 그렇다. 외고에 가겠다는 아이가 시험을 망쳤다. 부모는 "대체 이 성적으로 어떻게 외고를 가겠다는 거야? 외고에 가고 싶으면 공부를 열심히 했어야지!"라며 비난하듯 말했다. 아이는 "걱정하지 마세요. 제가 알아서 한다니까요" 하면서 방문을 탕 소리나게 닫고 들어갔다. 이때 자기중심적인 사고가 강한 사람은, 버릇없는 아이의 행동을 고쳐야겠다는 식으로 자기한테 중요한 것만 생각한다. "너 엄마한테 이게 무슨 행동이야? 얼른 나와서 좋게 말하고 다시 들어가"라고 말한다. 그러나 이 상황은 엄마나 아이 모두에게 그런 교육을 하고 받을 만한 감정 상태가 아니다. 서로 감정적으로 격분해 있는 상황에서 예절 교육이란 어불성설이다.

자기중심적인 사고를 하는 사람들은 상대방의 기분이나 의견, 현실의 상황은 고려하지 않고 자기가 중요하게 생각하는 것만 고집하는 경우가 많다. 아이의 친구들이 집에 놀러 와서, "너희들 뭐 먹을래?"라고 물었더니 아이들이 하나같이 햄버거를 먹고 싶다고 한다. 엄마는 사먹는 햄버거보다는 직접 만들어 먹일 생각으로 좀 기다리라고 말한다.

하지만 아이들은 햄버거를 만드는 시간을 기다릴 수 없을 만큼 몹시 배가 고프다. 그래도 엄마는 몸에 나쁜 패스트푸드는 안 된다며 계속 기다리라고 한다. 이 또한 자기중심적인 사고다. 아이들이 배가 고프다는 것보다 본인의 좋은 의도를 더 중요시한 것이다.

자기중심적인 사고를 하는 부모는 아이를 열심히 키우고 아이에게 잘해주려고 노력하지만, 나중에는 엄청난 피해 의식을 느끼기도 한다. 본인은 평생 아이를 위해 희생했는데 아이는 오히려 부모를 원망하기 때문이다. 엄마는 비싸도 유기농 과자를 사먹이고 힘들게 좋은 음식을 만들어 먹였는데, 아이는 누구나 먹는 시판 과자를 못 먹은 것이 평생의 한이 된다. 자신과 상대방의 입장이 다를 때는 타협도 하고, 한 발짝 뒤로 물러나기도 해야 하는데, 자기중심적인 사람은 고집스럽게 자기 입장으로만 바라보고 그게 옳다고 우긴다. 만약 나에게 자기중심적인 사고를 하는 경향이 있다고 생각하면 그런 사고를 버리기 위해 노력해야 한다. 그러기 위해서는 스스로에게 항상 물어보는 연습이 필요하다. 나는 이게 중요한데 다른 사람은 어떤 게 더 중요한지 의견을 물어보는 습관을 키운다. "맛있는 것을 만들려고 하는데, 조금 기다릴 수 있니? 너무 배가 고프니?" 하고 물어봐서 아이들이 "너무 배가 고파요"라고 대답하면 타협을 해야 한다. 아이들이 원하는 햄버거를 사주든지, 햄버거를 만드는 동안 기다려야 할 아이들에게 다른 먹을 것을 줘야 한다. 나에게 자기중심적인 면이 있다면 생활 속에서 끊임없이 연습하여 내 사고와 행동 패턴을 바꿀 수밖에 없다.

무력감

무력감이란, 뭘 해도 제대로 할 수 없을 것 같은 느낌이다. 부모들은 아무리 노력해도 좋은 엄마 또는 좋은 아빠가 될 수 없을 것 같은 기분이 들 때가 있다. 아빠들은 자신이 아빠로서 어떠한 영향력도 행사하지 못하는 것 같고, 아내나 아이가 자신의 말을 듣지 않는 것 같을 때 무력감을 느낀다. 무력감이 생기면 누구나 괴롭기 때문에 무력감을 느끼게 하는 자극이나 장소를 피하려고 한다. 그런 이유로 아빠들은 집 밖으로 돌면서 잦은 술자리를 갖는다. 집에서는 제대로 대접을 받지 못하지만 술자리에서는 존재감을 확인하고 우쭐해할 수 있기 때문이다. 하지만 이런 태도로는 절대 무력감을 극복할 수 없다. 무력감을 해결하기 위해서는 원인이 되는 자극이나 대상, 장소를 절대 피해서는 안 된다. 무력감이 느껴지는 순간, 자신이 어떤 것에 무력감을 느끼는지 곰곰이 생각해본다. 가족으로부터 무력감이 느껴진다면 가족에게 솔직하게 말한다. "아빠가 요즘 마음이 그렇다. 이런 마음을 떨쳐내고 싶은데 내가 어떻게 하면 너희들이 편하겠니?"라고 묻는다. 아이들이나 아내가 의견을 내면 "내가 한꺼번에 다 할 수는 없지만 조금씩 노력해볼게"라고 대답하고 작은 것부터라도 실천한다.

무력감은 내 마음대로 다른 사람을 지배하려는 사람일수록 더 강하게 느낀다. 엄마들은 아이를 잘 키우고 싶은 마음에 과잉 개입하거나 과잉 통제하는데 이것이 뜻대로 잘 안 될 때 무력감을 느낀다. 아이에게 스케이트도 배우게 하고, 영어는 물론 수학도 시키고 싶은데 아이는 자랄수록 말을 듣지 않는다. 아이가 말을 안 들을수록 엄마들은 무력감을 느끼기 시작한다. 이런 상황이 되면 엄마들은 그동안 해왔던 방식을 바꿔야 한다. 지금까지 해왔던 그대로 행동하면 둘의 사이가 더 나빠진다. 다른 방식의 조언을 듣고 싶을 때는 전문가와 상담하는 것도 좋다. 본인이 혼자 해결하기 위해 조금씩 행동에 변화를 주었다고 생각해도 지금까지의 방식을 답습했을 경우가 많다. 어린아이를 키우는 엄마가 무력감이 느껴진다면, 자신에게 혹시 완벽주의적인 성향이 있지는 않은지 생각해본다. 대개 자신의 생각대로 되지 않을 때 사람은 무력해진다. 좋은 엄마이고 싶었지만 아무리 노력해도 아이를 편안히 키울 수 없을 때 엄마들은 무기력해진다. 하지만 양육에서 엄마들이 느끼는 무력감은 많은 경우 엄마의 무능력 때문이 아닌 경우가 많다. 아이의 기질이나 아주 작은 기술의 부족이 원인이 되기도 한다. 그럴 때는 빨리 전문가의 도움을 받아야 한다. 내가 최선을 다했는데도 아이가 밤새 울어댄다면 그것은 아이에게 도움이 필요하다는 신호다. '못난 엄마'라고 자책할 필요가 없다. 이런저런 노력을 해봤는데도 변화가 없으면 하루빨리 전문가의 도움을 받아야 한다. 그것을 내 안에 묵혀두면 불안이 될 수 있으니 누군가의 도움을 받아서라도 해결하는 것이 현명하다.

무시

엄마들은 종종 아빠들이 아이에 대한 이야기를 할 때 "알지도 못하면서"라며 무시한다. 아빠들도 엄마들에게 "당신이 세상에 대해서 뭘 알아? 돈 버는 게 쉬운 줄 알아?"라면서 무시한다. 두 사람의 이와 같은 마음속에는 돈을 버는 것(밖에 나가서 활동을 하는 것)과 집에서 살림하고 아이를 보살피는 것 중 자신이 하는 일이 더 가치 있다는 생각이 깔려 있으며, 그 생각의 바닥에는 불안이 존재한다. 상대방을 무시할 때 보면 대화를 더 이상 이어가지 않겠다는 표현을 자주 쓴다. "됐어, 그만해"라는 말로 상대방의 말을 끊는다. 이런 말을 하는 속마음에는 '집안일에는 내가 신경을 안 쓰게 해줘, 당신이 뭘 안다고 그래, 저 사람은 내게 너무 많은 것을 요구해, 난 좀 버겁다, 우리 애가 대학도 못 간다고? 말도 안 돼, 듣기 싫어, 우리가 그 정도 능력도 없어?' 등 많은 생각이 깔려 있다. 잘 이해가 안 돼서 상대방의 이야기를 피하고 싶거나 자신이 감당할 수 없어서 도망가고 싶은 마음도 있다. 하지만 듣는 사람은 그런 마음을 충분히 헤아리고 듣는 것이 아니다. "됐어, 그만해"라는 말을 듣는 순간, 상대방이 자신을 무시했다고 느낀다. 자신의 불안 때문에 회피하고 싶어서 하는 말로 들려 기분이 나빠진다.

상대방을 무시할 생각이 아니었는데 자꾸 무시하는 표현을 쓰게 된다면, 당연히 자기 안에 있는 심리적인 문제를 해결해야 한다. 그러기 위해서는 현실을 직시하고 받아들이는 자세가 필요하다. 그렇게 하지 않으면 변화하기 어렵다. 이해할 수 없다면 이해를 위한 정보를 요청하고, 감당할 수 없으면 감당할 수 없다고 솔직하게 도움을 요청해야 한다. 그래야 상대방도 자신이 무시당한다는 생각을 하지 않는다. 아빠들이 아내의 징징거리는 소리가 싫어서 의사소통을 할 수 없다면 "나한테 이메일로 보내줄래?"라든지 "당신이 하는 말을 생각해보려는데 종이에 적어서 주면 안 될까?"라고 부탁하는 것도 하나의 방법이다. 소통의 방식을 바꿔서라도 소통할 수 있는 방법을 찾아야 한다.

인간관계의 기본이 되는 것은 존중이다. 사실이든 사실이 아니든 다른 사람을 무시하는 태도는 반드시 개선되어야 한다. 혹시 상대방이 하는 일이 본인의 역할보다 가치가 없다는 생각으로 무시한다면 그 생각을 바꿔야 한다. 엄마 아빠 두 사람의 일은 우위를 판가름할 수 없을 정도로 모두 가치 있다. 정성과 사랑만 가지고 비교하면 아이를 키우는 일이 더 가치 있을 수 있지만, 현대사회에서 '돈'이 차지하는 위상도 무시할 수 없다. 부모에게 필요한 태도는 둘 중 어떤 것이 더 가치 있느냐에 대한 평가가 아니라, 서로의 역할을 존중하는 것이다.

화

우리는 많은 감정들을 '화'로 표현한다. 너무 보고 싶어도 화를 내고, 너무 사랑해도 화를 내고, 너무 걱정돼도 화를 내고, 너무 미워해도 화를 낸다. 감정의 발달이 잘 이루어지지 않은 사람일수록 자기 안에 감당할 수 없는 모든 불편한 감정을 화로 표현하는 버릇이 있다. 이중 단골 메뉴가 되는 감정이 바로 걱정과 불안이다. 걱정과 불안을 다루는 기술이 미숙하여 버럭 화를 내는 것으로 표현하는 것이다. 따라서 스스로도 주체할 수 없을 만큼 느닷없이 화가 난다면 자기 안에 어떤 걱정과 불안이 있는지 그 정체를 알아볼 필요가 있다. 화를 낸 다음 한 번만 돌아봐라. 내가 어떤 감정이 들어서 화가 났는지를. 화를 일으키는 본질의 감정을 먼저 다루어야 화를 내는 버릇을 멈출 수 있다. '내가 조금 전에 왜 소리를 질렀지?' 혹은 '내가 왜 화가 났을까?' 생각해본다. '주변 아이들은 좋은 대학에 가는데 우리 아이만 전문대에 간다는 소리가 나의 열등감을 건드렸구나' 하고 자신의 열등감으로 인해 다른 사람을 불편하게 했다는 것을 인정해야 한다. 이렇게 화가 날 때마다 화를 냈던 이유를 살피다 보면, 어느 순간 화를 내기 전에 왜 화를 내려는지 먼저 생각나고, 화산이 분출하듯 솟아오르는 화를 잠재울 수 있게 될 것이다.

화는 자기 감정을 원색적으로, 본능적으로, 원시적으로 처리하는 것이라 할 수 있다. 마치 목에 가래가 생겼는데 다른 사람은 개의치 않고 바닥에 뱉는 행동과 다를 바 없다. 자기 감정만 중요하고 자기만 편하기 위해 주변 사람은 전혀 배려하지 않는 것이 바로 화다. 극도로 미숙하고 이기적이고 자기중심적인 행동이다. 따라서 반드시 고쳐야 한다. 불편한 감정을 갖지 말라는 것이 아니라 불편한 감정은 그대로 표현하고, 부적절하지 않게 처리해야 할 방법을 고민해야 한다. 화를 내면 상황이 종료되는 것 같아 감정이 처리되었다고 느끼지만, 본질의 감정은 그대로 남아 있으므로 하나도 해결된 것이 없다. 오히려 화를 냄으로써 일어나는 또 다른 죄책감 때문에 다른 문제까지 생겨날 수 있다.

의존심

　결혼은 성인이 개별화되어 스스로 자신의 삶을 충분히 이끌어갈 수 있을 때 하는 것이 바람직하다. 하지만 요즘 젊은 부모들은 그렇지 않은 면이 많다. 많은 젊은 부모들이, 미혼일 때 자신을 보호해준 부모의 역할을 결혼 이후에도 배우자가 해주기를 바란다. 지나친 의존 욕구를 가지고 끊임없이 배우자에게 부담을 준다. 엄마가 전업주부라도 아이는 부모가 함께 키워야 하기 때문에 아빠는 가급적 일찍 집으로 들어와야 한다. 하지만 회사의 중요한 업무로 일주일 이상 출장을 가게 되면 그때는 엄마가 전담할 수밖에 없다. 그런데 이런 경우조차 "꼭 가야 해? 나 혼자 어떻게 해!" 하면서 징징대는 엄마들이 의외로 많다. 성인으로서 자신이 감당해야 하는 몫까지 부모한테 조르듯 배우자에게 요구하는 것이다. 그것이 채워지지 않으면 "당신이 어떻게 나한테 이럴 수 있어?"라며 억울해하기도 한다. 아빠들은 자신의 열등한 부분, 좌절감 등에 직면하여 이를 해결하지 못할 때 술에 의존한다. 술을 지나치게 많이 마시는 사람은 자신에게 의존심 내지는 도피심, 정서적인 미숙함이 있는지 살펴봐야 한다. 의존심이 있다면 자신의 나약함을 직면하고 인정해야 한다. 그리고 그 대상이 아이든 아내이든 솔직하게 털어놓아야 한다. 도와달라고 요구하고 어떤 방법이 있는지 의논해야 한다.

　누구나 처음부터 주어진 역할을 잘해낼 수는 없다. 부모 역할도 마찬가지로 이골이 날 정도로 해봐야 잘할 수 있다. 그러기 위해서는 그만큼 시간과 노력이 필요하다. 분명히 기억해야 할 것은, 부모는 성인이다. 성인으로 결혼해서 아이를 키우는 일은 당연하고, 그로 인해 발생하는 어려움은 본인이 알아서 해결해나가야 한다. 알아서 해결하라는 것이 반드시 혼자 해내라는 것은 아니다. 칭얼거리고 투덜대지 말고 현재 상황에서 최선의 선택을 하면서 헤쳐나가야 한다.

혼자서 힘들다면 잠시 육아를 도와주는 곳을 찾아볼 수도 있다. 남들의 시선을 의식할 게 아니라 자신에게 큰 문제로 느껴진다면 그렇게 해야 한다. 이럴 경우 남편은 아내를 무능력한 엄마라고 비난해서는 안 된다. 술에 의존하는 아빠들도 현실적인 대책을 세워야 한다. 회사에서 승진이 걱정이라면 영어 공부를 하는 등 투자를 하고, 육아가 걱정이라면 아내에게 가사 도우미를 제안할 수도 있다. 아빠들이 술을 마시면서 "남자들은 다 그렇지 않나요?"라고 말하지만, 요즘 남자들은 절대 다 그렇지 않다. 자기 안의 문제를 알고 그것에 직면하여 대책을 세워야 한다. 그것이 결혼한 어른이 해야 할 행동이다.

칭
찬
해
플
래
너

Daddy's Year Plammer

wish for

- 하루 10분, 아내 이야기 들어주기
- 아이 일에 회피하지 않고 관심 갖기
- 아이가 좋아하는 것 함께 하기
- 아이가 잘못해도 즉시 화내지 않기
- 시간을 내어 아이와 운동하기
- 식사 시간에 훈계하지 않기
- 일찍 귀가해 집안일 함께 하기
- 아이에게 최선을 다해 사랑해주기
- 아이를 다그치거나 과잉 통제하지 않기
- 경청하고 존중하기
- 아내 탓하지 않기
- 아이의 선택과 판단을 존중해주기

Mommy's Year Plammer

wish for

- 하루에 한 번, 마음속 불안 체크하기
- 아이에게 잔소리하지 않기
- 남편과 아이를 다른 사람과 비교하지 않기
- 나의 선택을 자책하지 않기
- 아이의 잘못을 비난하지 않기
- 남편에게 불평하지 않고 도움 요청하기
- 아이 앞에서 아빠 흉보지 않기
- 아이가 나와 다른 사람임을 이해하기
- 가족에게 상처 주는 말 하지 않기
- 아이 일에 먼저 결론내지 않기
- 아이 고민 들어주기
- 행복한 식사 시간 만들기

○
옆의 예시를 참고하여, 매월 엄마 아빠가 지키고 싶은 목표들을 각각 작성해보세요. 잘 보이는 곳에 붙여두고, 매월 말일에 스스로 평가해보세요.

매월 지키고 싶은 목표를 하나씩 채워 넣고, 평가 스티커를 붙여주세요.

월 ✏   칭찬해

월 ✏

월 ✏

월 ✏

월 ✏

월 ✏

월 ✏

월 ✏

월 ✏

월 ✏

월 ✏

월 ✏

Daddy's Year
Plammer

- -

매월 지키고 싶은 목표를 하나씩 채워 넣고, 평가 스티커를 붙여주세요.

칭찬해

월 ✎

월 ✎

월 ✎

월 ✎

월 ✎

월 ✎

월 ✎

월 ✎

월 ✎

월 ✎

월 ✎

칭찬해	칭찬해	괜찮아	괜찮아	노력해	노력해
칭찬해	칭찬해	괜찮아	괜찮아	노력해	노력해
칭찬해	칭찬해	괜찮아	괜찮아	노력해	노력해
칭찬해	칭찬해	괜찮아	괜찮아	노력해	노력해
칭찬해	칭찬해	괜찮아	괜찮아	노력해	노력해
칭찬해	칭찬해	괜찮아	괜찮아	노력해	노력해
칭찬해	칭찬해	괜찮아	괜찮아	노력해	노력해
칭찬해	칭찬해	괜찮아	괜찮아	노력해	노력해
칭찬해	칭찬해	괜찮아	괜찮아	노력해	노력해
칭찬해	칭찬해	괜찮아	괜찮아	노력해	노력해
칭찬해	칭찬해	괜찮아	괜찮아	노력해	노력해
칭찬해	칭찬해	괜찮아	괜찮아	노력해	노력해